普通高等教育"十四五"系列教材

海洋地理学

主　编　许武成

副主编　张　斌　王丽丽　罗明良　林叶彬

中国水利水电出版社
www.waterpub.com.cn
·北京·

内 容 提 要

"海洋地理学"是全国高等师范大学地理科学专业的一门专业课。本书系统介绍了海洋地理学的基本知识、基本理论和基本方法。全书共分为八章，第一章为绪论；第二章为海岸与海底地形；第三章为海水的化学组成和物理性质；第四章为海水的运动；第五章为海洋与大气相互作用；第六章为海洋资源与开发；第七章为海洋灾害；第八章为海洋权益。

本书可作为全国高校地理科学类及相关专业的本科生、专科生教材，也可供资源、环境、农林、水利、海洋类等专业的教师、本科生和研究生及科技人员参考。

图书在版编目（ＣＩＰ）数据

海洋地理学 / 许武成主编. -- 北京 ： 中国水利水电出版社，2024.4
普通高等教育"十四五"系列教材
ISBN 978-7-5226-2337-5

Ⅰ．①海… Ⅱ．①许… Ⅲ．①海洋地理学－高等学校－教材 Ⅳ．①P72

中国国家版本馆CIP数据核字(2024)第076757号

书　　名	普通高等教育"十四五"系列教材 **海洋地理学** HAIYANG DILIXUE
作　　者	主　编　许武成 副主编　张　斌　王丽丽　罗明良　林叶彬
出版发行	中国水利水电出版社 （北京市海淀区玉渊潭南路1号D座　100038） 网址：www.waterpub.com.cn E-mail：sales@mwr.gov.cn 电话：（010）68545888（营销中心）
经　　售	北京科水图书销售有限公司 电话：（010）68545874、63202643 全国各地新华书店和相关出版物销售网点
排　　版	中国水利水电出版社微机排版中心
印　　刷	清淞永业（天津）印刷有限公司
规　　格	184mm×260mm　16开本　12印张　292千字
版　　次	2024年4月第1版　2024年4月第1次印刷
印　　数	0001—2000册
定　　价	**39.00元**

前　言

　　地球约 3/4 的表面被海水覆盖，海洋是地球水圈的主体、生命的摇篮、全球最大的沉积场所和生态系统，也是人类资源的宝库、云雨的故乡、贸易与交往的通道，还是人类发展的战略空间、国际政治斗争的重要舞台。全球愈演愈烈的海权之争，背后都是巨大的海洋利益。研究海洋、了解海洋具有重要的战略意义。

　　"海洋地理学"是全国高等师范大学地理科学专业的专业课，也是地质类、水利类、海洋类、环境与安全类、农林类等专业的专业课或选修课。目前全国高校还缺乏系统的"海洋地理学"教材，致使许多高校面临有课无教材的局面。众多高校只能将海洋学、中国海洋地理等方面的书作为主要参考书，然后再复印或自编一些讲义资料作为补充材料。可见，出版一本"海洋地理学"教材势在必行。

　　本教材主要根据全国高校师范类地理科学专业培养目标和要求，依据课程大纲，广泛吸取国内外海洋学、海洋物理学、海洋化学、海洋生物学、海洋资源学、海洋灾害等方面优秀教材的先进素材与现代观点，吸纳国内外的最新成果，突出特色，力求创新，但同时也兼顾地质类、水利类、海洋类、环境与安全类、农林类等专业对海洋地理学方面的相关需求。全书共分八章，第一章为绪论；第二章为海岸与海底地形；第三章为海水的化学组成和物理性质；第四章为海水的运动；第五章为海洋与大气相互作用；第六章为海洋资源与开发；第七章为海洋灾害；第八章为海洋权益。

　　本教材由西华师范大学许武成教授担任主编。第一章、第三章、第四章、第七章由许武成编写，第二章由张斌、许武成编写，第五章由林叶彬、许武成编写，第六章由罗明良、许武成编写，第八章由王丽丽、许武成编写。初稿完成后，南京信息工程大学水文与水资源工程学院教授、博士生导师尹义星对书稿进行了审阅，并提出了宝贵的修改意见。全书由许武成统编、修改和定稿。

　　本教材为"西华师范大学 2022 年度校级规划教材立项"重点建设项目，出版得到了国家自然科学基金项目（41671022）的资助，同时得到西华师范大学教务处、科研处、地理科学学院等单位的关心和支持，中国水利水电出版社为本教材的编辑出版做了大量的工作，在此向所有关心和支持本教材的单位和个人表示诚挚的谢意。同时，在本教材编写过程中参阅了大量参考文献，在此谨向原作者表示由衷的感谢。

　　由于本教材涉及学科领域较多，加上编者水平所限，书中不妥和疏漏之处难免，欢迎广大读者不吝赐教。

编者

2023 年 5 月

目　录

第一章 绪 论

第一节 地球上的海与洋

一、地表海陆分布

地球的表面积大约为 $5.1×10^8 km^2$，分为陆地和海洋两大部分。陆地面积约为 $1.49×10^8 km^2$，约占地球表面积的 29.2%；海洋面积约为 $3.61×10^8 km^2$，约占地球表面积的 70.8%；海陆面积之比约为 $2.42:1$。

陆地是地球表面未被海水淹没的部分，大体可分为大陆、岛屿和半岛。大陆是面积广大的陆地，全球共分为六块大陆，按面积大小依次为亚欧大陆、非洲大陆、北美大陆、南美大陆、南极大陆、澳大利亚大陆。大陆和它附近的岛屿合称为洲，全球共有七大洲，按面积由大到小依次为亚洲、非洲、北美洲、南美洲、南极洲、欧洲和大洋洲。岛屿是散布在海洋、河流或湖泊中的小块陆地，彼此相距较近的一群岛屿称为群岛。世界岛屿总面积为 $9.70×10^6 km^2$，约占世界陆地总面积的 $1/15$。半岛是伸入海洋或湖泊的陆地，其一面同陆地相连，其余部分被水包围。

地球上的海洋是相互连通的，构成统一的世界大洋；而陆地是相互分离的，故没有统一的世界大陆。在地球表面，是海洋包围、分割所有的陆地，而不是陆地分割海洋。

地表海陆分布极不均衡。从传统的南北两半球来看，陆地的 $2/3$ 集中于北半球，占该半球面积的 39.3%，其中只有 $20°N\sim70°N$ 间陆地面积（约 $6.02×10^7 km^2$）略超过海洋面积（$5.22×10^7 km^2$）。在南半球，陆地只占总面积的 19.1%。其中 $30°S\sim70°S$ 间陆地只有 $7.30×10^6 km^2$，而海洋面积达 $1.048×10^8 km^2$。尤其是 $50°S\sim60°S$ 间陆地只有 $2×10^5 km^2$，而海洋面积达 $2.51×10^6 km^2$，成为按纬度划分陆地面积最少的区域。如果以点（$38°N$，$0°$）和点（$47°S$，$180°$）为两极，把地球分为两个半球，海陆面积的对比达到最大程度，二者分别称"陆半球"和"水半球"。陆半球的中心位于西班牙东南沿海，陆地约占 47%，海洋占 53%；这个半球集中了全球陆地的 81%，是陆地在一个半球内最大的集中。水半球的中心位于新西兰的东北沿海，海洋占 89%，陆地占 11%；这个半球集中了全球海洋的 63%，是海洋在一个半球内的最大集中。这就是它们分别称为陆半球和水半球的原因。但必须说明，即使在陆半球，海洋面积仍然大于陆地面积。

除南极大陆外，所有的大陆似乎都是成对的，例如北美洲和南美洲、欧洲和非洲、亚洲和大洋洲。每对大陆都被地壳断裂带所分开组成一个"大陆瓣"，汇合于北极，形成"大陆星"。大部分大陆北部较宽，南部较窄，像一个底面朝北的三角形，如南、北美洲，非洲和亚欧大陆。多数大陆还有一个共同的特点，即边缘有高大的山脉或隆起的高地，中部为下陷的低地，如在南、北美洲的西部有落基山和安第斯山脉，东部有阿巴拉契亚山脉和巴西高原边缘山脉；非洲北部有阿特拉山脉；亚洲有喜马拉雅山脉；澳大利亚也是西部为高原，东部有山脉，而中部则为平原或低地。而且南北半球各大陆西岸凹进，而东岸凸出。非洲的西海岸和南美洲的东海岸，红海两岸，在形态上具有明显的相似性。

地球表面形态最明显的特征是高低起伏不平，根据陆地各高度带和海洋各深度带在地表的分布面积和占全球总面积的百分比（表1-1），以高度（深度）为纵坐标，以超过某一海拔高度（深度）的累积分布面积或超过某一海拔高度（深度）的累积分布面积占全球总面积的百分数（累积百分比）为横坐标，便可以绘制海陆起伏曲线（图1-1）。由图表可知，大陆的平均海拔高度为875m，最高处为珠穆朗玛峰，海拔8848.86m；最低点为死海，达-397m。海洋的平均深度为3700m，最深处为太平洋马里亚纳群岛东侧的马里亚纳海沟，深达11034m。以平均海平面为标准，地球表面上的高度（或深度）统计有两组数值分布最广泛：一组在海拔0～1000m之间，占地球总面积的20.8%；一组在海平面以下，其中又以4000～5000m深的海盆面积最广，占地球总面积的23.9%。

表1-1　　　　　　　　　　地球上各种高度和深度所占的面积

陆地高度/m	面积/10⁶km²	占全球总面积的百分比/%	海洋深度/m	面积/10⁶km²	占全球总面积的百分比/%
>3000	8.5	1.6	0～200	27.5	5.4
2000～3000	11.2	2.2	200～1000	15.3	3.0
1000～2000	22.6	4.5	1000～2000	14.8	2.9
500～1000	28.9	5.7	2000～3000	23.7	4.7
200～500	39.9	7.8	3000～4000	72.0	14.1
0～200	37	7.3	4000～5000	121.8	23.9
<0	0.8	0.1	5000～6000	81.7	16.0
			>6000	4.3	0.8
合计	148.9	29.2	合计	361.1	70.8

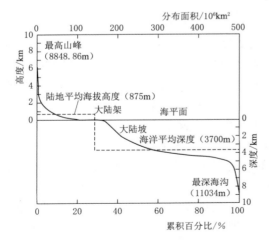

图1-1　海陆起伏曲线

二、海洋的划分

通常，人们把海和洋看成同类事物，并称之为海洋，指地球表面连续广阔的水域的总称。事实上，二者既相联系，又有区别。地球上各海洋彼此联系沟通形成一个连续而广大的水域，称为世界大洋，根据水文物理特性和形态特征，可分为主要部分和附属部分。主体部分是洋；附属部分为海、海湾、海峡，它们处在与陆地毗邻的位置，是洋的边缘部分。

（一）洋及其区分

洋是世界大洋的主体，远离大陆，具有深度大，面积广，不受大陆影响等特性，并具有稳定的理化性质、独立的潮汐系统和强大的洋流系统的水域。世界大洋按岸线轮廓、洋底起伏、水文特征通常分成四个部分，即太平洋、大西洋、印度洋和北冰洋（表1－2）。太平洋是世界第一大洋，南北最大距离可达17200km，其面积占世界大洋总面积的一半；它也是世界上最深的大洋，太平洋平均深度4028m，居四大洋之首，而且世界上最深的马里亚纳海沟（11034m）位于太平洋西部。大西洋位于欧、非大陆与南、北美洲之间，大致呈S形，面积和最大深度居世界第二。印度洋是世界第三大洋，大部分位于热带和南温带地区，其北、东、西分别为亚洲、大洋洲和非洲，南临南极大陆。北冰洋位于亚欧大陆和北美洲之间，大致以北极为中心，是面积最小的大洋。

表1－2　　　　　　　　　　　　各大洋面积、体积和深度

名　　称	面积/10^6 km^2	体积/10^6 km^3	平均深度/m	最大深度/m
太平洋	179.679	723.699	4028	11034
大西洋	93.363	337.699	3627	9218
印度洋	74.917	291.945	3897	7450
北冰洋	13.100	16.980	1296	5449

注　表中数据引自参考文献[2]。

从南美合恩角沿68°W线至南极洲，是太平洋与大西洋的分界线。从马来半岛起通过苏门答腊、爪哇、帝汶等岛，澳大利亚的伦敦德里角，沿塔斯马尼亚岛的东南角至南极洲，是太平洋与印度洋的分界。从非洲大陆最南端厄加勒斯角起沿20°E线至南极洲，是印度洋与大西洋的分界。北冰洋则大致以北极圈为界。

太平洋、大西洋和印度洋靠近南极洲的那一片水域，在海洋学上具有特殊意义。它具有自成体系的环流系统和独特的水团结构，既是世界大洋底层水团的主要形成区，又对大洋环流起着重要作用。因此，从海洋学（而不是从地理学）的角度，一般把三大洋在南极洲附近连成一片的水域称为南大洋或南极海域。联合国教科文组织（UNESCO）下属的政府间海洋学委员会（IOC）在1970年的会议上，将南大洋定义为："从南极大陆到南纬40°为止的海域，或从南极大陆起，到亚热带辐合线明显时的连续海域。"

（二）海及其分类

海是指位于大陆的边缘（或大洋的边缘），由大陆、半岛、岛屿或岛屿群等在不同程度上与大洋主体隔开的水域；具有深度浅，面积小，兼受洋、陆影响的特性，并具有不稳定的理化性质，潮汐现象明显，基本上不具有独立的洋流系统和潮汐系统，是大洋的附属部分，即海总从属于一定的洋。据国际水道测量局IHO统计，全球共有54个海（包括某些海中之海），其面积只占全球海洋总面积的9.7%。依据海与大洋分离程度和其他地理标志，可以把海分成边缘海、陆间海和内海。

1. 边缘海

边缘海又称陆缘海、边海或缘海，位于大陆边缘，以半岛、岛屿或群岛与大洋或邻海相分隔，但直接受外海传播来的洋流和潮汐的影响，如白令海、鄂霍次克海、日本海、黄海、东海和南海等。

2. 陆间海

陆间海指位于两个或多个大陆之间的海，面积和深度都较大，如亚、欧、非大陆之间的地中海，位于安的列斯群岛、中美地峡和南美大陆之间的加勒比海等。陆间海一般只有狭窄的水道（海峡）与大洋相通，其物理性质和化学成分与大洋有明显差别。

3. 内海

内海又称内陆海、封闭海，指伸入大陆内部，仅有狭窄水道（海峡）同大洋或边缘海相通的海，例如我国的渤海，西亚的波斯湾、红海，欧洲的波罗的海等。内陆海受大陆影响显著，个性较强。

世界各大洋主要附属海和海湾的面积、体积和深度列于表1-3。

表 1-3　　　　世界各大洋附属的主要海和海湾的面积、体积和深度

洋	海或海湾	面积/10^4km^2	体积/10^4km^3	深度/m	
				平均	最大
太平洋	白令海	230.4	368.3	1598	4115
	鄂霍次克海	159.0	136.5	777	3372
	日本海	101.0	171.3	1752	4036
	黄海	40.0	1.7	44	140
	东海	77.0	285.0	370	2717
	南海	360.0	424.2	1212	5517
	爪哇海	48.0	22.0	45	100
	苏禄海	34.8	55.3	1591	5119
	苏拉威西海	43.5	158.6	3645	8547
	班达海	69.5	212.9	3064	7260
	珊瑚海	479.1	1147.0	2394	9140
	塔斯曼海	230.0			5943
	阿拉斯加湾	132.7	322.6	2431	5659
	加利福尼亚湾	17.7	14.5	818	3127
印度洋	红海	45.0	25.1	558	2514
	阿拉伯海	386.0	1007.0	2734	5203
	安达曼海	60.2	66.0	1096	4189
	帝汶海	61.5	25.0	406	3310
	阿拉弗拉海	103.7	20.4	197	3680
	波斯湾	24.1		40	102
	大澳大利亚湾	48.4	45.9	950	5080
	孟加拉湾	217.2	561.6	258	5258
大西洋	波罗的海	42.0	3.3	86	459
	北海	57.0	5.2	96	433
	地中海	250.0	375.4	1498	5092

续表

洋	海或海湾	面积/$10^4 km^2$	体积/$10^4 km^3$	深度/m 平均	深度/m 最大
大西洋	黑海	42.3	53.7	1271	2245
	加勒比海	275.4	686.0	2491	7680
	墨西哥湾	154.3	233.2	1512	4023
	比斯开湾	19.4	33.2	1715	5311
	几内亚湾	153.3	459.2	2996	6363
北冰洋	格陵兰海	120.5	174.0	1444	4846
	楚科奇海	58.2	5.1	88	160
	东西伯利亚海	90.1	5.3	58	155
	拉普捷夫海	65.0	33.8	519	3385
	喀拉海	88.3	10.4	127	620
	巴伦支海	140.5	32.2	229	600
	挪威海	138.3	240.8	1742	3970

注 表中数据引自参考文献 [2]。

（三）海湾和海峡

1. 海湾

海湾指洋或海的一部分伸入大陆，深度逐渐变浅，宽度逐渐变窄的水域，一般以入口处海角之间的连线或入口处的等深线作为与洋或海的分界。海湾中的海水因与邻近海或洋相通，故其海水性质与相邻海洋的性质相似。海湾的最大水文特点是潮差很大，原因是深度和宽度向大陆方向不断减小。如杭州湾的钱塘江怒潮，潮差一般为 6～8m；北美芬地湾潮差更达 18m 之最。

2. 海峡

海峡指位于两块陆地之间，两端连接海洋的狭窄水道，如连接东海与南海的台湾海峡等。海峡最主要的特征是水流急，特别是潮流速度大。海流有的上、下分层流入、流出，如直布罗陀海峡等；有的分左、右侧流入或流出，如渤海海峡等。由于海峡往往受不同海区水团和环流的影响，故其海洋状况通常比较复杂。

海峡不仅是交通要道、航运枢纽，而且历来是兵家必争之地。它们有的沟通两海（如台湾海峡沟通东海与南海），有的沟通两洋（如麦哲伦海峡沟通大西洋与太平洋），有的沟通海和洋（如直布罗陀海峡沟通地中海与大西洋）。因此，人们常把它称之为"海上走廊""黄金水道"。全世界有上千个海峡，其中著名的约有 50 个。

世界上最长的海峡是位于非洲东南部国家莫桑比克与马达加斯加之间的莫桑比克海峡，长达 1670km。因它又宽又深，可通巨轮，因此成为南大西洋和印度洋之间的重要通道。

头戴两项"世界之最"桂冠的是位于南美洲和南极洲之间的德雷克海峡。它是世界上最深的海峡，最深处达 5248m，同时它又是世界上最宽的海峡，南北宽达 9704m，成为世界各地通向南极的重要通道。

马六甲海峡位于马来半岛与苏门答腊岛之间，人称东南亚的"十字路口"。

英吉利海峡是大西洋的一部分，位于英格兰与法国之间，日通行船只在 5000 艘左右，成为世界上最繁忙的海峡。

直布罗陀海峡位于西班牙伊比利亚半岛最南部和非洲西北角之间，是地中海通向大西洋的唯一出口。从霍尔木兹海峡开出的油轮，源源不断地将石油运往欧美各国，被人们称为"西方世界的生命线"。

白令海峡则身兼多职，它是连接太平洋和北冰洋的水上通道，也是两大洲（亚洲和北美洲）、两个国家（俄罗斯和美国）、两个半岛（阿拉斯加半岛和楚科奇半岛）的分界线。国际日期变更线也从白令海峡的中央通过。

我国的海峡主要有三个，分别是台湾海峡、渤海海峡和琼州海峡。

台湾海峡位于我国台湾省与福建省之间，沟通东海和南海，呈东北至西南走向，全长 280km，为我国最长的海峡。因它濒临我国第一大岛——台湾岛，故称它为台湾海峡。台湾海峡纵贯我国东南沿海，由南海北上，或由渤海、黄海、东海南下，必须经过这里，俗称为我国的"海上走廊"。

渤海海峡位于黄海和渤海，山东半岛和辽东半岛之间，是渤海内外海运交通的唯一通道。海峡宽约 90km，向东连接黄海，向西连接渤海，是黄海和渤海联系的咽喉要道。

琼州海峡位于海南岛与广东省的雷州半岛之间，东西长约 80km，南北宽度 20～40km 不等，平均宽度为 29.5km。琼州海峡西接北部湾，东连南海北部，呈东西向延伸，是东南沿海进入北部湾的海上要冲。

需要注意的是，由于历史上形成的习惯称谓，一些地名不符合上述分类。有些海被叫为湾，如波斯湾、墨西哥湾等；有的湾则被称作海，如阿拉伯海等；有些内陆咸水湖泊也被称作海，如咸海、死海等。

三、海洋的重要性

浩瀚的海洋以巨大的魅力吸引着人类，它有着巨大的地理意义、经济意义和军事意义。

（一）海洋是水圈的主体

根据联合国教科文组织（UNESCO）1978 年发表的数据（表 1-4），地球上的总水量约为 $13.86 \times 10^8 km^3$，其中海水总量为 $13.38 \times 10^8 km^3$，占地球总水量的 96.5%。从海陆分布看，海洋面积也远比陆地面积大，海陆面积之比为 2.42：1。无论南、北半球，还是东、西半球或水、陆半球，通过地心的任一平面将地球分成的任一半球中海洋面积均超过陆地面积。

表 1-4　　　　　　　　　　　　地 球 上 的 水 储 量

水 的 类 型	分布面积 /$10^4 km^2$	水量 /$10^4 km^3$	水深 /m	占全球总量比例/%	
				占总水量	占淡水量
1. 海洋水	36130	133800	3700	96.5	—
2. 地下水（重力水和毛管水）	13480	2340	174	1.7	—
其中地下水淡水	13480	1053	78	0.76	30.1

水 的 类 型	分布面积 /$10^4 km^2$	水量 /$10^4 km^3$	水深 /m	占全球总量比例/%	
				占总水量	占淡水量
3. 土壤水	8200	1.65	0.2	0.001	0.05
4. 冰川与永久雪盖	1622.75	2406.41	1483	1.74	68.7
（1）南极	1398	2160	1545	1.56	61.7
（2）格陵兰	180.24	234	1298	0.17	6.68
（3）北极岛屿	22.61	8.35	369	0.006	0.24
（4）山脉	22.4	4.06	181	0.003	0.12
5. 永冻土低冰	2.100	30.0	14	0.222	0.86
6. 湖泊水	205.87	17.64	85.7	0.013	—
（1）淡水	123.64	9.10	73.6	0.007	0.26
（2）咸水	82.23	8.54	103.8	0.006	—
7. 沼泽水	268.26	1.147	4.28	0.0008	0.03
8. 河流水	14.880	0.212	0.014	0.0002	0.006
9. 生物水	51.000	0.112	0.002	0.0001	0.003
10. 大气水	51.000	1.29	0.025	0.001	0.04
水体总储量	51000	138598461	2718	100	—
其中淡水储量	14800	3502921	235	2.53	100

注　表中数据引自参考文献［12］。

海洋不仅面积上超过陆地，而且它的平均深度值也超过了陆地的平均海拔高度值。海洋平均深度达3700m，而陆地平均海拔高度值为875m。

（二）海洋是水分循环的源地，又是陆地水体的归宿

从水分循环动态看，海洋是水汽输送重要源地，是海洋和陆地降水的主要水汽源，同时又是陆地径流总汇集地。据估算，全球海洋平均每年有$50.5 \times 10^4 km^3$的水蒸发到空中，而海洋总降水量约为$45.8 \times 10^4 km^3$，海洋总降水量比总蒸发量少$4.7 \times 10^4 km^3$，这与陆地注入海洋的径流量相等，说明全球的总水量是保持平衡的。

（三）海洋对全球大陆和全球气候有着巨大影响

海洋是一个巨大的水体，是到达地球表面太阳辐射的主要接收者。海水吸收太阳辐射后，通过热传导和海水运动向海洋深层传递，因此海洋成为太阳热能的巨大储存库。

海洋面积广、水量多、热容量大，太阳辐射透射深，则增温和降温都缓慢，具有冷热变化迟缓、水温变幅小的特点，即具有很大的热惰性，因而海洋就成为巨大的恒温器，成为全球气候的调节器。虽然海洋占了地球7/10的表面积，但也正是海洋给地球上的生命创造了合适的气候。

海陆的热力差异导致海洋及其附近形成海洋性气候，并在内陆形成大陆性气候。

海陆的冷热源效应产生了季风环流，形成了季风气候。海水热容量大、传热方式多，太阳辐射可进入较深的水层，而陆地使太阳辐射集中在地表薄层，热容量小，则海洋具有

热惰性，大陆具有热敏性。冬季，海洋、大陆同时降温，海洋降温慢，降温幅度比大陆小，气温高，相对为热源，大陆相对为冷源。夏季则相反，海、陆同时增温，大陆增温快，增温幅度大，气温和陆面温度高，相对为热源，而海洋相对为冷源。这种冬、夏季由于海陆冷热源作用形成的环流方向是相反的，即季风环流。

（四）海水的运动是塑造和改变海岸地貌的主要动力

海水运动是海洋中的溶解物质、悬浮物和海底沉积物搬运的重要动力因素，因此，海洋中化学元素的分布和海洋沉积，以及海岸地貌的塑造过程都是不能脱离海洋动力环境的。反过来，海水的运动状况也与特定的地理环境、化学环境有关。

海水的运动形式多种多样，其中波浪、潮汐、洋流是海水运动的三种普遍形式。海水的运动是塑造和改变海岸地貌的主要动力，尤其波浪对海岸地貌的形成具有重要的直接作用。

（五）海洋是地球上生命的摇篮、人类的资源宝库和全球最大的生态系统

在太阳系的行星中，地球处于"得天独厚"的位置。地球的大小和质量、地球与太阳的距离、地球的绕日运行轨道以及自转周期等因素相互的作用和良好的配合，使得地球表面大部分区域的平均温度适中（约15℃），以致它的表面同时存在着三种状态（液态、固态和气态）的水，而且地球上的水绝大部分是以液态海水的形式汇聚于海洋之中，形成一个全球规模的含盐水体——世界大洋。地球是太阳系中唯一拥有海洋的星球。

地球安全的运行环境、适宜的温度、液态水的存在、恰到好处的大气厚度和大气成分，孕育和繁衍了旺盛的生命世界。研究表明，地球上的生命起源于海洋，而且绝大多数动物的门类生活在海洋中。在陆地上，生物集中栖息在地表上下数十米的范围内；可是在海洋中，生物栖息范围可深达1万m。

海洋是地球上最大的沉积场所、水生生物最广阔的生活场所，也是一个巨大的资源宝库。所谓海洋资源，主要是指与海水本身有直接关系的物质和能量，例如，溶解于海水的化学元素、海洋生物、海底矿藏、海水运动所产生的能量，以及贮藏在海水中的热量，等等。

（六）海洋是贸易的通道和世界各国争夺的对象

在交通发达的当今，海洋是各大洲、各国进行贸易往来的重要通道。海洋最显著的特点是它的连续性，因而通过海洋不必经过转运，通过水运一种运输方式可以直接到达世界各大陆与岛屿，以及沿海各个国家及经济区和大城市。水运成本低，船舶容积大，适宜于各种笨重、体积庞大的货物作远程运输。

总之，在人类已迈入"海洋时代"的今天，海洋已成为生产力布局的重要条件，更是世界各国争夺的要地。

第二节　人类对海洋的探索与认识

人类对海洋的认识，大致可分为三个阶段。第一阶段以地理探险为主，主要是了解海洋的地理位置、海陆分布等。与此同时，也积累了许多对海洋的感性认识，进行了零星的、初步的科学研究。第二阶段，人类对海洋全面研究和认识。其标志是19世纪70年代

兴起的以"挑战者"（Challenger）号为代表的综合性海洋考察，以及与此紧密联系的对海洋现象的理论研究。这是海洋学的形成时期。第三阶段是海洋科学高速发展的新时期，人类对海洋的认识，无论在深度上还是广度上都有了新的飞跃。

一、海洋知识的积累与海洋地理探险阶段（18 世纪以前）

在科学不发达的古代，人们对海洋自然现象的认识和探索，主要依靠很不充分的观察和简单的逻辑推理。虽然当时只限于直观地、笼统地把握海洋的一些性质，但也提出了不少出色的见解。公元前 7—公元前 6 世纪古希腊的泰勒斯认为，水是万物的本源，而大地则浮在浩瀚无际的海洋之中。公元前 4 世纪古希腊的亚里士多德，在《动物志》中已描述和记载了爱琴海的 170 余种动物。公元 1 世纪，中国东汉王充已明确指出潮汐与月相的相关性。从 15 世纪到 18 世纪末，资本主义生产方式的兴起、自然科学和航海事业的发展，促进了海洋知识的积累。这时的海洋知识以远航探险等活动所记述的全球海陆分布和海洋自然地理概况为主。比如 1405—1433 年中国明朝郑和率领船队 7 次横渡印度洋；1492—1504 年意大利航海家哥伦布 4 次横渡大西洋，并到达南美洲；葡萄牙航海家、探险家达·伽马 1497 年 7 月 8 日受葡萄牙国王派遣，率船从里斯本出发，经加那利群岛，绕好望角，经莫桑比克等地，于 1498 年 5 月 20 日到达印度西南部的卡利卡特；1519—1522 年葡萄牙航海家麦哲伦等完成了人类历史上第一次环球航行；1768—1779 年英国库克在海洋探险中最早进行科学考察，取得了第一批关于大洋表层水温、海流和海深以及珊瑚礁等的资料。这些活动和成果，不仅使人们弄清了地球的形状和地球上海陆分布的大体形势，而且直接推动了近代自然科学的发展，为海洋学各个主要分支学科的形成奠定了基础。如 1596 年中国屠本畯写出地区性海产动物志《闽中海错疏》；1670 年英国玻意耳研究海水含盐量和海水密度的变化关系，开创了海洋化学研究；1674 年荷兰列文虎克在荷兰海域最先发现原生动物；1687 年英国牛顿用万有引力定律解释潮汐，奠定了潮汐研究的科学基础；1740 年瑞士贝努利提出一种潮汐静力学理论——平衡潮学说；1772 年法国拉瓦锡首先测定海水成分；1775 年法国拉普拉斯首创大洋潮汐动力学理论，等等。

二、海洋科学的奠基与形成阶段（19 世纪初至 20 世纪中叶）

从 19 世纪初至 20 世纪中叶，机器大工业的产生和发展，有力地促进了海洋科学的建立和发展。英国科学家、生物进化论的创始人达尔文在 1831—1836 年随"贝格尔"号环球航行，对海洋生物、珊瑚礁进行了大量研究，于 1842 年出版《珊瑚礁的构造和分布》，提出了珊瑚礁成因的沉降说；于 1859 年出版《物种起源》，建立了生物进化理论。英国生物学家 E·福布斯在 19 世纪四五十年代提出了海洋生物分布分带的概念，出版了第一幅海产生物分布图和海洋生态学的经典著作《欧洲海的自然史》。美国学者莫里为海洋学的建立作出了更为显著的贡献，在 1855 年出版的《海洋自然地理学》被誉为近代海洋学的第一本经典著作。1872—1876 年，英国"挑战者"号考察被认为是现代海洋学研究的真正开始。"挑战者"号在 12 万多千米航程中，进行了多学科综合性的海洋观测，在海洋气象、海流、水温、海水化学成分、海洋生物和海底沉积物等方面取得大量成果，使海洋学从传统的自然地理学领域中分化出来，逐渐形成为独立的学科。这次考察的另一个成果是激起了世界性海洋研究的热潮，很多国家相继开展大规模的海洋考察，建立临海实验室和海洋研究机构。1925—1927 年德国"流星"号在南大西洋的科学考察，第一次采用电子回声测深法，测得 7 万多个海洋深度数据等资料，揭示了大洋底部并不是平坦的，它像陆地地貌一样变化多端。同时，各基础分支学科（海洋物理学、海洋化学、海洋地质学和海洋生物学）的研究在大量科学考察资料的基础上，也取得显著进展，发现和证实了一些海洋自然规律，例如，海洋自然地理要素分布的地带性规律、海水化学组成恒定性规律、大洋风生漂流和热盐环流的形成规律、海陆分布和海底地貌结构的规律，以及海洋动、植物区系分布规律等。对于这一时期的研究成果，在由著名的海洋学家斯韦尔德鲁普和约翰逊、弗莱明合作写成的《海洋》（1942 年）一书中作了全面而深刻的概括。它是海洋学建立的标志。

三、现代海洋科学时期（20 世纪中叶至今）

第二次世界大战对海洋科学有很大的影响，一方面"军用"学科迅速发展，但另一方面，也延缓了"非军用"学科的发展，战后海洋科学又得以恢复和迅速发展，遂进入现代海洋科学的新时期。

虽然早在 1902 年就成立了第一个国际海洋科学组织——国际海洋考察理事会（ICES），但大多数组织，包括政府间组织和民间组织，则成立于第二次世界大战之后。政府间组织以 1951 年建立的世界气象组织（WMO）和 1960 年成立的政府间海洋学委员会（简称海委会，IOC，隶属于联合国教科文组织，UNESCO）为代表。民间组织如国际物理海洋学协会（IAPO）于 1967 年改为国际海洋物理科学协会（IAPSO），1957 年成立海洋研究科学委员会（SCOR），1966 年建立国际生物海洋学协会（IABO），国际地质科学联合会（IUGS）也下设海洋地质学委员会（CMG）等。

这一时期，海洋国际合作调查研究更大规模地展开，如：国际地球物理年（IGY，1957—1958 年），国际印度洋考察（IIOE，1957—1965 年），国际海洋考察 10 年（IDOE，1971—1980 年，包括 6 个分计划 31 项活动），热带大西洋国际合作调查（ICITA，1963—1964 年），黑潮及邻近水域合作研究（CSK，1965—1977 年），全球大气研究计划（GARP，1977—1979 年，第 1 次全球试验 FGGE 及 4 个副计划），世界气候研究计划（WCRP，1980—1983 年，包括 4 个子计划），深海钻探计划（DSDP，1968—1983 年）。在 1980 年以后，有关机构又提出了多项为期 10 年的海洋考察研究计划，如世界大洋环流试验（WOCE），大洋钻探计划（ODP），全球海洋通量研究（JGOFS），热带大洋及其与全球大气的相互作用（TOGA）及其组成部分——热带海洋全球大气耦合响应试验（TOGA - COARE）。1993 年决定实施的气候变率和可预报性研究计划（CLIVAR）为期 15 年，而 1994 年 11 月正式生效的《联合国海洋法公约》，则涉及全球海洋的所有方面和问题。

这期间各国政府对海洋科学研究的投资大幅度地增加，研究船的数量成倍增长。20 世纪 60 年代以后，专门设计的海洋研究船性能更好，设备更先进，计算机、微电子、声学、光学及遥感技术广泛地应用于海洋调查和研究中，如盐度（电导）-温度-深度仪（CTD）、声学多普勒流速剖面仪（ADCP）、锚泊海洋浮标、气象卫星、海洋卫星、地层剖面仪、侧扫声呐、潜水器、水下实验室、水下机器人、海底深钻和立体取样的立体观测系统等。

短短几十年的研究成果早已超出历史的总和，重要的突破屡见不鲜。板块构造学说被誉为地质学的一次革命。海底热泉的发现，使海洋生物学和海洋地球化学获得新的启示。海洋中尺度涡旋和热盐细微结构的发现与研究，促进了物理海洋学的新进展。大洋环流理论、海浪谱理论、海洋生态系、热带大洋和全球大气变化等领域的研究都获得突出的进展与成果。科研论著面世，令人目不暇接，特别是一些多卷集系列著作，如海尔主编的《海洋》、莫宁主编的《海洋学》等，堪称代表性著作。

第三节 海洋地理学研究对象及其发展

一、海洋学研究对象及学科分支

研究地球上海洋的科学就是海洋学（oceanography）。具体地讲，海洋学是研究在海洋里的各种现象和过程的发生、发展和演变规律的科学。它的研究对象是占地球表面70.8%的海洋，包括海水、溶解和悬浮于海水中的物质、海洋中的生物、海底沉积和海底岩石圈，以及海面上的大气边界层和河口海岸带等。海洋学的研究领域十分广泛，其主要内容包括对海洋的物理、化学、生物和地质过程的基础研究，海洋资源开发利用，以及海上军事活动等的应用研究。海洋学的基础性分支有物理海洋学、化学海洋学、生物海洋学、海洋地质学、环境海洋学、海气相互作用以及区域海洋学等。应用与技术研究的分支有卫星海洋学、渔场海洋学、军事海洋学、航海海洋学、海洋声学、光学与遥感探测技术、海洋生物技术、海洋环境预报以及工程环境海洋学等。管理、开发研究方面的分支有海洋资源、海洋环境功能区划、海洋法学、海洋监测与环境评价、海洋污染治理、海域管理等。

二、海洋地理学及其发展

海洋地理学（marine geography）从资源与环境的角度对海洋进行研究，是地理科学的新分支，为地理学与海洋学的交叉或边缘学科。具体地讲，它是研究海洋各种自然要素的特性、形成、运动和变化规律，海洋与人类环境的关系，海洋资源的形成、分布和开发利用以及海洋地域差异的学科。其研究客体是海洋，包括海岸与海底，涉及气、水、生物和岩石圈。研究内容包括海洋环境、海洋资源及其开发利用与保护、海洋经济、海洋国土及其权益与管理等。因此，海洋地理学是从立法政策、区域经济管理着手进行海洋资源的开发、利用和保护。

1982 年由 150 多个国家签署的《联合国海洋法公约》于 1994 年 11 月 16 日正式生效，推动人们的海洋观念发生深刻的变化。据此公约的有关规定，沿海国家所管辖海域的范围、所拥有的海洋资源与权益，以及世界各国对公海资源的权益等均发生重大变化，国际海洋秩序产生重大调整，出现"海洋国土"的新概念，海洋成为世界各沿海国关注的焦点。

海洋地理研究在地理科学领域中日益受到地理学家的关注和重视，有远见的地理学家纷纷提出海洋也应是地理学研究的重要内容，应积极推进海洋地理学的研究与发展。国际地理联合会（IGU）前任主席默萨里教授指出："地理学不仅研究陆地，海洋也是地理学研究的重要领域。"20 世纪最后 10 年 IGU 的几次大会的主题都是围绕海洋进行讨论的。

中国地理学会第四届理事会于 1984 年就提出发展海洋地理学。1987 年 4 月中国地理学会五届二次理事会决定成立"海洋地理专业委员会"。1988 年 4 月，该专业委员会正式成立，委员们来自全国沿海 12 所大学和 10 个研究单位，后来又扩展到海洋产业部门。

国际地理联合会于 1986 年成立"海洋地理研究组"（Study Group on Marine Geography），中国是发起国之一。1988 年在澳大利亚悉尼举行的第 26 届国际地理学大会期间，IGU 投票批准成立"海洋地理专业委员会"（Commission on Marine Geography），成员国有 40 多个，主要对全球性问题进行协调，讨论并从事专题研究，以推动海洋地理学的发展。

1999 年 IGU 海洋地理专业委员会正式用英语、法语、汉语、意大利语、俄语等多种文字发表"海洋地理国际宪章"，明确提出了"海岸海洋"与"深海海洋"的区分。海岸海洋为陆地与深海海洋间的地表过渡地带，是海陆相互作用的地区，范围包括沿岸陆地、大陆架、大陆坡至大陆隆。海洋地理归结为 3 个领域：海岸海洋地理、深洋地理和区域海洋地理。这样，使得地理学家能够与其他领域的科学家携手合作，以适应海洋世界整体化的趋势，获得对海洋空间更好的了解，以满足人类发展的需求，并在全球、区域和地方三种不同尺度上对海洋进行最佳的管理。在此过程中，地理学家集中注意力于由气候变化引起的自然过程和经济社会力量的相互作用所形成的空间表现形式。随着海岸海洋成为当代国际海洋科学发展新的侧重点，海洋地理学亦给予海岸海洋以极大的关注，并重视对小海岛的研究。

参 考 文 献

[1] 徐茂泉，陈友飞. 海洋地质学 [M]. 厦门：厦门大学出版社，1999.

[2] 冯士笮，李凤岐，李少菁. 海洋科学导论 [M]. 北京：高等教育出版社，1999.

[3] 唐逸民. 海洋学 [M]. 北京：中国农业出版社，1999.

[4] 许武成. 水文学与水资源 [M]. 北京：中国水利水电出版社，2021.

[5] 伍光和，王乃昂，胡双熙，等. 自然地理学 [M]. 4 版. 北京：高等教育出版社，2008.

[6] 杨殿荣. 海洋学 [M]. 北京：高等教育出版社，1986.

[7] 赵进平. 海洋科学概论 [M]. 青岛：中国海洋大学出版社，2016.

[8] 王颖. 中国海洋地理 [M]. 北京：科学出版社，2013.

[9] 刘改有. 海洋地理 [M]. 北京：北京师范大学出版社，1989.

[10] 黄立文，文元桥. 航海气象与海洋学 [M]. 武汉：武汉理工大学出版社，2014.

[11] 黄锡荃. 水文学 [M]. 北京：高等教育出版社，1993.

[12] UNESCO. World water balance and water resources of the earth [M]. Paris：The UNESCO Press，1978.

第二章 海岸与海底地形

第一节 海岸带与海岸分类

一、海岸线

海岸线（coastline）是海洋与陆地的分界线，更确切的定义是海水到达陆地的极限位置的连线，是海岸带（coastal zone）乃至地球上最重要的边界线。由于受到潮汐作用以及风暴潮等的影响，海水有涨有落，海面时高时低，这条海洋与陆地的分界线时刻处于变化之中。但是对测绘、管理、科学研究和海洋开发而言，需要一条位置清晰、比例尺统一的海陆界线。目前，在资源管理、调查研究工作中，对海岸线具体位置的划定存在一定的随意性，给海岸线的科学划定及岸线长度统计带来困难。海岸线首先是一条自然地理界线，是海洋国土资源中重要的组成部分。所以，划定一条以自然属性为依据、标准统一的海岸线是十分必要的。

《海洋学术语 海洋地质学》（GB/T 18190—2017）给出的海岸线定义是"指多年大潮平均高潮位时海陆分界痕迹线"。这种"海陆界线"或"痕迹线"并不等同于大潮高潮面与陆地地形的"交线"，大潮高潮面与陆地地形的交线可以通过验潮资料和海岸地形测绘资料在图上绘出。但海面尤其是高潮位时的海面很难有平静的状态，在风浪和涌浪的作用下，海水上冲流会比大潮高潮面向岸冲向更高更远的陆地，在坡度大的沙质海岸上冲流可向陆地伸入数米至数十米，在低平的淤泥质潮滩可能伸入陆地更远的距离，达几十米甚至百米以上。这条被浪潮推波助澜的海水线常在它到达的陆域边缘留下自己的痕迹：被海水浸湿过的区域和不被海水浸湿的干出陆地之间的界线，即农历初一、十五左右会留下被海水浸过的湿水印迹，界线上还常散布着贝壳碎片或植物的枯枝败茎等。这条线才是确切的"海岸线"。这条线的形成除受潮位的影响外，还受当地海洋动力环境、海岸地形、海岸平面轮廓等多要素影响。

二、海岸带

全球海岸线全长 $44×10^4$ km，它是陆地和海洋的分界线。由于潮位变化和风引起的增水-减水作用，海岸线是变动的，水位升高便被淹没、水位降低便露出的狭长地带即海岸带。海岸带地区人口密集，经济发达，全球一半以上的人口生活在沿海约 60km 的范围内。海岸带的地貌形态及其变化对人类的生活和经济活动具有重大意义。

海岸带是海洋与陆地相互交接、相互作用的过渡地带，其范围上限起自现代海水能够作用到陆地的最远界，下限为波浪作用影响海底的最深界（波基面），或现代沿岸沉积可以到达的海底最远界限。海岸地貌是在波浪、潮汐、洋流等作用下形成的。现代海岸带一般包括海岸、海滩和水下岸坡三部分（图 2-1）。海岸是平均高潮位以上至风暴浪所能作用的陆地区域，在此范围内有海蚀崖、沿岸沙堤及潟湖低地等，大部分时间裸露于海水面之上，仅在特大高潮或暴风浪时才被淹没，又称滨海陆地、潮上带或后滨。海滩是高低潮之间的地带，高潮时被水淹没，低潮时露出水面，又称潮间带或前滨。水下岸坡是平均低潮位以下直到波浪作用所能到达的海底部分，又称潮下带或近滨，其下限为波基面，相当于 1/2 波长的水深处，通常为 10～20m。水深超过波基面的浅海部分为外滨。

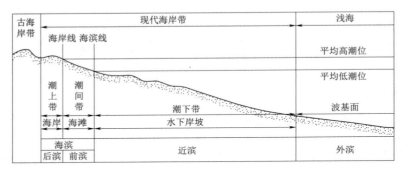

图 2-1　海岸带及其组成部分

其实，海陆相互作用的痕迹不仅表现在现代海岸带内，在相邻的陆地上或海底也有保存。残留在陆上的古海岸带是一些抬升了的海蚀阶地以及由沿岸堤构成的海积平原等；在海底的古海岸带是在低海面时形成的，如溺谷、岩礁、浅滩等。

海岸带的自然资源十分丰富，可在海岸带进行滩涂围垦、港口建设、引海水制盐、矿产开采、水产捕捞和养殖、潮汐能发电和旅游开发等，海岸带历来是人类聚居和从事经济活动的重要场所。

三、海岸分类

海岸发育过程受多种因素影响，交叉作用十分复杂，故海岸形态也错综复杂，可以从不同角度分类，国内外至今没有一个统一的海岸分类标准。根据成因可以将海岸分为侵蚀型海岸、堆积型海岸和平衡型海岸三类；按照陆地地貌，可以分为平原海岸、山地丘陵海岸和生物海岸。本教材根据海岸物质组成将海岸划分为基岩海岸、沙质海岸、淤泥质海岸和生物海岸四种类型。

（一）基岩海岸

由裸露的基岩构成的海岸称为基岩海岸。基岩海岸岸线曲折，岸坡较陡。根据海岸线与地质构造关系，基岩海岸又可分为里亚式海岸和达尔马提亚式海岸，前者是海岸线与构造线直交，岸线曲折，又称横海岸，西班牙西北部里亚港一带海岸最为典型，我国山东半岛荣城湾一带也属于这种类型；后者是海岸线与构造线平行，有一些与岸线走向平行的岛屿发育，以亚得里亚海东海岸最为典型，又称纵海岸。以断层控制的海岸，海岸平直，岸坡陡峭，称为断层海岸，我国台湾省东海岸属于这种类型。如果断层多次活动，海岸上升，在断层崖上可以保存不同时期波浪作用形成的海蚀穴。

在第四纪冰后期海面上涨，淹没基岩山地或丘陵，一些山丘形成海岬，山丘之间的低地形成海湾，岸线弯曲，这种海岸称为港湾海岸。高纬地区，海水进入冰川作用过的地区，一些冰川谷地被海水淹没，形成向陆地伸入的狭长海湾，称为峡湾海岸，例如挪威的一些海岸。

基岩海岸由海蚀作用（包括波浪冲击、岩石碎块的磨蚀及海水的溶蚀等）形成。在海浪长期冲蚀下，基岩不断崩塌后退，形成高出海面的基岩陡崖，叫海蚀崖。海蚀崖的下部，大致与海面高度相等处，在波浪的不断冲掏下形成凹槽，叫海蚀穴。深度比宽度大的叫海蚀洞。在节理发育或夹有软弱岩层的基岩中，海蚀洞可达几十米深。冲入洞中的浪流及其对空气的压缩作用，可将洞顶击穿，形成海蚀窗。海蚀穴顶部的岩石因下部掏空而不断崩塌，崩塌物若很快被波浪冲走，则重新发育海蚀穴，使海蚀崖继续后退，崖面坡度变陡，岩石比较新鲜，称为活海蚀崖；如果波浪不能搬运海蚀崖坡脚的碎屑物，崖面则停止后退，坡度平缓，表面长有植被，称为死海蚀崖。向海突出的岬角同时遭受两个方向的波浪作用，可使两侧海蚀穴蚀穿而成拱门状，称为海蚀拱桥或海穹（图2-2）。如海蚀拱桥崩塌，留下的岩柱或坚硬岩脉被海蚀残留成突立的岩柱，称为海蚀柱（图2-3）。

图2-2　海蚀拱桥

图2-3　某地基岩海岸海蚀柱

（二）沙质海岸

沙质海岸主要由砂和砾石组成，如我国海南岛的亚龙湾沙滩（图2-4）、广西北海的银滩等。砂岸坡缓水清，适宜开辟海滨浴场等。在一些基岩岛屿的小海湾中，还往往有砾石海滩分布。沙质海岸的主要海岸动力是波浪。砂是粒径大小为0.063~2mm的泥沙颗粒。

图 2-4　中国海南省三亚市亚龙湾沙滩

沙质海岸可分为海滩海岸、沙堤-潟湖海岸和沙丘海岸等。

海滩海岸是泥沙在激浪带堆积形成的，其范围从波浪破碎开始点起到海岸陆地上波浪作用消失处止。在开敞的海岸形成滩脊海滩；如海滩宽度较小，海滩后方有海蚀崖，则形成背叠海滩。海滩上常发育一些与岸线平行的沿岸堤，它们的高度代表海面高度，有时有多条从老到新的沙堤或贝壳堤，高度依次降低，反映海面逐渐下降。

沙堤-潟湖海岸是在沙质海岸堆积体及其封闭海湾形成潟湖构成的海岸。有的堆积体分布在水下，为水下沙坝，也有的露出海面成为岛状坝或离岸堤。如靠近海岸或与之相连的堆积体为海岸沙坝。水下沙坝常形成保护海岸免遭波浪冲刷的一道屏障，如挖沙破坏沙坝，海岸将会受到强烈冲蚀而使陆地上的道路、农田、村舍或其他人工建筑物遭到破坏。沙堤-潟湖海岸是一种重要的海岸类型，约占世界海岸的 13%，在我国的山东半岛、辽东半岛、广东和广西沿海均有发育。

沙丘海岸是沙质海岸在风的作用下形成沙丘的海岸。沙丘的宽度由几米到数千米不等，高度也有小到几米大到几百米的。它们分布在不同纬度海岸带，美国大西洋沿岸、墨西哥沿岸和欧洲的一些海岸都是沙丘海岸。我国河北滦河三角洲北侧、山东半岛、福建和广东沿岸、海南岛东海岸也都有沙丘海岸分布。

（三）淤泥质海岸

淤泥质海岸是由粉沙和淤泥堆积形成的低缓平坦海岸，海岸线平直，岸坡平缓，浅滩宽广，受潮流作用较大。淤泥质海岸从陆到海由三部分组成，沿岸为冲积平原或海积平原，平原外围是潮间带浅滩，又称潮滩，潮滩以外为广阔平缓的水下岸坡。

淤泥质海岸主要分布在泥沙供应丰富而又比较掩蔽的堆积海岸段，如大河下游平原、构造下沉区、岸外有沙洲岛屿掩护的海岸段和有大量淤泥供应的港湾内。因此，可将淤泥质海岸划分为平原型、堡岛型和港湾型三种。

我国平原型淤泥质海岸以渤海湾海岸最为典型。渤海湾沿岸是宽广的黄河三角洲冲积平原和滦河三角洲冲积平原，有两列绵延数十千米的贝壳堤及一些废弃河道、牛轭湖、盐渍洼地，地势平坦。沿岸平原外缘有 4～6km 宽的潮滩，坡度为 0.03%～0.1%，潮滩上形成大量泥质沉积层，它们主要来自黄河和海河。水下岸坡坡度非常平缓，水深 0～15m 处的坡度为 0.021%。水下岸坡的沉积物在岸边为粉沙，向海逐渐变细，至水深 5m 处为直径 0.005mm 的黏土和细粉沙，在潮流作用下发育潮流沙脊。

堡岛型淤泥质海岸是由岛屿围封的低平海岸，沿岸有一系列岛屿，岛屿之间有潮汐通道，岛屿与陆地之间为淤泥质潮滩，沉积淤泥。荷兰沿海堡岛型淤泥质海岸由岛屿、潮滩及潮汐通道和盐沼低地三部分组成。

港湾型淤泥质海岸沿断陷盆地和构造断裂带发育，在这些地方形成一些深入陆地的港湾，湾内波浪小，波高仅几十厘米，由潮流、沿岸流和河流带来的细颗粒物在港湾内沉积下来，形成小面积淤泥带。因此，港湾型淤泥质海岸又可分为潮流作用形成的、河流-潮流作用形成的和波浪-潮流作用形成的三个亚类。

由于大多数淤泥滩土质肥沃，常被开发成为滩涂养殖的良好场所。渤海湾沿岸便以盛产肉嫩味美的毛蚶、西施舌等贝类驰名中外。同时，淤泥质海滩又是晒盐的宝地，中国著名的塘沽盐场、苏北盐场等均位于淤泥质海岸地段。淤泥质海岸由于潮流作用常常发育有大小不等的潮沟。

（四）生物海岸

生物海岸分布在热带、亚热带地区，是由于生物作用形成的特殊海岸，主要有红树林海岸和珊瑚礁海岸两种。

1. 红树林海岸

红树林是发育在热带和亚热带泥滩上的耐盐性植物群落。由红树及林下沼泽泥滩组合的海滩，称为红树林海岸（图 2-5）。红树林根系发达，气根下垂进入浅水淤泥中，和树干一起组成茂密的丛林。红树是芽生植物，果实成熟后，即在母树上发芽，幼苗成长后，下落泥中，很快生出根系，繁殖很快。红树林是海岸的绿色屏障，不但有防风、防浪、保护海岸的作用，而且还有减弱潮流、促进淤积和加速海岸扩展的作用。红树林不仅有很高的生态价值、科研价值、观赏价值，还具有较强的医药功能。在红树林大家族中，一些红树品种的果实可供食用。

红树林海岸地貌从海向陆可分为三带：①白滩带，稍高出低潮面，经常受波浪和潮流作用，无红树或仅零星生长红树；②潮间红树林沼泽带，由白滩带以上至高潮面，红树生长最茂盛，林下为淤泥盐沼地，阴暗潮湿，潮沟发育，土壤稀烂，多腐枝落叶，有机质丰富，枝叶腐烂后变为 NH_4^+ 和发出 H_2S 恶臭；③潮上红树林干地带，位于高潮面之上，只有特大潮水才能到达，潜水面下降，土壤脱盐脱水加强，并逐渐疏干，红树被半红树及其他陆生植物所代替。

红树林海岸主要分布于热带地区。南美洲东西海岸及西印度群岛、非洲西海岸是西半球生长红树林的主要地带。在东方，红树林以印尼的苏门答腊岛和马来半岛西海岸为中心分布区。沿孟加拉湾—印度—斯里兰卡—阿拉伯半岛至非洲东部沿海，都是红树林生长的地方。澳大利亚沿岸红树林分布也较广。印尼—菲律宾—中印半岛至中国广东、海南、台

图 2-5 福州罗源湾红树林海岸

湾、福建沿海也都有红树林分布。由于黑潮暖流的影响，位处亚热带的日本九州岛的海岸也有红树林分布。

我国红树林主要分布在海南岛，种类较多，树形也较高大，如海南岛东北部和北部的东寨港、清栏港、儋州等地的树高可达 5～10m，个别超过 15m。向北随着气温的降低，红树种类减少，树形也变得低矮稀疏，到了福建北部福鼎附近的海岸（北纬 27°左右），树高只有 1m 左右，成为灌木丛林。

2. 珊瑚礁海岸

珊瑚礁是以石珊瑚骨骼为主体，混合其他生物碎屑（如石灰藻、层孔虫、有孔虫、海绵、贝类等）所组成的生物礁。由大片珊瑚礁构成的海岸，称为珊瑚礁海岸。

珊瑚礁分布范围与珊瑚生长的水温条件有关，珊瑚是热带海洋中的腔肠动物，最适宜生长的水温为 25～30℃。由于珊瑚的生长受到一定地理条件的限制，因此其主要分布在南北回归线之间的热带海洋内或暖流所经过的海区，总面积为 60 万 km^2，集中分布于西太平洋、印度洋及大西洋的热带海区。在我国主要分布在南海的东沙、西沙、中沙和南沙群岛，其次为海南岛、澎湖列岛及台湾沿岸等地。

珊瑚礁地貌类型有岸礁、堡礁及环礁三种类型。

（1）岸礁，也称裙礁。它紧贴着海岸带发育，高度在低潮面之下，地貌上主要由礁坪（礁平台）和礁坡两部分组成。礁坪近岸，地面平坦，内有礁沟。礁坡近海，急陡，由活珊瑚组成。我国台湾及海南岛的珊瑚礁以岸礁为多见。现今世界上最大的岸礁分布在红海沿岸，长 2700km。

（2）堡礁，也称离岸礁。它呈堤状，与海岸平行分布，与陆地之间隔以潟湖或带状海。世界上最大的堡礁是澳大利亚东北岸的大堡礁，长达 2100 余千米，大堡礁与陆地之间的带状海水深 30～40m，宽 0.9～18km。

（3）环礁。环礁平面上很不规则，呈圆形、椭圆形，甚至不规则的三角形及菱形等。它的中央为浅水潟湖，水深 100m 以内。环礁直径一般为 2～3km，大者可达 100km。环礁除了少数为封闭之外，大多数有一个或多个缺口，这些缺口成为潮汐通道，大缺口可通行大轮船或军舰。环礁的礁体，有的沉没于水下 10～20m，少数露出水面成为珊瑚礁岛屿。我国南海中的环礁也很多，在四大群岛中的东沙、西沙和中沙群岛都由环礁组成，南沙群岛的西北部有 5 座环礁。

珊瑚礁海岸能有效地阻挡海浪和风暴潮的侵蚀，是天然的防波堤；珊瑚礁形成的特殊水环境宜于鱼虾栖息，有利于招引鱼虾来此安家落户，增殖渔业资源；婀娜多姿的珊瑚形成了奇异礁石，是美丽的自然景观，加以适当开发，可以作为丰富的旅游资源。澳大利亚的大堡礁已经开辟为水下公园，是世界上少有的旅游胜地。

第二节　海　底　地　貌

海底地貌是海水覆盖下的固体地球表面形态的总称。根据海底地貌的基本形态特征，可将其分成大陆边缘、大洋盆地、大洋中脊三个单元（图 2-6）。

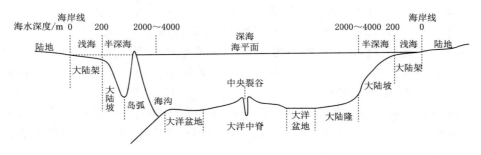

图 2-6　海底地貌分布示意图

一、大陆边缘

大陆与大洋底之间的过渡地带称为大陆边缘，亦称大洋边缘，它是近海陆地上的岩层与地质构造向海洋的自然延伸部分。地球物理资料表明，大陆边缘不仅在地形上是一个巨大而复杂的斜坡带，而且在地质上也是大陆地壳与大洋地壳之间的地壳过渡带，地壳厚度从海岸向洋底逐渐变薄。大陆边缘包括大陆架、大陆坡、大陆隆（大陆基）、边缘海盆、岛弧与海沟。

根据大陆边缘形态及构造的组合特征，全球大陆边缘主要分为两大类型：稳定型（又称大西洋型、被动型、发散型、无震型）大陆边缘和活动型（又称太平洋型、主动型、汇聚型、有震型）大陆边缘。

（一）稳定型（大西洋型）大陆边缘

稳定型大陆边缘以陆侧是稳定的大陆地块为其特征，自古以来很少变动，在地质构造上长期处于相对稳定的状态。它位于岩石圈板块的内部，缺失海沟俯冲带，被动地随着板块的运动而移动，故无强烈的地震、火山和构造运动。稳定型大陆边缘以大西洋两侧的美洲和欧洲、非洲大陆边缘比较典型，故也称大西洋型大陆边缘，此外也广泛出现在印度洋和北冰洋周围。稳定型大陆边缘由大陆架、大陆坡和大陆隆三部分组成（图 2-7）。

1. 大陆架

大陆架简称陆架，又称大陆棚、陆棚或大陆浅滩。大陆架的概念包含两层有关联而不同的含义：自然的大陆架与法律上的大陆架。依自然科学的观点，大陆架是大陆周围被海

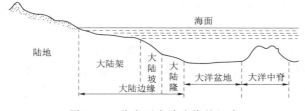

图 2-7 稳定型大陆边缘的组成

水淹没的浅水地带，是大陆向海洋底的自然延伸。其范围是从低潮线起以极其平缓的坡度延伸到坡度突然变大的地方为止。坡度陡然增加的地方称为陆架坡折或陆架外缘，因此陆架外缘线不是某一特定深度。全球大陆架总面积为 $2710 \times 10^4 km^2$，约占海洋总面积的 7.5%。大陆架的坡度极为平缓，平均坡度只有 $0°07'$。大陆架的宽度与深度变化较大，如北冰洋陆架宽度可超过 1000km；其深度取决于陆架坡折处的深度，如北冰洋的西伯利亚和阿拉斯加陆架宽达 700km 以上，外缘深度不足 75m，但其东面的加拿大岸外陆架宽约 200km，陆架外缘深度却超过 500m。东海大陆架是世界上较宽的大陆架之一，最大宽度达 500km 以上，其外缘深度为 130～150m。在漫长的地质时期，大陆架曾屡经沧桑，如第四纪冰期的末次亚冰期，全球海面平均下降 130m 左右。冰后期气候转暖，海平面又逐渐回升，距今约 6000 年，海平面与现代接近。海面下降时大陆架成为陆地，海面上升时大陆架成为海底。现代大陆架是经过陆上和海洋各种营力交替作用的地区，并留下这些作用产生的地貌形态。大陆架表面常见的地形主要有：①沉没的海岸阶地；②中—低纬地带沉溺的河谷和高纬地带沉溺的冰川谷；③海底平坦面，如大西洋陆架上可划分出 6～9 级海底平坦面；④水下砂丘、丘状起伏和冰碛滩等微地貌形态。

　　法律上的大陆架概念在不断变化，多数国家主张对大陆架行使主权权利。首先对大陆架提出管辖权主张的是美国，随后不少国家发表了类似的关于大陆架的声明。1958 年联合国第一次海洋法会议通过的《大陆架公约》规定，大陆架是"邻接海岸但在领海范围以外，深度达 200m，或深度超过此限度而上覆水域的深度容许开采其自然资源的海底区域的海床和底土"。据此，200m 海水深度是国际法确定大陆架的一个标准，技术上能够开发也是一个标准。所以大陆架的范围可随技术的发展而扩大。1982 年通过的《联合国海洋法公约》规定："沿海国大陆架包括其领海以外依其陆地领土的全部自然延伸，扩展到大陆边外缘的海底区域的海床和底土，如果从测算领海宽度的基线量起到大陆边的外缘的距离不到 200n mile，则扩展到 200n mile 的距离。"关于沿海国对大陆架的权利，《联合国海洋法公约》规定："沿海国为勘探大陆架和开发其自然资源的目的，对大陆架行使主权权利"。这种权利是专属的，即沿海国不勘探大陆架或开发其自然资源，任何人未经该国明示同意，均不得从事这种活动。但沿海国开发从测算领海宽度的基线量起 200n mile 以外的大陆架非生物资源，须向国际海底管理局缴纳一定的费用。大陆架的自然资源包括海床和海底的矿物和其他非生物资源，以及属于定居种的生物，即在可捕获阶段在海床上或海床下不能移动或其躯体须与海床或海底土保持接触才能移动的生物。

　　2. 大陆坡

　　大陆坡又称"陆坡""大陆斜坡"，是一个分隔大陆和大洋的全球性巨大斜坡，即大陆架外缘向深海倾斜的较陡斜坡，是陆壳与洋壳的过渡带。大陆边缘范围内，大陆坡是地形坡度最陡的单元，平均坡度为 $4°17'$。不同海区差别很大，大西洋大陆坡的平均坡度为

3°05′，印度洋大陆坡的平均坡度为2°55′，坡度均小于世界平均值，而太平洋大陆坡的平均坡度为5°20′，但全球大陆坡最陡的海域却分布在稳定型陆缘，如斯里兰卡岸外陆坡达35°～45°。多数大陆坡的表面崎岖不平，其上发育有复杂的次一级地貌形态，最主要的是海底峡谷和深海平坦面。海底峡谷是陆坡上一种奇特的侵蚀地形，它形如深邃的凹槽，切蚀于大陆坡上，横剖面通常为V形，下切深度数百米甚至上千米，谷壁最陡40°以上，与陆上河谷极为相似。关于海底峡谷的成因目前还有争论，多数人认为是浊流侵蚀作用所致，它是把陆源物质从陆架输送到坡麓及深海区的重要通道。深海平坦面是大陆坡表面坡度（<0°30′）接近水平的面，宽数百米至数千米，长数十千米。大西洋大陆坡上可识别出三个较大的平坦面，水深分别是550m、1650m和2950m，呈阶梯分布。其成因可能是陆坡发育过程中岩性差异侵蚀或夷平面断陷所致。

3. 大陆隆

大陆隆亦叫大陆裾或大陆基，是自大陆坡坡麓缓缓倾向洋底的扇形地。它跨越大陆坡坡麓和大洋底，是由沉积物堆积而成的沉积体。大陆隆表面坡度平缓，沉积物厚度巨大，常以深海扇的形式出现。大陆隆的巨厚沉积是在贫氧的底层水中堆积的，富含有机质，具备生成油气的条件。地震探查证实其中富含砂层的大陆隆很可能是海底油气资源的远景区。

通常情况下，大陆隆靠近大陆坡的地方较陡，向深海渐缓，平均坡度为0.5°～1°，水深1500～5000m。大陆隆主要分布在大西洋、印度洋、北冰洋边缘和南极洲周围。在太平洋仅西部边缘海向陆一侧有大陆隆，在太平洋周围的海沟附近缺失大陆隆。大陆隆上的沉积物主要是来自大陆的黏土及砂砾，厚度在2000m以上。

（二）活动型（太平洋型）大陆边缘

活动型大陆边缘与现代板块的汇聚型边界相一致，是全球最强烈的构造活动带，集中分布在太平洋东、西两侧，故又称太平洋型大陆边缘。其最大特征是具有强烈而频繁的地震（释放的能量占全世界的80%）和火山（活火山占全世界的80%以上）活动，有环太平洋地震带和太平洋火环之称。

太平洋型大陆边缘又可进一步分为岛弧亚型和安第斯亚型两类，两者都以深邃的海沟与大洋底分界（图2-8）。海沟是指海洋中水深超过6000m的狭长洼地，多呈弧形，其侧坡比较陡急，横剖面呈不对称的V形，长数百千米至数千千米，宽数千米至数十千米。在地质学上，海沟被认为是海洋板块和大陆板块相互作用的结果。海沟被认为是由于大洋板块与大陆板块相遇，因大洋板块密度较大俯冲于大陆板块之下而形成的深水狭长凹陷地带，往往作为俯冲带的标志。全球

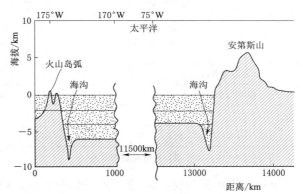

图2-8　活动型大陆边缘
（左为西太平洋岛弧亚型，右为安第斯亚型；
来源于参考文献［2］）

共识别出海沟 20 多条，绝大多数分布在太平洋周缘，其中深度超过万米的 6 条海沟全部在太平洋（表 2-1）。

表 2-1 全球沟-弧体系

海 沟 名 称	最大水深/m	最深部的位置	海沟长度/km	平均宽度/km	毗邻岛弧或山弧
太平洋					
千岛-堪察加海沟	10542	44°15′N，150°34′E	2900	120	千岛群岛
日本海沟	10682	36°04′N，142°41′E	890	100	日本群岛
伊豆-小笠原海沟	9810	29°06′N，142°54′E	850	90	伊豆-小笠原群岛
马里亚纳海沟	11034	11°21′N，142°12′E	2550	70	马里亚纳群岛
雅浦（西加罗林）海沟	8850	8°33′N，138°03′E	2250	70	西加罗林群岛
帛琉海沟	8138	7°42′N，135°05′E	400	40	帛琉群岛
琉球海沟	7881	26°20′N，129°40′E	1350	60	琉球群岛
菲律宾（棉兰老）海沟	10497	10°25′N，126°40′E	1320	30	菲律宾群岛
西美拉尼西亚海沟	6534		1100	60	美拉尼西亚群岛
东美拉尼西亚（勇士）海沟	6150	10°27′S，170°17′E	550	60	美拉尼西亚群岛
新不列颠海沟	8320	5°52′S，152°21′E	750	40	新不列颠群岛
布干维尔（北所罗门）海沟	9140	6°35′S，153°56′E	500	50	北所罗门群岛
圣克里斯特瓦尔（南所罗门）海沟	8310		800	40	南所罗门群岛
北赫布里底（托里斯）海沟	9165		500	70	北赫布里底群岛
南赫布里底海沟	7570	20°37′S，168°37′W	1200	50	南赫布里底群岛
汤加海沟	10882	23°15′S，174°45′W	1375	80	汤加群岛
克马德克海沟	10047	31°53′S，177°21′W	1500	60	克马德克群岛
阿留申海沟	8109	51°13′N，174°48′W	3700	50	阿留申群岛
中美（危地马拉、阿卡普尔科）海沟	6662	14°02′N，93°39′W	2800	40	中美洲马德雷山脉
秘鲁海沟	6262		1800	100	安第斯山脉
智利（阿塔卡马）海沟	8064	23°18′N，71°21′W	3400	100	安第斯山脉
大西洋					
波多黎各海沟	9219	19°38′N，66°69′W	1500	120	大安的列斯群岛
南桑德韦奇海沟	8428	55°07′N，26°47′W	1450	90	南桑德韦奇群岛
印度洋					
爪哇（印度尼西亚）海沟	7450	10°20′S，110°10′E	4500	80	印度尼西亚群岛

注 括号里的名称是别称或以前曾用过的名称。

根据海底扩张学说，大洋中脊是地幔物质涌升的地方，涌升的地幔物质（岩浆）在大洋中脊处冷凝形成新的洋壳，同时推动早先形成的洋壳像传送带一样载着大洋沉积物向两侧推移，直到大陆边缘的海沟处，俯冲潜入地幔之中。因此，海沟是大洋地壳向下弯曲俯冲的地方，该处地壳处于不均衡状态，下倾的海沟区是一个质量亏损带（负重力异常）。

由于海沟是冷的洋壳俯冲潜没的地方，其热流值（单位面积在单位时间内传播的热量值）很低，向岛弧或陆缘山弧方向热流值逐渐升高。海沟地带的负重力异常和低热流值与大洋中脊的正重力异常和高热流值形成鲜明对照，说明在海沟之下与大洋中脊之下有着相反的构造作用力，前者以挤压应力为主，后者以张应力为主，同时发生着截然不同的地质作用过程。事实上，大洋中脊处的地幔物质上涌和海沟处的大洋岩石圈俯冲构成了全球最大规模的物质循环。

　　岛弧亚型大陆边缘主要分布在西太平洋，其组成单元除大陆架和大陆坡外一般缺失大陆隆，以发育海沟-岛弧-边缘海盆地为最大特点。这类大陆边缘的岛屿在平面分布上多呈弧形凸向洋侧，故称岛弧，大都与海沟相伴存在。在岛弧与大陆之间以及岛弧与岛弧之间的海域称为边缘海，其中的深水盆地往往具有洋壳结构，深达数千米，因位于岛弧后方（即陆侧），又叫弧后盆地。海沟、岛弧和弧后盆地具有成生联系，从而构成沟-弧-盆体系。

　　根据海底扩张和板块构造理论，当大洋板块在海沟处俯冲潜没于陆侧板块之下时，两个板块的摩擦作用使地幔增温和熔点降低，发生熔融，岩浆上涌喷出地表形成一系列火山，构成了岛弧或火山弧；也正是由于大洋板块的俯冲作用，打乱了地幔的平衡，导致次生地幔对流和热地幔上涌，引起岛弧与大陆分离或岛弧本身分裂而在其间形成了弧后盆地（图2-9）。

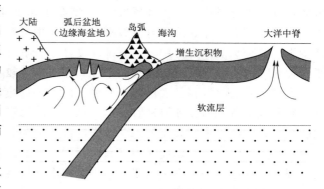

图2-9　沟-弧-盆体系和弧后扩张示意图
（来源于参考文献［5］）

　　安第斯亚型大陆边缘分布在太平洋东侧的中美—南美洲陆缘，高大陡峭的安第斯山脉直落深邃的秘鲁—智利海沟，大陆架和大陆坡都较狭窄，大陆隆被深海沟所取代，形成全球高差（15km以上）最悬殊的地带。

二、大洋盆地

　　大洋盆地是指大洋中脊坡麓与大陆边缘（大西洋型的大陆隆、活动型的海沟）之间的广阔洋底，约占世界海洋面积的1/2。大洋盆地的轮廓受大洋中脊分布格局的控制，在大洋盆地中还分布着一些隆起的正向地形，它们进一步把大洋盆地分割成许多次一级盆地。大洋盆地水深一般为4～6km，局部可超过6km。

　　把大洋盆地分隔开的正向地形主要是一些条带状的海岭和近于等轴状的海底高原。海岭往往由链状海底火山构成，由于缺乏地震活动（仅有火山活动引起的微弱地震）而被称作无震海岭，如太平洋的天皇—夏威夷海岭、印度洋的东经九十度海岭等，它们与大洋中脊体系的成因和特征明显不同。有的无震海岭顶部出露水面形成岛屿，如夏威夷群岛等。海底高原又叫海台，是大洋盆地中近似等轴状的隆起区，其边坡较缓、相对高差不大，顶面宽广且呈波状起伏，如太平洋的马尼西基海底高原和大西洋的百慕大海台等。

　　在大洋盆地中还有星罗棋布的海山，它们绝大多数为火山成因，相对高度小于

1000m 者称为海丘（海底丘陵），大于 1000m 者称为海山。海丘呈圆形或椭圆形，直径从不足 1km 至 5km 不等，分布较广泛。海山一般具有比较陡峭的斜坡和面积较小的峰顶，成群分布的海山称为海山群，顶部平坦的称作平顶海山或海底平顶山。西北太平洋海盆、中太平洋海盆和西南太平洋海盆是海山、海山群、平顶海山和珊瑚礁岛分布最密集的地区。

大洋盆地底部相对平坦的区域是深海平原，它的坡度极微，一般小于 10^{-3}，有的小于 10^{-4}。深海平原的基底原来并不平坦，是后来不断的沉积作用把起伏的基底盖平了。

三、大洋中脊

大洋中脊又称中央海岭，是指贯穿世界四大洋、成因相同、特征相似的海底山脉系列。它全长 6.5×10^4 km，顶部水深大都在 2～3km，高出盆底 1～3km，有的露出海面成为岛屿，宽数百千米至数千千米不等，面积占洋底面积的 32.8%，是世界上规模最巨大的环球山系。

大洋中脊体系在各大洋中的展布并不完全相同，在大西洋中基本上沿大西洋的中轴线分布，在印度洋中则大体呈倒置的 Y 形展布于印度洋中部。大洋中脊体系在这两个大洋中多表现为两翼陡峭、沿中脊轴线有一明显的中脊裂谷，故分别被称为大西洋中脊和印度洋中脊（又分为北印度洋中脊、东南印度洋中脊和西南印度洋中脊）。大洋中脊体系在太平洋偏居大洋东部，并且因其边坡平缓，相对高度较小，又被特称为东太平洋海隆。

大洋中脊的北端在各大洋分别延伸上陆，如印度洋中脊北支延展进入亚丁湾、红海，并与东非大裂谷和西亚死海裂谷相通；东太平洋海隆北端通过加利福尼亚湾后潜没于北美大陆西部；大西洋中脊北支伸入北冰洋的部分成为北冰洋中脊，在勒拿河口附近伸进西伯利亚。东太平洋海隆、印度洋中脊和大西洋中脊的南端互相连接，东太平洋海隆的南部向西南绕行，在澳大利亚以南与印度洋中脊东南支相接；印度洋中脊的西南分支绕行于非洲以南，与大西洋中脊南端相连。

大洋中脊的轴部都发育有沿其走向延伸的断裂谷地，称为中央裂谷，向下切入的深度为 1～2km，宽数十千米至一百多千米。中央裂谷是海底扩张中心和海洋岩石圈增生的场所，沿裂谷带有广泛的火山活动。中脊地形比较复杂，纵向上呈波状起伏形态，横向上呈岭谷相间排列。

大洋中脊体系在构造上并不连续，而是被一系列与中脊轴垂直或高角度斜交的断裂带切割成许多段落，并错开一定的距离，如罗曼奇断裂带把大西洋中脊错移 1000km 以上，沿该断裂带形成 7856m 的海渊。这种断裂表现为脊槽相间排列的形态。

大洋中脊体系是一个全球性地震活动带，但震源浅、强度小，所释放的能量只占全球地震释放能量的 5%。

第三节 海底构造与大地构造学说

一、概述

海底构造与大地构造学说是关于地壳构造发生、发展、运动、分布规律和形成机制的学说。由于历史的局限，观察分析手段的不同，分析问题方法的不同，地质学家先后提出了许多不同的大地构造学说，其中在地学领域影响最为深远的是地槽地台说（简称槽台说）和板块构造说。槽台说是 1859 年美国地质学家霍尔（J. Hall）提出的，他把大陆地壳分为活动的地槽、稳定的地台及两者过渡带。这一学说把来自沉积建造、岩浆活动和构造形变等不同领域的大量实际资料综合成统一的理论，主导全球区域地质构造和地壳演化的研究及地质找矿工作。槽台说是 20 世纪 60 年代以前近百年时间占有绝对统治地位的学说，因此被称为经典大地构造理论，深刻地影响了地质学的各个领域。

20 世纪 60 年代诞生于海洋地质领域的海底扩张–板块构造学说，以活动论观点为主导，对奠基于大陆的传统地质学理论提出了挑战，引发了一场"地球科学革命"。目前，板块构造理论已影响到地球科学的几乎所有领域，也是研究海底构造的理论核心和指导思想。

板块构造说是多学科相互交叉，渗透发展起来的全球构造学理论，它吸取了魏格纳（Alfred Wegener）大陆漂移说的精髓——活动论思想，以海底扩张说为基础，经过威尔逊（Wilson）、摩根（Morgan）、勒皮雄（Le Pichon）等一大批科学家的综合而确立。板块构造说是大陆漂移说和海底扩张说的引申和发展。

二、地槽地台说

地槽地台说简称槽台说，其基本论点是：地壳运动主要受垂直运动控制，地壳此升彼降造成振荡运动，而水平运动则是派生的或次要的。驱动力主要是地球物质的重力分异作用。物质上升造成隆起，下降则造成拗陷。主要的构造单元有地槽和地台两类，地台是由地槽演化而来的。

地槽区是地壳活动强烈的地带，在地表呈长条状分布，升降速度快，幅度大，接受巨厚的沉积并有复杂的岩相变化，褶皱强烈，岩浆活动频繁。如北美西部的科迪勒拉山脉、南美西部的安第斯山脉、亚欧之间的乌拉尔山脉、横贯欧亚大陆呈东西走向的阿尔卑斯山脉、喜马拉雅山脉，以及我国的天山、秦岭、祁连山等山脉，都是世界著名的地槽区。地槽发展初期以不均匀的下沉为主，接受巨厚沉积，并有基性岩浆活动，沉积物以陆源碎屑为主。随着下沉的幅度加大，沉积物由粗变细，乃至出现碳酸盐类沉积。后期受强烈挤压抬升，沉积物由细变粗，产生强烈褶皱和断裂，同时出现中、酸性岩浆活动和变质作用，最后形成突起的褶皱地带。地槽经过强烈隆升运动后，活动性减弱，长期剥蚀夷平后逐渐转化为地台。

地台区代表地壳上构造活动微弱、相对稳定地区，垂直运动速度缓慢、幅度小，沉积作用广泛而较均一，岩浆作用、构造运动和变质作用也都比较微弱。地台区的外形呈近似圆形，直径可达数千千米，是地壳大地构造中相对稳定的构造单元。由于地台前身系由地槽转化而来，故下部为紧密褶皱和变质基底；上部沉积了较薄的盖层，常形成宽阔的褶皱，构造形态较地槽区简单。沉积盖层被剥蚀而露出古老的褶皱基底时则称为地盾。

地台与地槽之间具有过渡性质的地区，常分出另一种构造单元，称为山前拗陷或边缘拗陷带。由于它具有从地槽向地台过渡的性质，所以又称为过渡区或过渡带。过渡区的结构往往是不对称的，与地槽毗邻的一边具有地槽的特征；与地台毗邻的一边又具有地台的性质。

构造运动具有强弱交替的周期性和阶段性。稳定期构造运动较和缓，主要表现为缓慢升降运动。活动期构造运动和岩浆活动都较频繁，主要表现为强烈褶皱和隆起，形成巨大的山系，故有人称为造山运动。构造运动的周期性决定地壳发展具有阶段性。地球上发生的比较强烈和影响范围较广的构造运动阶段称为构造运动期或造山运动幕，如加里东运动期、华力西运动期、燕山运动期、喜马拉雅运动期等。

槽台说极少涉及现代海洋的构造和演变，具有一定局限性。地槽转化为地台一说也不够全面。地台并不是固定不变的，而只是一种相对稳定的构造单元。因此，地台和地槽都不是地壳发展的最后形式，彼此可以转化。据此，陈国达认为，地壳构造除地槽与地台外，还存在一个新的构造单元——地洼区（原称活化区）。这一观点现已发展为地洼说。

地洼说认为，在地壳发展过程中，活动区和稳定区可以相互转化，不仅地槽区可以转化为地台区，地台区也可以转化为地洼区，这种转化绝不是简单的重复，而是由简单到复杂、由低级到高级的螺旋式发展。地洼本身也不是地壳发展的最后形式和阶段，也可能转化为更新的构造单元。地洼说的出现为传统大地构造理论增加了新的内容。

三、大陆漂移说

（一）大陆漂移说的提出

大陆漂移的观点可追溯至 17 世纪。1620 年，英国哲学家培根（Francis Bacon）从大西洋两岸的相似性得到启示，并探讨了两个相对陆块漂移的可能性。法国学者斯奈德（Antonio Snider）从美洲和欧洲的石炭纪植物化石之间的相似性得到启发并于 1858 年出版了《地球形成及其奥秘》一书，指出所有大陆过去都曾经是单一陆地的一部分。19 世纪末，著名的奥地利地质学家修斯（Eduard Suess）注意到南半球各大陆上的地质岩层如此接近一致，首次将它们拟合成一个单一的巨大陆块，称之为冈瓦纳古陆（Gondwana Land，这个名称来源于印度中东部的一个标准地质区冈瓦纳 Gondwana）。1910 年美国学者泰勒（F. B. Taylor）根据山脉的分布，独自论证过大陆漂移，并提出解释地壳大规模侧向（横向）移动的机制，认为导致各大陆的分离运动的动力来自巨大的潮汐力。但是，最完善的大陆漂移说是著名的法国气象学家魏格纳（Alfred Wegener）于 1912 年提出的，所以，一般公认他为大陆漂移说的创始人。他主张地球表层存在着大规模水平运动，海洋和陆地的分布格局处在永恒的变化过程中。作为新地球观核心的活动思想论即由此发端。

1912 年 1 月 6 日，魏格纳在法兰克福城的地质协会上作了题为《从地球物理学基础上论地壳轮廓（大陆与海洋）的生成》的讲演，首次公布了自己有关大陆漂移的研究成果。1915 年，魏格纳又从地理学、地球物理学、地质学、古生物学、古气候学和大地测量学等方面对大陆漂移进行了系统论证，著成《海陆的起源》一书，全面系统地论述了大陆漂移问题。

（二）大陆漂移说的基本观点

大陆漂移说立足于陆块漂浮的地壳均衡理论。魏格纳认为，地球上所有大陆在中生代以前曾结合成统一的联合古陆（Pangaea），或称泛大陆，其周围是围绕泛大陆的全球统一海洋——泛大洋。中生代以后，联合古陆解体、分裂，其碎块即现代的各大陆块逐渐漂移到今日所处的位置。由于各大陆分离、漂移，逐渐形成了大西洋和印度洋，泛大洋（古太平洋）收缩而成为现今的太平洋。

大陆漂移的动力机制与地球自转的两种分力有关：向西漂移的潮汐力（日月引潮力）

和指向赤道的离极力（地球自转离心力）。较轻硅铝质的大陆块（花岗岩层）漂浮在较重的黏性的硅镁层（玄武岩层）之上，潮汐力和离极力的作用使泛大陆破裂并与硅镁层分离，而向西、向赤道大规模水平漂移。

（三）大陆漂移的证据

1. 大陆形状相似性

大西洋两岸的非洲和南美洲的海岸似可吻合。粗略地看，大西洋略呈S形，北美的新斯科舍半岛可以和比斯开湾对应，西撒哈拉可以嵌入墨西哥湾，巴西的布兰科角与几内亚湾对应。这种相似性，似乎预示着大西洋两岸曾是连在一起的。1965年布拉德（E. C. Bullard）等借助计算机用大西洋两侧大陆坡上不同的等深线进行拼合，发现在大陆坡的水下915m等深线处进行拼合效果最佳（图2-10）。

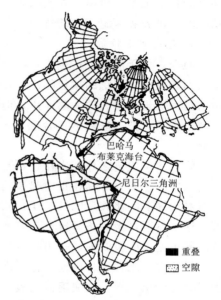

巴哈马
布莱克海台

尼日尔三角洲

■ 重叠
▦ 空隙

图2-10　用计算机拼合的大西洋
两岸边界图

2. 地层与地质构造证据

为了进一步探求大陆漂移的证据，魏格纳设想：如果大陆发生分离和漂移，那么，不管它们相隔多么遥远，组成大陆的地层及发育其中的地质构造现象必然会遥相呼应。当魏格纳对大西洋两岸大陆的地层和地质构造进行细致的对比和研究后，果真获得了令人信服的重要发现：首先，横断非洲南端由二叠纪岩层组成的东西走向的开普山脉和南美洲布宜诺斯艾利斯附近的古老褶皱山系不仅地层岩性、地质构造极其相近，而且当把两块大陆海岸线粗略拼合在一起时，这些地层和地质构造竟能彼此衔接起来，浑然一体；其次，在非洲西部存在着一片长期未经褶皱的前寒武纪片麻岩为主体的高原，而在南美洲相对应位置的巴西高原也恰恰广泛地分布着几乎一样特征的片麻岩，同时，这两个远隔重洋的高原上的火成岩、沉积物的成分及地质构造方向等都具有惊人的一致性。

另外，魏格纳在对北大西洋两岸大陆地质的考证中也取得了重要成果。如欧洲大陆古老的加里东褶皱带在北欧横贯挪威，向西延伸到苏格兰，而于北大西洋消失后，又出现在北美洲的加拿大境内。对此，魏格纳打了一个很浅显的比喻，他说，如果两片撕破了的报纸按其参差不齐的毛边和文字可以拼接起来，那么，我们就不能不承认这两片报纸是由一大张撕开来的。

3. 古生物证据

生物学关于物种起源的单祖论观点认为，相同生物种是不可能在相隔遥远的两个地区分别独立形成的，它们必定起源于某一地区，然后直接或间接地传播到另一地区去。

魏格纳除了在地质方面对大陆漂移说进行论证外，还成功地利用了陆桥说所积累的古生物资料。古生物学界很早就有人发现，远隔重洋的非洲、南美洲、澳大利亚和印度等地二叠纪早期具有相同的古生物属种。最明显的例子就是二叠纪生活在内陆的爬行类——中龙，它分别发现于非洲、南美洲；另外一个典型的例子就是在南半球被称为冈瓦纳岩系的水平岩层中，广泛地存在着相同属种的植物化石，如舌羊齿属和圆舌羊齿属。类似的例子还有蜗牛、蚯蚓、昆虫等，它们都是在特定时代出现于地球某处，然后迅速蔓延到所有大陆的。这些例子说明，各大陆之间确曾有过连接，否则动植物群的迁徙便不可能。然而，"陆桥说"在解释这些现象时，却认为是一些露出海面的狭长陆地连接着各大陆，它们在某个时代下沉了。魏格纳在确认了"陆桥说"引证的这些无可辩驳的古生物证据的同时，从根本上抛弃和否定了"陆桥说"，指出上述现象恰是大陆漂移的最好例证。

4. 古气候证据

距今 3 亿年前的晚古生代，在南美洲东缘、非洲中部和南部、澳大利亚南部、印度、南极洲曾发生过广泛的冰川作用。在冰碛岩的底下能够找到冰溜面，其上的擦痕、擦槽显示这是一次规模很大的大陆冰川，但据此恢复的方向竟是从海洋往陆地流动。对于这种反常现象，只有把这些陆地拼合起来，才能得到冰川是从陆地中心向外侧海洋流动的满意解释。

除古冰川遗迹之外，岩盐、石膏等蒸发岩和红层、珊瑚礁是另一些古气候标志。若把石炭系中的蒸发岩等标在重建起来的泛大陆上则呈两大条带状分布。夹于条带之间的是盛产石炭纪煤层的北美阿巴拉契亚，欧洲的顿巴斯、鲁尔、比利时、英国，及亚洲的中国。若将这个盛产煤炭的条带置于赤道上，则蒸发岩、红层等恰好分布在副热带高压区，而非洲南部正处于南极圈内，是当时冰川活动的中心。

尽管大陆漂移说合理地解释了许多古生物、古气候、地层和构造等方面的事实，但限于当时的认识水平，又缺乏占地表 70.8% 的海洋底的地质资料，魏格纳未能合理解决大陆漂移的机制问题，大陆漂移说盛行一时后便衰落下去了。直到 20 世纪 50 年代，古地磁学研究的进展又使大陆漂移说重新复兴，20 世纪 60 年代海底扩张–板块构造学说的创立再赋予大陆漂移说以新的认识。

四、海底扩张说

（一）海底扩张说的提出

第二次世界大战以来，由于装备了自动记录的回声测深仪，以及开展了大洋区的地震探测工作，人们对洋底地形和洋底地壳有了不少新的认识。地震资料表明，洋壳第一层，即沉积层非常之薄，平均不过 0.5km。即使以每千年沉积 1mm 的最低沉积速度计算，只要大洋存在过 20 亿年，就应当有 2km 厚的沉积物。但事实上洋底沉积层却是如此菲薄。通过在大洋裂谷及断裂带的基岩崖壁处拖挖采样，至 20 世纪 60 年代开展深海钻探以前，在洋底尚未发现比白垩纪更老的岩石。如果大陆和海洋的位置是固定不变的，洋底的年龄就应当与大陆一样老，在洋底还应当累积起巨厚的沉积地层，但事实却完全相反。这就令人感觉到，大陆和洋底是变动着的。

更重要的是，在 20 世纪 50 年代晚期发现了纵贯世界大洋洋底的大洋中脊和裂谷体系。大洋中脊的总面积超过陆地面积的一半，它是世界上最长最大的山系，无疑也是地球上最重要的构造单元之一。它的发现是近代地质学的一项重大成就。旧有的大地构造假说都未能对这一全球性构造单元的存在作出预测，而在知道它的存在后也未能对它作出明确的解释。

大洋中脊裂谷系明显地属于张性构造，它是地震带，且具有显著的高热流值，暗示大洋中脊轴部是高温地幔物质上涌的地方。这就使人自然地联想起霍姆斯（Holmes）的地幔对流假说。况且在20世纪50年代末和60年代初，由于对古地磁的研究，大陆漂移说开始重新兴起。这些都表明，地球科学理论上的一场重大革新已经迫在眉睫。

20世纪60年代初期，美国地质学家、普林斯顿大学地质系主任赫斯（Hess）于1960年首先提出洋盆的形成模式，并在1962年发表了著名的经典论文《大洋盆地的历史》，正式提出了海底扩张说，对洋盆形成作了系统的分析和解释，阐述了洋盆形成、洋底运移更新与大陆消长关系。几乎在同一时期，美国海岸与大地测量局的地震地质学家迪茨（Dietz）于1961年用海底扩张作用讨论了大陆和洋盆的演化。这一理论为板块构造学的兴起奠定了基础，并触发了地球科学的一场革命。

（二）海底扩张说的基本内容

海底扩张说的理论要点可归结如下几点。

（1）大洋中脊轴部裂谷带是地幔物质涌升的出口，涌出的地幔物质冷凝形成新洋底，新洋底同时推动先期形成的较老洋底逐渐向两侧扩展推移，这就是海底扩张（图2-11）。海底扩展移动的速度大约为每年几厘米。

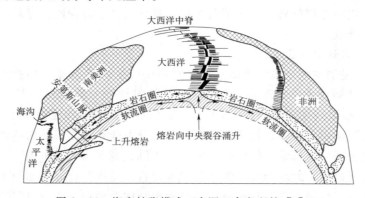

图2-11 海底扩张模式（来源于参考文献［2］）

（2）海底扩张在不同大洋表现形式不同。一种方式是扩张着的洋底同时把与其相邻接的大陆向两侧推开，大陆与相邻洋底相嵌在一起随海底扩张向同一方向移动，随着新洋底的不断生成和向两侧展宽，两侧大陆间的距离随之变大，这就是海底扩张说对大陆漂移的解释。大西洋及其两侧大陆就属于这种形式。另一种方式是洋底扩展移动到一定程度便向下俯冲潜没，重新回到地幔中去，相邻大陆逆掩于俯冲带上。洋底的俯冲作用导致沟-弧体系的形成，太平洋就是这种情况。其洋底处在不断新生、扩展和潜没的过程中，好似一条永不止息的传送带，大约经过2亿年洋底便可更新一遍。

（3）洋底生成—运动—潜没的周期不超过2亿年，驱使洋底周期性扩张运动的原动力是地幔物质对流（图2-12）。其中，大洋中脊体系的中央裂谷带对应于地幔对流的涌升和发散区，宽广的大洋盆地对应于海底扩张运动区，海沟则相当于对流的下降汇聚区。由于洋底周期性地更新，尽管海水古老，但洋底总是年轻的。因接受沉积作用时间短，总体上沉积物厚度较薄，且从中脊轴向大洋边缘呈逐渐增厚趋势。

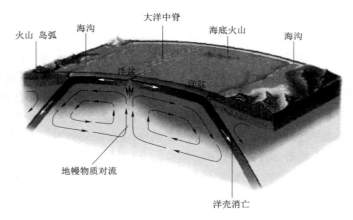

图 2-12　地幔对流驱动大洋岩石圈生成、运动和消亡（来源于参考文献［5］）

海底扩张说能够解释海洋地质学和海洋地球物理学领域的大部分问题，其机制符合物理学理论，并与许多地质、地球物理观测结果一致。越来越多的证据证实海底确实在扩张。例如，古地磁测定结果表明洋底地磁正反向磁极异常带在大洋中脊两侧呈对称分布，同位素定年法测定的地层倒转年代表明其年代也是从大洋中脊向两侧呈对称变化的。

五、板块构造说

（一）板块构造说的提出

"板块"一词是加拿大地质学家威尔逊（Wilson）在 1965 年论述转换断层时首先提出的，后经美国普林斯顿大学的摩根（Morgan）、英国剑桥大学的麦肯齐（McKenzie）和派克（Parker）、法国的勒皮雄（Le Pichon）等人的不断综合和完善，于 1968 年正式提出了"板块构造"学说。因板块构造涉及全球（不分大陆和海洋）的构造活动和演化，是使地球一元化的全球构造理论。板块构造说是在大陆漂移说和海底扩张说的理论基础上，再根据大量的海洋地质、地球物理、海底地貌等资料，经过综合分析而提出的学说。因此有人把大陆漂移说、海底扩张说和板块构造说称为全球大地构造理论发展的三部曲。板块构造说是近代最盛行的全球构造理论，是人类对地球认识的一次重大突破。

（二）板块构造说的基本内容

板块构造说的基本内容可以概述如下：

（1）固体地球上层在垂向上可划分为物理性质截然不同的两个圈层——上部的刚性岩石圈和下垫的塑性软流圈。

（2）刚性的岩石圈并非"铁板一块"，它被一系列构造活动带（主要是地震活动带）分割成许多大小不等的球面板状块体，每一个构造块体就叫岩石圈板块，简称板块。

（3）岩石圈板块横跨地球表面的大规模水平运动，可用欧拉定律描绘为一种球面上的绕轴旋转运动。在全球范围内，板块沿分离型边界的扩张增生，与沿汇聚型边界的压缩消亡相互补偿抵消，从而使地球半径保持不变。

（4）板块内部是相对稳定的，很少发生形变；板块的边缘则由于相邻板块的相互作用而成为构造活动强烈的地带，是发生构造运动、地震、岩浆活动及变质作用的主要场所，同时也从根本上控制着各种地质作用的过程。全球地震能量的95%是通过板块边界释放的。

（5）驱动板块运动的原动力来自地球内部，一般认为地幔物质对流是板块运动的原动力，它借助岩石圈底部的黏滞力带动上覆板块运移，板块被动地驮伏在对流体上发生大规模运动。

（三）板块的划分与边界类型

1. 板块的划分

板块构造说初创时，1968年勒皮雄将全球划分为六大板块：亚欧板块、太平洋板块、美洲板块、非洲板块、印度-澳大利亚板块（也称印度板块、印度洋板块或澳大利亚板块）和南极洲板块；后来又把美洲板块划分为北美板块和南美板块，这样全球可划分为七个板块。它们属于一级大板块，一般既包括陆地，也包括海洋，控制着全球板块运动的基本特征。摩根曾认为全球应划分为二十个左右的板块。不过现在比较流行的是十二板块的划分方案，除七大板块外，还有纳兹卡板块、科科斯板块、加勒比板块、菲律宾海板块和阿拉伯板块。至于大陆与大陆或大陆与岛弧的碰撞带，似可进一步分出若干小板块甚或微板块。

2. 板块边界类型

板块边界是地球上最活跃的地带，具有强烈的火山、地震活动、地质构造变形和变质作用等，根据板块间相互作用方式可以分为分离型（大洋中脊、大陆裂谷）、汇聚型（消减带、碰撞带）和平错型（转换断层）等三种基本类型（图2-13）。从力学性质来说，它们分别代表着拉张、挤压和剪切三种基本方式。

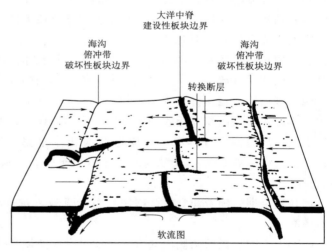

图 2-13　板块边界类型示意图

（1）分离型板块边界，又称成生性板块边界、建设性板块边界，即两个板块在拉张力作用下沿边界做相背分离运动，地幔对流物质不断沿边界涌出并添加到两侧板块边缘上，形成新的洋壳，故而也是板块生长的边界。大洋中脊和大陆裂谷系统属于这类边界。

（2）汇聚型板块边界，亦称破坏性板块边界，即边界两侧的板块做相对运动，发生挤压、对冲或碰撞，进一步可分为以下两亚类：

1）俯冲边界。相邻的大洋与大陆板块发生叠覆，由于大洋板块厚度小、密度大、位置低，大陆板块厚度大、密度小、位置高，因而一般是大洋板块俯冲于大陆板块之下。这种板块边界主要分布于太平洋周缘及印度洋东北缘，也有人称其为太平洋型汇聚边界。由于这类板块边界是由大洋板块俯冲潜没消减于地幔之中，因而也称为消亡型边界。俯冲边界进一步分为两类：一类是岛弧-海沟型，指大洋板块沿海沟俯冲于以海盆相隔的岛弧和大陆之下，主要见于西北太平洋边缘，如日本、琉球群岛等，故而又称为西太平洋型大陆边缘或沟（海沟）-弧（岛弧）-盆（海盆）体系；另一类为山弧-海沟型，指大洋板块沿陆缘海沟俯冲于山弧之下，主要见于太平洋东南部的南美大陆边缘，故而又称安第斯型大陆边缘。

2）碰撞边界。碰撞边界又称地缝合线，指2个大陆板块互相碰撞，使大洋闭合，陆壳彼此受挤压形成高耸的山脉并伴随强烈的构造变形、岩浆活动及变质作用。如阿尔卑斯—喜马拉雅山构造带，是印度板块和亚欧板块的碰撞边界，形成印度河—雅鲁藏布江地缝合线。

（3）平错（剪切）型板块边界，即两个板块沿边界互相水平错动，两侧板块不发生褶皱、增生或消亡，即相当于转换断层，主要分布于大洋内，也可在大陆上出现，例如美国西部的圣安德烈斯断裂就是一条著名的从大陆上通过的转换断层。

（四）板块运动的威尔逊旋回

加拿大学者威尔逊从板块构造观点出发，将岩石圈从大陆破裂、裂谷出现到洋盆形成，再从洋盆俯冲、缩小到闭合的完整过程，划分为六个阶段（期），完整地解释了岩石圈板块从生到灭的全过程，即将大洋盆地的演化归纳为六个发展阶段。

（1）胚胎期。地幔的活化最初引起稳定大陆壳的拉张开裂形成大陆裂谷，但尚未形成海洋环境，如东非裂谷就是现代的开裂的实例。

（2）幼年期。地幔的活化使其热熔物质喷流或上涌对流，岩石圈进一步破裂并开始出现狭窄的洋壳盆地，红海和亚丁湾为其代表。

（3）成年期。随着大洋中脊系统的延伸和扩张作用的加强，终于出现了新的大型成熟洋盆，大西洋是其典型。洋盆两侧未发生俯冲作用的称为被动大陆边缘。

（4）衰退期。在洋脊系统扩张的同时，洋盆一侧或两侧开始了俯冲消减作用，称为主动大陆边缘。洋盆面积开始收缩，可以太平洋为代表。尤其是太平洋板块沿着亚洲东部大陆边缘的千岛海沟、日本海沟、琉球海沟和菲律宾海沟，向亚欧板块下面俯冲，形成（海）沟-（火山岛）弧-（边缘海）盆型的汇聚带，组成现今亚洲东缘花彩列岛式的地理面貌。

（5）残余期。随着洋脊扩张作用减弱，两侧陆壳地块相互逼近，其间仅存残留海盆，如地中海。

（6）消亡期。最后两侧大陆直接碰撞拼合，海域完全消失，转化为高峻山系。横亘欧亚大陆的阿尔卑斯—喜马拉雅山脉就是最好的代表。例如，印度板块与亚欧板块的碰撞是属于陆-陆碰撞型的板块汇聚带。由于大陆壳较轻，它漂浮在软流圈之上，大部分不可能被带往消减带的深处。因而当两个大陆碰撞时，先前的大型古洋盆因俯冲消亡而在地表只保留一些残迹（由蛇绿岩、基性火山岩及深海放射出硅质岩组成），称为板块缝合带，代表板块构造演化最后的陆-陆碰撞阶段。

威尔逊的板块演化模式反映了岩石圈板块构造演化的一种经典周期，迅速获得了广泛的传播和应用，被公认为威尔逊旋回（Wilson cycle）。威尔逊旋回是板块构造理论的总纲和精髓。

参　考　文　献

[1]　杨景春. 地貌学教程 [M]. 北京：高等教育出版社，1985.

[2]　冯士筰，李凤岐，李少菁. 海洋科学导论 [M]. 北京：高等教育出版社，1999.

[3]　王锡魁，王德. 现代地貌学 [M]. 长春：吉林大学出版社，2009.

[4]　徐茂泉，陈友飞. 海洋地质学 [M]. 厦门：厦门大学出版社，1999.

[5]　翟世奎. 海洋地质学 [M]. 青岛：中国海洋大学出版社，2018.

[6]　范存辉，王喜华，杨西燕. 普通地质学 [M]. 青岛：中国石油大学出版社，2018.

[7]　陈国达. 中国地台"活化区"的实例并着重讨论"华夏古陆"问题 [J]. 地质学报，1956，36
　　　(3)：239 - 271.

第三章　海水的化学组成和物理性质

海水很咸涩，是因为海水中含有许多溶质，不仅有氯化钠，还有其他盐类和溶解气体。海洋溶解的盐量巨大，如果平铺在地球表面，厚度可达150m。由于海水含盐量高，对很多物质具有腐蚀性，不能作为生活用水和农业灌溉用水。

第一节　海水的化学组成

海水是一种成分复杂的混合溶液，海水总体积中，96%～97%是水，3%～4%是溶解于水中的各种化学元素和其他物质。海水中所含的物质可分为三大类，一是溶解物质，包括溶解于海水中的无机盐类、有机化合物和气体；二是不溶解的固体物质，包括以固体形态悬浮于海水中的无机、有机物质和胶体颗粒；三是未溶解的气体物质，以气泡的形式存在于海水中。

一、海水的化学成分

目前人们所知道的100余种元素中，在海洋中已发现并经测定的天然元素有80余种，含量相差悬殊（表3-1）。通常按含量大小及其与海洋生物的关系，海水中的无机盐分可分为常量元素、营养元素和微量元素三类。

表3-1　　　　　　　　海水中60种主要化学元素的平均浓度和总量

元素	浓度/（mg/L）	总量/t	元素	浓度/（mg/L）	总量/t	元素	浓度/（mg/L）	总量/t
氯	19000.0	29.3×10^{15}	锌	0.01	16×10^9	氙	0.0003	5×10^9
钠	105000.0	16.3×10^{15}	铁	0.01	16×10^9	氖	0.0001	150×10^6
镁	1350.0	2.1×10^{15}	铝	0.01	16×10^9	镉	0.0001	150×10^6
硫	885.0	1.4×10^{15}	钼	0.01	16×10^9	钨	0.0001	150×10^6
钙	400.0	0.6×10^{15}	硒	0.004	6×10^9	氩	0.0001	150×10^6
钾	380.0	0.6×10^{15}	锡	0.003	5×10^9	锗	0.00007	110×10^6
溴	65.0	0.1×10^{15}	铜	0.003	5×10^9	铬	0.00005	78×10^6
碳	28.0	0.04×10^{15}	砷	0.003	5×10^9	钍	0.00005	78×10^6
锶	8.0	12000×10^9	铀	0.003	5×10^9	钪	0.00004	62×10^6
硼	4.6	7100×10^9	镍	0.002	3×10^9	铅	0.00003	46×10^6
硅	3.0	4700×10^9	钒	0.002	3×10^9	汞	0.00003	46×10^6
氟	1.3	2000×10^9	锰	0.002	3×10^9	镓	0.00003	46×10^6
氩	0.6	930×10^9	钛	0.001	1.5×10^9	铋	0.00002	31×10^6

续表

元素	浓度/（mg/L）	总量/t	元素	浓度/（mg/L）	总量/t	元素	浓度/（mg/L）	总量/t
氮	0.5	780×10^9	锑	0.0005	0.8×10^9	铌	0.00001	15×10^6
锂	0.17	260×10^9	钴	0.0005	0.8×10^9	铊	0.00001	15×10^6
铷	0.12	190×10^9	铯	0.0005	0.8×10^9	氦	0.000005	8×10^6
磷	0.07	110×10^9	铈	0.0004	0.6×10^9	金	0.000004	6×10^6
碘	0.06	93×10^9	钇	0.0003	5×10^8	钋	2×19^{-9}	3000
钡	0.03	47×10^9	银	0.0003	5×10^9	镭	10^{-10}	150
铟	0.02	31×10^9	镧	0.0003	5×10^9	氡	0.6×10^{-15}	10^{-3}

海水中除氢、氧外，含量大于 1mg/L 或 1mg/kg（1ppm 浓度）的元素称为常量元素。海水中含量大于 1mg/L 的元素有 12 种，即氯、钠、镁、硫、钙、钾、溴、碳、锶、硼、硅、氟。一般地，将硅以外的 11 种成分称为海水的主要成分或常量元素。这 11 种成分的总含量占海水总盐分的 99.9%。

营养元素（生原元素）是指在功能方面与海洋生物过程有关，影响浮游生物产量，并为浮游生物大量摄取的元素，一般指氮、磷、硅的无机化合物。氮、磷、硅元素，在海水中的含量主要受生物过程控制，当它们含量很低时，会影响海洋生物的正常生长。

微量元素是指海水中浓度在 1mg/L 或 1mg/kg 以下的元素，如锂、碘、钼、铀、铁等。由于海水中微量元素的含量极低，有些甚至低于蒸馏水的含量，测定比较困难，特别在采样、样品处理和分析过程中极易沾污，所以技术要求非常严格。微量元素进入海洋的途径主要有三个：一是河流径流带入海洋；二是通过大气进入海洋；三是海底热泉喷出物。

二、海水组成的恒定性

在海水中，11 种常量元素主要存在形式为：5 种阳离子 Na^+、Mg^{2+}、Ca^{2+}、K^+、Sr^{2+} 和 5 种阴离子 Cl^-、Br^-、F^-、SO_4^{2-}、HCO_3^-（CO_3^{2-}）及分子形式的 H_3BO_3。1819 年马赛特（A. Marcet）通过对大西洋、地中海、波罗的海、中国海等海区水样的分析表明：在任何海区，无论海水中含盐量大小如何，海水中 11 种主要成分之间的浓度比例（含量比例）基本上是恒定的，为一常数。海水主要成分的这种性质被称为海水组成的恒定性规律，亦称为马赛特原理。这一原理 1884 年被迪特马（W. Dittmar）的环球调查研究所证实，并指出适用于所有大洋和所有深度的海水。因此，海水主要成分又称为保守成分。海水中的硅含量有时也大于 1mg/L，但是由于其浓度受生物活动影响较大，性质不稳定，属于非保守元素。海水组成具有恒定性，主要是因为海水的成分是在悠久的地质年代中形成的，再加上海水的连续不断运动导致不同区域海水混合，使海水的成分比较均匀和稳定，而蒸发和降水只能改变溶剂水量的多少，不能改变成分之间的相对比例，河流等外部的影响也是局部的，都不足以使其主要成分发生很大的变化。

海水组成恒定性规律为研究海水的盐度提供了极为有利的条件。如果准确地测出各主要成分之间的浓度比值，则可通过测定海水中某一种或几种主要成分的含量，推算出其他各种主要成分的含盐量和海水的总含盐量，这是建立海水盐度与氯度关系的重要依据。

三、海水的主要盐类及来源

溶解于海水的元素绝大多数是以离子形式存在的。海水的平均盐度为 34.69×10^{-3}，海水总体积为 $13.38 \times 10^8 km^3$，由此可以推算海水中溶解盐类的总量为 $5 \times 10^{16} t$。海水中的盐类以氯化物含量最高，占 88.6%，其次是硫酸盐占 10.8%（表 3-2）。

表 3-2　　　　　　　　　　　海水中的主要盐类及含量

盐类成分	浓度/(g/kg)	比例/%	盐类成分	浓度/(g/kg)	比例/%
氯化钠	27.2	77.7	硫酸钾	0.9	2.5
氯化镁	3.8	10.9	碳酸钙	0.1	0.3
硫酸镁	1.7	4.9	溴化镁及其他	0.1	0.3
硫酸钙	1.2	3.4	总计	35.0	100.0

对海水中盐类的来源说法不一。一种说法是，海水中的盐类是由河流带来的。可是河水与海水在目前所含的盐类差别很大（表 3-3）。虽然河水所含的碳酸盐最多，但当河水入海后，一部分碳酸盐便沉淀；另一部分碳酸盐被大海中的动物所吸收，构成它们的甲壳和骨骼等，因此海水中的碳酸盐大大减少。氮、磷、硅的化合物和有机物也大量地被生物所吸收，故海水中这些物质的含量也减少。硫酸盐近于平衡状态。唯有氯化物到大海中被消耗得最少，因长年日积月累，其含量不断缓慢增多。另一种说法是，海底火山活动使海洋中的氯化物和硫酸盐增多。

表 3-3　　　　　　　　　　　海水与河水中盐类含量的比较

盐类成分	海水/%	河水/%	盐类成分	海水/%	河水/%
氯化物	88.64	5.20	氮、磷、硅的化合物及有机物	0.22	24.80
硫酸盐	10.80	9.90			
碳酸盐	0.34	60.10	合计	100	100

四、海水中的营养元素

在海洋中，除氧、碳元素同生物生命息息相关外，还有氮、磷和硅等元素。海水中无机氮、磷和硅是海洋生物繁殖生长不可缺少的化学成分。氮和磷是组成生物细胞原生质的重要元素，并为其物质代谢的能源，而硅则是硅藻等海洋浮游植物的骨架和介壳的主要组成部分。因此，在海洋学上，把氮、磷和硅元素称为"生原元素"或"生物制约元素"。此外，海水中铁、锰、铜和钼等元素对海洋植物的生长起着促进作用，但因它们在海水中含量很少，故称为微量营养元素。

海洋中营养元素一方面自降水和大陆径流输入，另一方面氮、磷和硅等营养元素与海洋动植物之间存在着食物链的关系：浮游植物吸收营养元素后又被动物所吞食，几经周转后由生物的排泄物或尸骸的氧化分解重新释放出来，而获得补充。由于这些元素参与生物生命活动的整个过程，它们的存在形态与分布受到生物的制约，同时受到化学、地质和水文因素的影响。所以，它们在海洋中含量和分布并不均匀也不恒定，有着明显的季节性和区域性变化。

在大洋表层真光层（光亮带），由于浮游植物生长和繁殖而不断吸收营养盐，所以营养盐含量极低；那些沉降到真光层之下的尸体和排泄物，在中层或深层水中被分解而再生营养盐，使得营养盐含量在垂直分布上具有随深度增加而加大的特点。近岸浅海区受陆地径流和人类活动的影响，营养盐含量高于外海。而且近岸浅海区由于夏季时浮游植物的繁殖和生长旺盛，表层水中的营养盐消耗殆尽，含量极低；冬季浮游植物生长繁殖衰退，而且海水的垂直混合加剧，使沉积于海底的有机物分解而生成的营养盐得以随上升流向表层补充，使表层的营养盐含量增高。

五、海水中溶解的气体

（一）海水中溶解气体的组成

海水中的溶解气体有 N_2、O_2、Ar、CO_2、CH_4、N_2O、CO、O_3、NH_3、NO_2、SO_2、HS_2 等。这些气体中，O_2、CO_2 是生命必需的气体；N_2、Ar 是不活泼气体；CH_4、N_2O、CO、CO_2、O_3 等是温室气体；SO_2、NO_x 等与酸雨形成有关。这些溶解气体直接影响海洋生物的生存和生长。

温室气体还会影响地球的气候。温室气体是指大气中那些能吸收太阳辐射和地面反射的红外辐射，并重新放出红外辐射的自然和人为的气态成分，包括对太阳短波辐射透明（吸收极少）、对长波辐射有强烈吸收作用的 CO_2、CH_4、CO、CFCs 及 O_3 等 30 余种气体。它们的作用是使地球表面变得更暖，类似于温室截留太阳辐射，并加热温室内空气的作用。这种温室气体使地球变得更温暖的影响称为"温室效应"。目前的全球变暖与温室气体的排放密切相关。海洋既可以从大气中吸收，也可以向大气释放 CH_4、N_2O、CO_2 等温室气体，从而影响全球的气候变化。20 世纪以来，特别是 20 世纪 50 年代以来，全球的温度呈明显的上升趋势。

（二）海水中的溶解氧

由于海水中的溶解氧和 CO_2 与生物的生命活动息息相关，因而是非保守的。大气中的 O_2 可溶解进入海水中，植物的光合作用向海水中释放 O_2，而生物的呼吸和有机质的分解作用可消耗溶解氧。海水中溶解氧的含量受到温度、盐度、生物活动、氧化作用、环流等因素的影响。受海洋与大气界面气体交换与植物光合作用的影响，海水上层溶解氧的浓度较高；温盐跃层是温度和盐度随水深增加迅速变化的水层，由于有机碎屑的分解，跃层中溶解氧的浓度达到最低值；在深层，溶解氧的含量主要受到环流等水动力过程的补充与有机质分解消耗的综合影响。

当海水出现明显的层化，底层水中溶解氧的消耗不能及时补充时，往往出现缺氧事件。海洋研究中一般采用 2mg/L 作为低氧的阈值。低氧是海洋中的自然现象，如太平洋和印度洋中层低氧水体。在世界上许多河口和陆架区域也同样存在低氧现象。与大洋中的低氧区相比，河口陆架发生低氧的区域水深较浅，并且一般出现在底层。溶解氧的降低可引起生活在海洋中的动物的异常生理反应，甚至死亡。这些低氧现象很大程度上与人类活动（如城市排污、农业、废水处理）相关联，可能给海洋环境带来各种危害，给人类社会造成较大经济损失。20 世纪 60 年代以来，在我国长江口季节性的底层缺氧事件发生的面积有逐渐增大的趋势。全球变暖的今天，低氧事件发生的规模和频率越来越大，越来越多的科学家致力于研究海洋中低氧的形成机制。

第二节　海水的盐度

一、盐度定义

海水盐度顾名思义是指海水中溶解盐的浓度，即海水溶解盐质量与海水质量的比值，通常用每千克海水中溶解盐的克数来表示。但是，由于海水中有一些挥发性溶解物质（如HCl）和结晶水的存在，不能用烘干法来测定海水盐度。要精确地测定海水中的绝对盐量是一件十分困难的事情。长期以来，人们对盐度的定义、计量标准和测量技术进行了广泛的研究和讨论，先后有 1902 年提出的盐度定义和氯度定义、1969 年的电导盐度定义和1978 年的实用盐度等。

（一）盐度的早期定义（1902 年）

1. 盐度原始定义

1902 年，克努森（Knudsen）等人基于化学分析测定方法，将盐度定义为："1kg 海水中的碳酸盐全部转换成氧化物，溴和碘以氯当量置换，有机物全部氧化之后所剩固体物质的总克数。"单位是 g/kg，用符号 $S‰$ 表示。

盐度的测量方法是取一定量的海水，加盐酸和氯水，蒸发至干，然后在 480℃ 的恒温下干燥 48h，最后称量所剩余的固体物质的重量。

按上述方法测定盐度相当烦琐，测一个样品要花费几天的时间，不适用于海洋调查工作。因此，在实践中都是测定海水的氯度，来间接计算盐度。

2. 氯度定义

根据海水组成恒定性规律，只要测出其中一种主要成分的含量，便可按比例求出其他主要成分的含量，进而求出海水的盐度。海洋学上选用了氯离子作为推求盐度的元素。由于在海水的 11 种主要成分中，氯离子占 55%，含量大，而且可使用硝酸银滴定法简单而又准确地测定它，于是产生了氯度的概念。

在使用 $AgNO_3$ 滴定海水的氯含量时，海水中的溴、碘离子也同时参与反应。

$$X^-(Cl^-、Br^-、I^-)+Ag^+\longrightarrow AgX \downarrow \qquad (3-1)$$

生成卤化银沉淀物，因而所得的结果并非真正的氯含量，而包含溴和碘的量。所以氯度可定义为：在每千克海水中，将溴和碘以氯代替后，所含氯的总克数，称为氯度，单位为 g/kg，单位符号为‰或 10^{-3}，符号为 Cl‰。

后来发现，上述定义由于原子量的改变将引起氯度的微小变化。为此，改用测定原子量的纯银作为测定氯度的永久标准。实验结果表明，沉淀 1000g 氯度为 19.381‰ 的标准海水，需用原子量纯银 58.9942g，根据这一结果，雅各布森（J. P. Jacobsen）和克努森重新定义海水的氯度为：沉淀 0.3285233kg 海水中的全部卤素，所需原子量纯银的克数为氯度。

知道了氯度 Cl‰，可按克努森（Knudsen）公式计算盐度 $S‰$：

$$S‰=0.030+1.805\times Cl‰ \qquad (3-2)$$

（二）1969 年电导盐度定义

20 世纪 50 年代以后，海洋化学家致力于电导测盐的研究。因为海水是多种成分的电解质溶液,故海水的电导率取决于盐度、温度和压力。在温度、压力不变情况下,电导率的差异反映着盐度的变化,根据这个原理,可以由测定海水的电导率来推算盐度。

在20世纪60年代初期,英国国立海洋研究所考克思(R. A. Cox)等从各大洋及波罗的海、黑海、地中海和红海不深于200m水层内采集的135个海水样品,首先应用标准海水准确地测定了水样的氯度值,然后测定具有不同盐度的水样与盐度为35.000‰、温度为15℃标准海水在一个标准大气压下的电导比R_{15},从而得到了盐度-氯度新的关系式和盐度-相对电导率的关系式。

$$S‰ = 1.80655 \times Cl‰ \tag{3-3}$$

$$S‰ = -0.08996 + 28.29720R_{15} + 12.80832R_{15}^2$$
$$- 10.67869R_{15}^3 + 5.98624R_{15}^4 - 1.32311R_{15}^5 \tag{3-4}$$

式中,R_{15} 为15℃,一个标准大气压(101325Pa)下,水样的电导率 $C(S, 15, 0)$ 与盐度精确为35.000‰的标准海水($Cl‰ = 19.374‰$)电导率 $C(35, 15, 0)$ 之比值。依此方法测定盐度的精度高、速度快、操作简便,适于海上现场观测。因此国际海洋学常用表和标准联合专家小组(JPOTS)于1969年推荐上述两盐度公式为海水盐度的新定义。但在实际运用中,仍存在着一些问题。首先,电导盐度定义的上述两盐度公式仍然是建立在海水组成恒定的基础上的,它是近似的。在电导测盐中,校正盐度计使用的标准海水标有氯度值,当标准海水发生某些变化时,氯度值可能保持不变,但电导值将会发生变化。其次,电导盐度定义中所用的水样均为表层(水深小于200m),不能反映大洋深处由于海水的成分变化而引起电导值变化的情况。最后,国际海洋用表中的温度范围为10~31℃,而当温度低于10℃时,电导值要用其他的方法校正,从而造成了资料的误差和混乱。为了克服盐度标准受海水成分影响的问题,进而建立了1978年实用盐度。

(三)1978年实用盐度标度

为使盐度的测定脱离对氯度测定的依赖,国际海洋学常用表和标准联合专家小组(JPOTS)又提出了1978年实用盐度标度(practical salinity scale of 1978),并建立了计算公式,编制了查算表,自1982年1月起在国际上推行使用。

1. 建立实用盐度的固定参考点

实用盐度仍然用电导率测定。为使海水的盐度值与氯度脱钩,所以选择一种精确浓度的氯化钾(KCl)溶液作为可再制的电导标准,用海水相对于KCl溶液的电导比来确定海水的盐度值。

为保持盐度历史资料与实用盐度资料的连续性,仍采用原来氯度为19.374‰的国际标准海水为实用盐度35.000‰的参考点。配制一种浓度为32.4356‰高纯度的KCl溶液,它在一个标准大气压力下,温度为15℃时,与氯度为19.374‰(盐度为35.000‰)的国际标准海水在同压同温条件下的电导率恰好相同,它们的电导比

$$K_{15} = \frac{C(35.000, 15, 0)}{C(32.4356, 15, 0)} = 1$$

也就是说,当 $K_{15} = 1$ 时,标准KCl溶液的电导率对应盐度为35.000‰。把这一点作为实用盐度的固定参考点。

2. 实用盐度的计算公式

$$S = \sum_{i=0}^{5} a_i K_{15}^{i/2} \tag{3-5}$$

式中，K_{15} 是在一个标准大气压力下，温度为 15℃时，海水样品的电导率与标准 KCl 溶液的电导率之比；$a_0 = 0.0080$，$a_1 = -0.1692$，$a_2 = 25.3851$，$a_3 = 14.0941$，$a_4 = -7.0261$，$a_5 = 2.7081$；$\sum_{i=0}^{5} a_i = 35.0000$，适用范围为 $2 \leqslant S \leqslant 42$。

实用盐度不再使用符号"‰"，以"10^{-3}"代替。

由于海水的绝对盐度（S_A）——海水中溶质的质量与海水质量之比值，是无法直接测量的，它与测定的盐度 S 显然有差异，因此称 S 为实用盐度。

二、海水盐度的地理分布

（一）海水盐度的影响因素

海水盐度的时空分布，主要取决于影响水量平衡的各种自然环境因素和过程（表 3-4）。各种影响因素在不同海区所起的作用是不同的。在低纬海区，降水、蒸发、洋流和海水涡动、对流混合等起主要作用；在高纬海区，除了上述过程的影响外，结冰与融冰的影响较大；在近岸及海区，陆地淡水的影响十分显著。

表 3-4　　　　　　　　　　　海水盐度的主要增减过程

增盐过程	减盐过程	增盐过程	减盐过程
蒸发	降水	与高盐海水混合	与低盐海水混合
结冰	融冰	含盐沉积物溶解	陆地淡水流入
高盐洋流流入	低盐洋流流入		

（二）大洋表层盐度的分布

世界大洋的平均盐度是 34.69×10^{-3}。绝大部分海域表面盐度变化于 $33 \times 10^{-3} \sim 37 \times 10^{-3}$ 之间，地理分布有以下特点。

1. 纬度分布呈马鞍形

世界大洋表面的盐度具有从亚热带海区（副热带海区）分别向低纬度海区和高纬度海区递减，并呈马鞍形分布的规律。即是说，赤道附近海区盐度较低，为 34.5×10^{-3}；南北回归线附近的亚热带海区盐度最高，达 35.7×10^{-3}；中纬海区盐度又随纬度增加而降低，到高纬海区最低。

这种规律主要是受蒸发量 E 与降水量 P 差值影响的结果（图 3-1 和图 3-2）。乌斯特（Wust）根据实测资料，建立了大洋表层盐度纬度变化与蒸发和降水之间的经验关系：

$10°N \sim 70°N$：	$S = 34.47 - 0.0150(P - E)$	(3-6)
$10°N \sim 60°S$：	$S = 34.92 - 0.0125(P - E)$	(3-7)

2. 南半球纬度地带性比北半球明显

南半球陆地面积小，尤其 40°S 以南三大洋几乎连成一片，成为广阔的海洋，故而南半球盐度的纬度地带性比北半球更为明显。

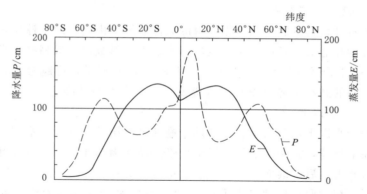

图 3-1 世界大洋表面蒸发量 E、降水量 P 沿纬度的变化曲线

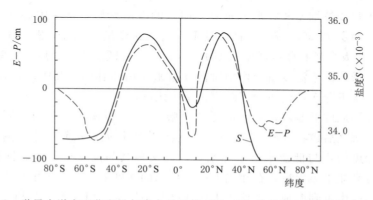

图 3-2 世界大洋表面蒸发量与降水量差值（$E-P$）和盐度（S）的纬度变化曲线

3. 中纬度大洋西侧水平梯度大于大洋东侧

寒、暖流交汇处，等盐度线密集，盐度水平梯度大。在中纬度海区，大洋西侧为寒暖流交汇区域，而寒流和暖流的盐度差异较大，盐度的水平梯度明显大于大洋东侧。

4. 大洋边缘普遍较低

边缘海区，尤其大河口地区受大陆径流注入影响，海水盐度比大洋中部低，如波罗的海北部，盐度为 $3\times10^{-3}\sim10\times10^{-3}$。

但是个别边缘海区，如红海、地中海和波斯湾等，由于位处亚热带，受副高控制，蒸发旺盛，降水和径流量都很小，与邻近大洋水分交换又不通畅，所以盐度特别高。红海北部盐度高达 42.8×10^{-3}；波斯湾和地中海盐度都在 39×10^{-3} 以上。

5. 大西洋表面盐度高于太平洋和印度洋

平均而论，北大西洋的表面盐度最高（35.5×10^{-3}），南大西洋和南太平洋次之（35.2×10^{-3}），北太平洋最低（34.2×10^{-3}）。其原因是：①大西洋沿岸无高大山脉，大量水汽可毫无阻挡地被输送到较远的地方，减少了直接降落到洋面的大气降水和流入大西洋的大陆径流；②地中海把大量的高盐海水输送到大西洋深层，然后通过垂直混合作用影响到大洋表面。

（三）海水盐度的垂直分布

在赤道海区盐度较低的海水只占据很薄的大洋表层。由南、北半球副热带海区下沉后向赤道方向扩展的高盐海水，便分布在表层海水之下，形成盐度最高的大洋次表层水。从南半球副热带海面向下伸展的高盐水舌，在大西洋和太平洋，可越过赤道达 5°N 左右，相比之下，北半球的高盐水势力较弱。高盐核心值，南大西洋高达 37.2×10^{-3} 以上，南太平洋达 36.0×10^{-3} 以上。

在高盐次表层水以下，是由南、北半球中高纬度表层下沉的低盐水层，称为大洋（低盐）中层水。在南半球，它的源地是南极辐聚带，即在南纬 45°～60° 围绕南极的南大洋海面。这里的低盐水下沉后，继而在 500～1500m 的深度层中向赤道方向扩展，进入三大洋的次表层水之下。在大西洋可越过赤道达 20°N，在太平洋亦可达赤道附近，在印度洋则只限于 10°S 以南。在北半球中高纬度表层下沉的低盐水势力较弱。在高盐次表层水与低盐中层水之间等盐线特别密集，形成垂直方向上的盐度跃层，跃层中心（相当于 35.0×10^{-3} 的等盐面）大致在 300～700m 的深度上。南大西洋最为明显，跃层上、下的盐度差高达 2.5×10^{-3}，太平洋和印度洋则只差 1.0×10^{-3}。在跃层中，盐度虽然随深度而降低，但温度也相应减低，由于温度增密作用对盐度减密作用的补偿，其密度仍比次表层水大，所以能在次表层水下分布，同时盐度跃层也是稳定的。

上述南半球形成的低盐水，在印度洋中只限于 10°S 以南，这是因为源于红海、波斯湾的高盐水，下沉之后也在 600～1600m 的水层中向南扩展，从而阻止了南极低盐中层水的北进。就其深度而言与低盐中层水相当，因此又称其为高盐中层水。同样，在北大西洋，由于地中海高盐水溢出后，在相当低盐中层水的深度上，分布范围相当广阔，东北方向可达爱尔兰，西南可到海地岛，称为大西洋高盐中层水。但在太平洋却未发现类似印度洋和大西洋中那样的高盐中层水。

在低盐中层水之下，充满了在高纬海区下沉形成的深层水与底层水，盐度稍有升高。世界大洋的底层水主要源地是南极陆架上的威德尔海盆，其盐度在 34.7×10^{-3} 上下，由于温度低，密度最大，故能稳定地盘居于大洋底部。大洋深层水形成于大西洋北部海区表层以下，由于受北大西洋流影响，盐度值稍高于底层水，它位于底层水之上，向南扩展，进入南大洋后，继而被带入其他大洋。

海水盐度随深度呈层状分布的根本原因是，大洋表层以下的海水都是从不同海区表层辐聚下沉而来的，由于其源地的盐度性质各异，因而必然将其带入各深层中去，并凭借它们密度的大小，在不同深度上水平散布。当然，同时也受到大洋环流的制约。

由于海水在不同纬度带的海面下沉，这就使盐度的垂直向分布，在不同气候带海域内形成了迥然不同的特点。在赤道附近热带海域，表层为一深度不大、盐度较低的均匀层；在其下 100～200m 层，出现盐度的最大值；再向下盐度复又急剧降低，至 800～1000m 层出现盐度最小值；然后，盐度又缓慢升高，至 2000m 以深，铅直向变化已十分小了。在副热带中、低纬海域，由于表层高盐水在此下沉，形成了一厚度 400～500m 的高盐水层，再向下，盐度迅速减小，最小值出现在 600～1000m 水层中，继而又随深度的增加而增大，至 2000m 以深，变化则甚小，直至海底。在高纬寒带海域，表层盐度很低，但随深度的增大而递升，至 2000m 以深，其分布与中、低纬度相似，所以没有盐度最小值层出现。

世界大洋盐度的垂直分布规律是：在北纬 40° 到南纬 40°～50° 之间，是盐度垂直变化最大、最复杂的地区，从海面到 150m 深度上盐度高而均匀，最大盐度值一般出现在 100～300m 之间，最小盐度值出现在 400～800m 深度上，深层水和底层水的盐度分布最均匀，盐度值比表层水低、比中层水高。亚热带高盐区从海面一直可延伸到 800～1000m 深度。在南北纬 40°～50° 以上的高纬区，由于表层海水下沉，盐度较低的表层水影响到较大深度，再向下盐度渐增，1500～2000m 以下盐度几乎不随深度而变化。在极地区，有一个厚度不大的低盐均匀层，向下盐度渐增，在 300～500m 以下盐度几乎不变。高纬低盐表层水在南北纬 40°～50° 之间潜入高盐海水之下，形成低盐舌，伸向低纬。

第三节　海水的热学性质与温度

一、海水的热学性质

海水的热性质一般指海水的热容、比热容、体积热膨胀、压缩性、绝热变化、位温、蒸发潜热、热传导等。它们都是海水的固有性质，是温度、盐度、压力的函数。

（一）热容和比热容

海水温度升高（或降低）1K（或 1℃）时所吸收（或放出）的热量称为热容，单位是焦耳每开尔文（记为 J/K）或焦耳每摄氏度（记为 J/℃）。单位质量海水的热容称为海水比热容，单位为焦耳每千克摄氏度，记为 J/(kg·℃)。在一定压力下测定的比热容称为定压比热容，记为 c_P；在一定体积下测定的比热容称为定容比热容，用 c_V 表示。海洋学中最常使用定压比热容。海水热容与海水质量成正比，而海水的比热容 c 反映了海水的吸热能力（或放热能力）。

c_P 和 c_V 都是海水温度、盐度与压力的函数。一般地，海水 c_P 值随盐度的增高而降低，但随温度的变化比较复杂。大致规律是在低温、低盐时 c_P 值随温度的升高而减小，在高温、高盐时 c_P 值随温度的升高而增大。例如在盐度 $S > 30 \times 10^{-3}$，温度 $t > 10℃$ 时，c_P 值则随温度的升高而增大。

定容比热容 c_V 的值略小于定压比热容 c_P。一般而言 c_P/c_V 为 1～1.02。

海水的比热容为 $3.89 \times 10^3 \, \text{J}/(\text{kg·℃})$，在所有固体和液态物质中是名列前茅的，其密度为 1025kg/m^3，而空气的比热容为 $1 \times 10^3 \, \text{J}/(\text{kg·℃})$，密度为 1.29kg/m^3。也就是说，1m^3 海水降低 1℃ 放出的热量可使 3100m^3 的空气升高 1℃。由于地球表面积的近 70.8% 为海水所覆盖，可见海洋对气候的影响是不可忽视的。也正因为海水的比热容远大于大气的比热容，因此海水的温度变化缓慢，而大气的温度则变化剧烈。

（二）体积热膨胀

在海水温度高于最大密度温度时，若再吸收热量，除增加其内能使温度升高外，还会发生体积膨胀，其相对变化率称为海水的热膨胀系数，即当温度升高 1K（1℃）时，单位体积海水的增量，以 η 表示。在恒压、定盐的情况下，有

$$\eta = \frac{1}{V}\left(\frac{\partial V}{\partial t}\right)_{P,S} \tag{3-8}$$

或
$$\eta = \frac{1}{a}\left(\frac{\partial a}{\partial t}\right)_{P,S} \tag{3-9}$$

η 的单位为 $℃^{-1}$。它是海水温度、盐度和压力的函数。上式中 a 为海水的比体积（单位质量海水的体积），在海洋学中习称比容。由图 3-3 可以看出，海水的热膨胀系数 η 比纯水大，且随温度、盐度和压力的增大而增大；在大气压力下，低温、低盐海水的热膨胀系数为负值，说明当温度升高时海水收缩。热膨胀系数由正值转为负值时所对应的温度，就是海水最大密度的温度 $t_{\rho(\max)}$，它也是盐度 S 的函数，随海水盐度的增大而降低。有经验公式为

$$t_{\rho(\max)} = 3.95 - 2.0 \times 10^{-1}S - 1.1 \times 10^{-3}S^2 + 0.2 \times 10^{-4}S^3 \tag{3-10}$$

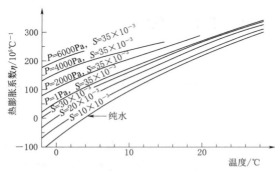

图 3-3　在不同压力 P 下纯水与海水的热膨胀系数随温度的变化

海水的热膨胀系数比空气的小得多，因此海水温度变化引起海水密度变化，进而导致海水的运动速度远小于空气。

值得注意的是海水的热膨胀系数随压力的增大在低温时更为明显。例如盐度为 35×10^{-3} 的海水，若温度为 0℃，在 1000m 深处（$P \approx 10.1MPa$）的热膨胀系数比在海面大 54%，而温度为 20℃ 时，则仅大 4%。所以上述影响在高纬海域更显著。

（三）压缩性、绝热变化和位温

1. 压缩性

单位体积的海水，当压力增加 1Pa 时，其体积的负增量称为压缩系数。

若海水微团在被压缩时，因和周围海水有热量交换而得以维持其水温不变，则称为等温压缩。若海水微团在被压缩过程中，与外界没有热量交换，则称为绝热压缩。

海水的压缩系数随温度、盐度和压力的增大而减小。与其他流体相比，海水的压缩系数是很小的。故在动力海洋学中，为简化求解，常把海水看作不可压缩的流体。但在海洋声学中，压缩系数却是重要参量。由于海洋的深度很大，受压缩的量实际上是相当可观的。若海水真正"不可压缩"，那么，海面将会升高 30m 左右。

2. 绝热变化

由于海水的压缩性，当某一海水微团产生铅直位移时，因其深度的变化导致所受压力的不同，将使其体积发生相应变化。在绝热下沉时，压力增大使其体积缩小，外力对海水微团做功，增加了其内能，导致温度升高；反之，当绝热上升时，体积膨胀，消耗内能，导致温度降低。上述海水微团内的温度变化称为绝热变化。海水绝热温度变化随压力的变化率称为绝热温度梯度，以 Γ 表示。由于海洋中的现场压力与水深有关，所以 Γ 的单位可以用开尔文每米（K/m）或摄氏度每米（℃/m）表示。它也是温度、盐度和压力的函数。可通过海水状态方程和比热容计算或直接测量而得到。海洋的绝热温度梯度很小，平均约为 0.11℃/km。

3. 位温

海洋中某一深度（压力为 P）的海水微团，绝热上升到海面（压力为大气压 P_0）时所具有的温度称为该深度海水的位温，记为 θ。海水微团此时的相应密度，称为位密，记为 ρ_θ。

海水的位温显然比其现场温度低。若其现场温度为 t，绝热上升到海面温度降低了 Δt，则该深度海水的位温 $\theta = t - \Delta t$。

在分析大洋底层水的分布与运动时，由于各处水温差别甚小，但绝热变化效应往往明显起来，所以用位温分析比用现场温度更能说明问题。

（四）蒸发潜热及饱和水汽压

1. 蒸发潜热与比蒸发潜热

海水的蒸发潜热是指在恒定温度下，使海水由液相转变为气相所需要的热量。使单位质量海水化为同温度的蒸汽所需的热量，即单位质量海水的蒸发潜热称为海水的比蒸发潜热，以 L 表示，单位是焦耳每千克或每克，记为 J/kg 或 J/g。其具体量值受盐度影响很小，与纯水非常接近，可只考虑温度的影响。其计算方法有许多经验公式，迪特里希（Dietrich）给出的公式为

$$L = (2502.9 - 2.720t) \times 10^3 \tag{3-11}$$

式中：t 为水温，℃，适用范围为 0～30℃。

在液体物质中，水的比蒸发潜热最大，海水亦然。伴随着海水的蒸发，海洋不但失去水分，同时将失去巨额热量，由水汽携带而输向大气内。这对海面的热平衡和海上大气状况的影响巨大。

海洋每年由于蒸发平均失去 126cm 厚的海水，从而使气温发生剧烈的变化，但由于海水的热容很大，从海面至 3m 深的薄薄一层海水的热容就相当于地球上大气的总热容，因此，水温变化比大气缓慢、保守得多。

2. 饱和水汽压

对于纯水而言，所谓饱和水汽压，是指水分子由水面逃出和同时回到水中的过程达到动态平衡时，水面上水汽所具有的压强，即海面空气中水汽达到饱和时的水汽压强。蒸发现象的实质就是水分子由水面逃逸而出的过程。

对于海水而言，由于含有盐分，则单位面积海面上平均的水分子数目要少，减少了海面上水分子的数目，因而海水的饱和水汽压比淡水小。海面的蒸发量取决于海面上水汽的饱和差（对应于海面水温的饱和水汽压与现场海面实际水汽压之差）。海面上水汽的饱和差越小，就越不利于海水的蒸发。

（五）热传导

相邻海水温度不同时，由于海水分子或海水微团的交换，会使热量由高温处向低温处转移，这就是热传导。单位时间内通过某一截面的热量，称为热流率，单位为瓦特（W）。单位面积的热流率称为热流率密度，单位是瓦特每平方米，记为 W/m²。其量值的大小除与海水本身的热传导性能密切相关之外，还与垂直于该传热面方向上的温度梯度有关，即

$$q = -\lambda \frac{\partial t}{\partial n} \tag{3-12}$$

式中：n 为热传导面的法线方向；λ 为热传导系数，$W/(m \cdot \text{℃})$；t 为温度。

仅由分子的随机运动引起的热传导，称为分子热传导，分子热传导系数记为 λ_t，为 10^{-1} 量级。水的分子热传导系数在液体中除水银之外是最大的。由于水的比热容很大，所以尽管其热导性好，但水温的变化相当迟缓。海水的 λ_t 比纯水的稍低，且随盐度的增大略有减小。

若海水的热传导由海水微团的随机运动所引起，则称为涡动热传导或湍流热传导。涡动热传导系数 λ_A 主要和海水的运动状况有关。因此，在不同季节、不同海域中 λ_A 有较大差别，其量级一般为 $10^2 \sim 10^3$。所以涡动热传导在海洋的热量传输过程中起主要作用，而分子热传导只占次要地位。

类似热量的传导，海洋中的盐量（浓度）也能扩散传输。同样也有分子盐扩散和涡动盐扩散两种方式，且不同盐度的海水，其盐扩散系数也不同。大体上分子盐扩散系数仅为分子热传导系数的 0.01 左右。

（六）沸点升高和冰点下降

在一个标准大气压下，纯水的冰点为 0℃，最大密度的温度是 3.98℃（约 4℃），沸点为 100℃。而海水的冰点、沸点和最大密度温度都不是定值，随盐度变化而变化。随着盐度的增大，海水的冰点温度和最大密度温度都随盐度增加而下降（图 3-4），但沸点升高。由图 3-4 可知，随盐度增加，海水最大密度温度下降速率大于冰点温度下降速率。当海水的盐度大于 24.695×10^{-3} 时，最大密度的温度低于冰点温度；而盐度小于 24.695×10^{-3} 时，最大密度的温度高于冰点温度；只有盐度在 24.695×10^{-3} 时，海水的最大密度的温度才与冰点温度相同，为 -1.332℃。

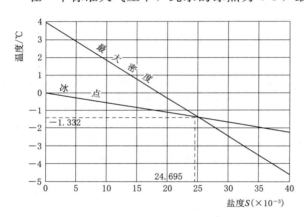

图 3-4　冰点温度、最大密度温度与盐度的关系

二、海水热量收支与热量平衡

海水温度是反映海水热状况的一个重要物理量，其高低主要取决于海洋热量收入与支出状况。海水热量收支项目有多种，见表 3-5。就整个海洋而言，每年的热量收支基本相等，故而海洋年平均水温几乎不变。但在一年内的不同季节和不同海区，热量的收支是不平衡的，因此海洋水温产生了时空差异。

表 3-5　　　　　　　　　　　海水的主要热量收支项目

收入项目	支出项目	收入项目	支出项目
来自太阳和天空的短波辐射	海面辐射放出的热量	洋流带来的热量	海水垂直交换带走的热量
来自大气的长波辐射	海水蒸发消耗的热量	海水垂直交换带来的热量	
海面水汽凝结放出的热量	洋流带走的热量	地球内热传来的热量	

海水热量的收入主要来自太阳短波辐射和大气长波辐射，洋流带来的热量只对局部海区有较大影响，其他方式所提供热量较少。热量的支出以海面辐射和蒸发更为重要，在局部海区由洋流带走的热量对水温变化也有较大影响。在高纬海区，结冰和融冰对水温也有一定影响。某一海区任一时段的热量平衡方程为

$$Q_s - Q_b \pm Q_e \pm Q_h \pm Q_z \pm Q_A = \Delta Q \tag{3-13}$$

式中：Q_s 为太阳辐射热量；Q_b 为海面有效辐射热量，等于海面辐射热量与大气逆辐射热量之差；Q_e 为蒸发消耗或凝结释放的潜热；Q_h 为海水与大气之间的显热交换量；Q_z 为海水垂直交换产生的热输送量；Q_A 为水平方向上洋流产生的热输送量；ΔQ 为选定时段内研究海区的热变化量。

式（3-13）中各热量收支项目的单位为瓦特每平方米（W/m²）。当 $\Delta Q > 0$ 时，海水有热量净收入，水温将升高；当 $\Delta Q < 0$ 时，海水有热量净支出，水温将降低。

就表层海水而言，热量收支具有明显的纬度变化（图 3-5），其特点是：①由海面进入海水的净辐射热量（$Q_s - Q_b$）随着纬度的增高而急剧减少，25°N～20°S 之间最大；②蒸发耗热量 Q_e 量与净辐射热量（$Q_s - Q_b$）有相同的数量级，低纬热带海区由于海面湿度大而蒸发量显著低于副热带海区，导致 Q_e 随纬度变化呈双峰形分布；③海-气显热交换量 Q_h 随纬度变化不大且量值较小；④热变化量 ΔQ 在 23°N～18°S 低纬海区为正，海水有净的热收入，由此向两极的中、高纬海区为负，海水有净的热量支出。

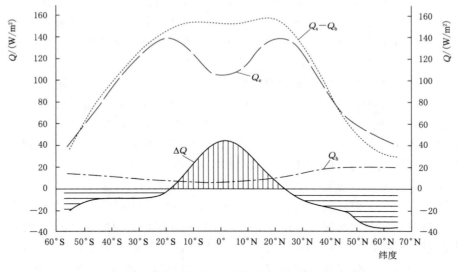

图 3-5　世界大洋表面年平均热收支随纬度的分布

三、海水温度的地理分布

（一）海表水温的水平分布

进入海洋中的太阳辐射能，除很少部分返回大气外，其余全被海水吸收，转化为海水的热能。其中约 60% 的辐射能被 1m 厚的表层吸收，因此海洋表层水温较高。大洋表层水温的分布，主要取决于太阳辐射的分布和大洋环流两个因子。在极地海域结冰与融冰的影响也起重要作用。

大洋表层水温变化于 $-2\sim30℃$ 之间，年平均值为 $17.4℃$。太平洋最高，平均为 $19.1℃$；印度洋次之，为 $17.0℃$；大西洋为 $16.9℃$。相比各大洋的总平均温度，大洋表层是相当温暖的。

各大洋表层水温的差异，是由其所处地理位置、大洋形状以及大洋环流的配置等因素所造成的。太平洋表层水温之所以高，主要因为它的热带和副热带的面积宽广，其表层温度高于 $25℃$ 的面积约占 66%；而大西洋的热带和副热带的面积小，表层水温高于 $25℃$ 的面积仅占 18%。当然，大西洋与北冰洋之间和太平洋与北冰洋之间相比，比较畅通，也是原因之一。

世界大洋表层水温分布具有如下特点。

（1）世界大洋表层水温最高值出现在热赤道，由热赤道向两极递减，到极圈附近降至 $0℃$ 左右，在极地冰盖之下，温度接近于对应盐度下的冰点温度。热赤道指的是每一经圈上年平均温度最高的各点的连线（此线围绕地球），热赤道是环绕全球的弯曲线。由于陆地的 2/3 集中于北半球，并且较大的陆块也处在赤道以北，形成最强烈增温和温度最高的地区，所以热赤道大都偏在北半球上，处在 $5°N\sim7°N$。海洋表层水温的这一分布特点，主要受太阳辐射控制。低纬海区，全年正午太阳高度角大，太阳辐射强，则水温高。由低纬向高纬，太阳高度角降低，太阳总辐射减少，则水温下降。

（2）大洋东西两侧水温明显不同。中低纬海区西侧水温高于东侧，中高纬海区则相反。这主要是洋流对局部海区水温影响的结果。中低纬海区，大洋西侧为暖流，东侧为寒流，所以西侧水温高于东侧；中高纬海区则相反，大洋西侧为寒流，东侧为暖流，则水温西侧低于东侧。在寒暖流交汇处，如北大西洋的湾流与拉布拉多寒流之间和北太平洋的黑潮与亲潮之间，等温线特别密集，水温的水平梯度大。

（3）南北半球水温有较大差异。①南半球等温线比较规则，尤其高纬度海区的等温线几乎与纬线平行。原因是陆地集中于北半球，而南半球海洋辽阔，尤其在高纬度海区三大洋几乎连成一片成为广阔的海洋；②同纬度相比，北半球水温略高于南半球。原因有三个：一是热赤道北移，位于 $5°N\sim7°N$；二是北半球暖流势力强大，一直影响到高纬海区；三是南半球海洋开阔，与南极大陆相接，冷却效果明显。

（4）夏季海面水温普遍高于冬季，但南北水温梯度冬季大于夏季。原因是：夏季不仅太阳高度角大，而且日照时间（白昼时间）长，则太阳总辐射量多，水温高。在冬半年，不仅太阳高度随纬度增加而减小，而且白昼时间也随纬度增加而缩短（极圈内出现极夜现象），则南北辐射梯度大，所以水温南北梯度也大；在夏半年，尽管太阳高度随纬度增加而减小，而白昼时间却随纬度增加而增长（极圈内出现极昼现象），所以太阳辐射的南北梯度小，水温的南北梯度比冬半年小。

（二）海水温度的垂向分布

从三大洋温度经向断面分布图（图 3-6～图 3-8）可知，水温大体上随深度的增加呈不均匀递减。在南北纬 $40°$ 之间，海水垂直结构可分两层，即表层暖水对流层（一般深度达 $600\sim1000m$）和深层冷水平流层。表层暖水对流层的最上一层（$0\sim100m$）受气候影响明显，紊动混合强烈，对流旺盛，水温垂直分布均匀，垂直梯度极小，故称为表层扰动层或上均匀层。暖水对流层下部为主温跃层，随着深度的增加水温急剧下降，水温垂直

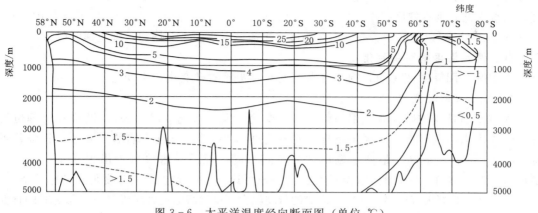

图 3-6　太平洋温度经向断面图（单位：℃）

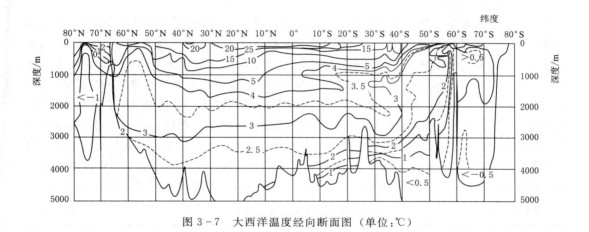

图 3-7　大西洋温度经向断面图（单位：℃）

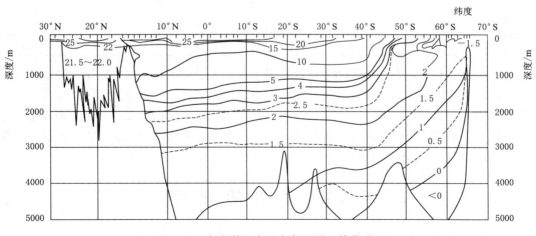

图 3-8　印度洋温度经向断面图（单位：℃）

梯度大，在数百米的水层中水温可下降 10~20℃。从 600~1000m 以下至海底，为冷水平流层，水温很低，垂直梯度很小，1000~3000m 间不足 0.4℃/100m，3000m 以下仅有 0.05℃/100m。南北纬 40°以外的中、高纬海区为冷水平流区，水温十分均匀，垂直梯度很小。

四、海水温度的时间变化

主要受太阳辐射变化的影响，海水温度有着明显的日变化和年变化。

（一）水温的日变化

影响水温日变的因素有太阳辐射、季节变化、天气状况（风、云）、潮汐和地理位置等。大洋表面水温日变一般很小，日较差不超过 0.4℃。在靠近大陆的浅海区，日较差可达 3℃ 以上。各地最高、最低水温出现的时间不同，但最高水温每天出现在 14—16 时，最低水温则出现在 4—8 时。水温日变深度一般可达 10~20m，最大深度可达 60~70m。

一般地，晴好天气比多云天气时水温的日变幅大；平静海面比大风天气海况恶劣时的日变幅大；低纬海域比高纬海域的日变幅大；夏季比冬季的日变幅大；浅海又比外海日变幅大。

（二）水温的年变化

大洋表层水温年变化主要受太阳辐射、洋流、季风和海陆位置的影响。水温年变化的地理分布具有明显的纬度差异（表 3 - 6）。赤道和热带海区表层水温年较差很小，原因是低纬海域太阳辐射年变化小。极地或高纬海域表层水温的年变幅也很小，这与高纬海域寒冷季结冰、温暖季融冰过程有关。因为当海水结冰时，会释出大量结晶热，同时在结冰后，由于海冰的热传导性差，防止了海水热量的迅速散失，所以抑制了水温的降低；温暖季节，由于融冰时要消耗大量的融解热，同时冰面将大量的太阳辐射反射掉，因此限制了水温的升高。大洋表面水温年变幅最大值发生在中纬度海域，如大西洋的百慕大群岛和亚速尔群岛附近，其变幅大于 8℃，在太平洋 30°N~40°N，变幅大于 9℃；而在湾流和拉布拉多寒流与黑潮和亲潮之间的交汇处可高达 15℃ 和 14℃，这主要是由太阳辐射和洋流的年变化引起的。

表 3 - 6 　　　　　　　　　不同纬度海区水温年较差　　　　　　　　　　单位：℃

海　　区		北半球	南半球	海　　区		北半球	南半球
赤道和热带		1~2	1~2	温度	西部	14~17	4~5
亚热带	西部	7~12	4~6		东部	5~8	
	东部	4.5~6		寒带（亚级地）		4~5	2~2.5

南北两半球相比，北半球各纬度带的水温年较差大于南半球。这与北半球陆地面积比南半球占比大，盛行风的年变化有关，冬季来自大陆的冷空气，大大地降低了海面温度；而南半球的对应海域，由于洋面广阔以及经向洋流不像北半球那样强，故年变幅较小。

在同一热量带，大洋西侧水温年较差大于大洋东侧，靠近海岸地区更大。水温年变深度一般可达 100~150m，最大深度可达 500m 左右。

第四节　海水的密度

一、海水密度的定义及其表示法

海水密度是指单位体积海水的质量，以 ρ 表示，其单位为 g/cm^3。但是习惯上使用的密度是指海水的比重，即指在一个大气压力条件下，海水的密度与水温为 3.98℃时的蒸馏水密度之比。因此在数值上密度和比重是相等的。海水的密度状况是决定海流运动的最重要因子之一。

海水的密度是盐度、水温和压力的函数。因此，海水密度可用 $\rho_{S,t,P}$ 来表示。海水的密度一般都大于 1，要精确到小数点后第 5 位，并且其前两位数字通常是相同的。为书写简便，常把海水密度值减去 1 再乘以 1000，并以 $\sigma_{S,t,P}$ 表示，因此 $\sigma_{S,t,P}$ 与 $\rho_{S,t,P}$ 之间的关系式为

$$\sigma_{S,t,P} = (\rho_{S,t,P} - 1) \times 1000 \qquad (3-14)$$

例如，海水密度 $\rho_{S,t,P}$ 为 1.02649 时，简化记作 $\sigma_{S,t,P}$ 为 26.49。

在海面（$P=0$）测得的海水密度称为条件密度，用 $\sigma_{S,t,0}$ 表示，或简化为 $\sigma_{S,t}$，仅为盐度和水温的函数。在现场温度、盐度和压力条件下所测定的海水密度称为现场密度或当场密度。现场密度难以直接准确测定，一般是依据条件密度通过进行温度、盐度、压力修订而计算确定。

二、海水密度的分布

海水的密度是水温、盐度与压力的函数。纯水在约 4℃（3.98℃）时密度最大，而海水最大密度温度是个变值，随盐度值增加而降低。一般来讲，海水的最大密度温度低于 0℃。因此，一般地，随着海水温度的降低，海水的密度是增加的。海水的密度随盐度值的增加而增大。海水具有一定的可压缩性，则压力加大，海水密度增加，即与压力正相关。

大洋表面海水密度取决于洋面温度和盐度分布情况。洋面水温变幅大，最低可达 -2℃，最高可达 30℃，可见水温是影响海水密度的主导因素。洋面海水密度从热赤道海区随纬度的增高而增大，等密度线大致与纬线平行。赤道海区由于温度很高，降水多，盐度较低，因而表面海水的密度很小，约 1.02300。亚热带海区盐度虽然很高，但那里的温度也很高，所以密度仍然不大，一般在 1.02400 左右。极地海区由于温度很低，降水少，所以密度最大。在三大洋的南极海区，密度均很大，可达 1.02700 以上。

在垂直方向上，海水的结构总是稳定的，随深度增加，水温降低，压力加大，海水密度由表层向深层递增。在赤道至副热带的低中纬海域，与温度的上均匀层相应的一层内，密度基本上是均匀的。由上均匀层向下，与大洋主温跃层相对应，密度的铅直梯度也很大，称为密度跃层。密度跃层对声波有折射作用，潜艇在其下面航行或停留，不易被上部侦测发现，故有液体海底之称。约从 1500m 开始，密度垂直梯度很小；深度大于 3000m，密度几乎不随深度而变化。

第五节　海水的其他物理性质

一、水色

所谓水色，是指自海面及海水中发出于海面外的光的颜色，是海水质点及悬浮物质对太阳光的选择性吸收和散射作用的综合结果。它取决于海水的光学性质和光线的强弱，以及海水中悬浮质和浮游生物的颜色，也与天空状况和海底的底质有关。

到达海面的太阳光线，一部分被海面反射，另一部分则折射进入海水之中。进入海水中的光线，一部分被海水质点和悬浮物质所吸收，一部分被散射。而海水对太阳光的吸收和散射均具有选择性，对可见光中的红、橙、黄光易吸收而增温，而蓝、绿、青光散射最强，故海水多呈蔚蓝色、绿色。但沿岸海区，浑浊度大，水色低，多呈黄色和棕色。

水色常用水色计测定。水色计由 21 种颜色组成，由深蓝到黄绿直到褐色，并以 1～21 代表水色。号码越小，水色越高；号码越大，水色越低。

二、透明度

海水的透明度是表示海水透明程度的物理量，即海水的能见度，也指海水清澈的程度。它表示水体透光的能力，但不是光线所能达到的绝对深度。海水透明度取决于光线强弱和水中悬浮物质和浮游生物的多少。光线强，透明度大，反之则小。水色越高，透明度越大；水色越低，透明度越小。

透明度的测定方法如下：将一个直径为 30cm 的白色圆盘（透明度板）垂直放到海水中，直到肉眼隐约可见圆盘为止，这时的深度，则为透明度。

世界大洋以大西洋中部的马尾藻海透明度最大，达 66.5m。其原因是：马尾藻海处在亚热带海区的大洋中部，受大陆影响小，是一个海水下沉区域，表层海水缺乏营养盐分，浮游生物极少，因而颜色最蓝，透明度最大。

沿岸海区尤其大河口海区，海水透明度和水色低。我国南海透明度为 20～30m，黄海只有 3～15m。

三、海冰和冰山

海上出现的冰有两种来源：一种是海水自身冻结而成的，称为海冰；另一种是进入海洋中的大陆冰川、河冰和湖冰等淡水冰。广义地，出现在海上的冰都称为海冰。世界大洋有 3％～4％的面积为永久性或半永久性的冰覆盖。它们主要是分布于高纬度海区的海冰和冰山，并成为一种海洋水文现象，不仅影响着全球海洋自身水文状况，还对大气环流和气候变化产生巨大影响，而且还直接影响着航海交通、海洋开发和海洋生产等实践活动。

（一）海冰

1. 海冰的物理性质

海冰呈蜂窝状，由淡水冰晶和盐室中的盐汁构成。海冰的盐度是指其融化后海水的盐度，一般为 $(3～7)×10^{-3}$。海冰中所含盐分的多少取决于海冰冰龄（成冰时间长短）、结冰速度、原始海水盐度。成冰时间越短、结冰速度越快、原始海水盐度越高，则海冰中所含盐分越多。在南极大陆附近海域测得的海冰盐度高达 $(22～23)×10^{-3}$。结冰时气温越低，结冰速度越快，来不及流出而被包围进冰晶中的卤汁就越多，海冰的盐度自然要大。

纯水冰 0℃时的密度一般为 917kg/m³，海冰中因为含有气泡，密度一般低于此值，新冰的密度为 914～915kg/m³。冰龄越长，由于冰中卤汁渗出，密度则越小。夏末时的海冰密度可降至 860kg/m³ 左右。由于海冰密度比海水小，所以它总是浮在海面上。

淡水的冰点为 0℃，最大密度的温度是 3.98℃（约 4℃）；而海水的冰点和最大密度的温度都不是固定值，都随盐度值的增加而线性下降（图 3-4），但最大密度温度下降速率大于冰点下降速率。

2. 海水结冰过程及其影响因素

当盐度小于 24.695×10^{-3} 时，海水最大密度温度高于冰点，低盐海水结冰过程与淡水结冰相同。当海水盐度大于 24.695×10^{-3} 时，其结冰过程与淡水结冰迥然不同，非常困难、缓慢。

一方面，盐度大于 24.695×10^{-3} 时，海水的最大密度温度低于冰点温度，随着海面温度的不断下降，表层海水密度不断增大，必然导致表层海水下沉而形成对流。这种对流过程将一直持续到结冰时为止，这种对流作用可达到很大的深度乃至海底。由于对流，深层海水热量向上输送，使海水的冷却速率减慢，因此海水结冰非常困难。只有相当深的一层海水充分冷却后才开始结冰。另一方面，海水结冰时，要不断地析出盐分，使表层海水盐度增加，密度增大，因而表层水继续下沉，加强了海水的对流（助长对流）；同时，盐度值的增加，又使冰点温度进一步下降，所以结冰就更困难、更缓慢。

最初的海冰是针状或薄片状的细小冰晶，它们聚集变大形成海绵状（或糊状）的软冰；软冰继续增长，形成厚度约 10cm 的薄片状（称尼罗冰）后，受风和波浪外力作用破裂成圆盘状，称为饼状冰；饼状冰进一步冻结形成浮冰。

海冰形成与温度密切相关。气温非常低（如小于 $-30℃$）时，短时间内就会形成大量的海冰。由于冰层具有良好的隔热性能，因此能有效地阻碍底层水的冻结，也就是说，随着冰层变厚，即便是气温很低，海冰的形成速率也会减慢。另外，静风条件下，有利于饼状冰合并形成大的海冰。

3. 按运动状态划分的海冰的类型

海冰分为固定冰和流冰（浮冰）两类：

（1）固定冰是指与海岸、岛屿或海底冻结在一起的冰。与海岸相连的固定冰带，其宽度可达数米甚至数百千米。一部分固定冰带伸入海水中，可随潮汐而升降，其中高于海面 2m 以上的固定冰称为冰架；另一部分附在海岸上的狭窄固定冰带，不能随潮汐而升降，称为冰脚。搁浅冰也是固定冰的一种。

（2）流冰是指能自由浮在海面上，并随风或洋流漂移的海冰。流冰可由大小不一、厚度各异的冰块形成（不包括冰山）。当海面上流冰盖度不足 $1/10 \sim 1/8$ 时，船舶可以自由航行的海区称为开阔水面；当流冰盖度为零时，这样的海区称无冰区。

（二）冰山

1. 冰山的形成

冰山是指大陆冰川或冰架断裂滑入海洋且高出海面 5m 以上的巨大漂浮冰体，与海冰截然不同。它从积雪开始生长并向海洋缓慢流动，一旦进入海洋中，冰体破裂形成冰山。

2. 冰山的主要源地

（1）北极地区冰山主要源于冰川瓦解，然后沿格陵岛西岸向海洋延伸。另外，格陵兰岛东岸、埃尔斯米尔岛等沿岸冰川断裂也可产生冰山。每年这些冰川断裂产生的冰山约有10000座，其中许多冰山进入北大西洋航道，使之成为危险航道而被称为“冰山巷”。著名的“泰坦尼克号”悲剧就发生在这里。这些冰山体积大，数年后才能融化，向南能够漂移至 $40°N$ 区域。据北冰洋的卫星监测结果：海冰范围在过去几十年内急剧减小，这似乎与北半球大气环流形式的变化造成的异常变暖有关。

（2）南极地区冰山主要是冰架破裂后形成的巨大板状浮冰，称为陆架冰。2000 年 3 月罗斯冰架破裂进入罗斯海的 B-15 冰山，面积为 1.10 万 km^2；更有甚者，有史以来南极水域最大的冰山，面积可达 3.25 万 km^2。由陆架冰形成的冰山，冰山高度大多数在 100m 以内，有些却可高出海面达 200m 以上。它们往往具有平坦的顶部，其 90% 的冰体在海面以下，在强风和洋流的驱动下，这些冰山向北漂移，并最终融化。由于这些冰山巨大，常常被船员误认为陆地。该海域不是重要航道，所以冰山对船舶航行并不构成严重威胁。近年来，南极的冰山有所增加，这可能是南极气候变暖的结果。

四、海水淡化

人类的淡水需求量持续增长，导致淡水供给不足。目前，人类饮用水短缺的人口约占全球人口的 1/3 以上，到 2025 年预计这一比例会上升到 1/2。海水淡化是增加淡水供给的开源技术，海水淡化后不仅可作为市政供水，也可用作冷却、锅炉补给等各种工业用水，且海水淡化的生产受气候条件的影响很小。

海水脱盐需要大量能量供给，成本较高；此外，脱盐作用所产生的高浓度咸水往往通过海水取水口排放到海洋中，这会对海洋生物产生负面影响。尽管如此，对于一些缺乏其他淡水来源的沿海国家，海水淡化仍然颇具吸引力。

截至 2017 年年底，全球已有 160 多个国家和地区在利用海水淡化技术，已建成和在建的海水淡化工厂接近 2 万个，大多分布在中东、加勒比海和地中海等沿岸国家，每天生产的淡水总量约 10432 万 m^3。其中，中东地区因水资源严重匮乏，同时又是石油资源富集地区，经济实力雄厚，对海水淡化技术和装置有迫切需求，该地区成为目前世界海水淡化装置的主要分布地区。沙特阿拉伯王国成为全球第一大海水淡化生产国，其海水淡化量占全球海水淡化量的 20%，海水淡化总规模约为 890 万 t/d，该国 70% 的饮用水来自海水淡化。海水淡化出现最早的美国，海水淡化的产量约占全球的 15%，佛罗里达州是主要海水淡化产地，沿加利福尼亚海岸也有一些海水淡化工厂。实际上，海水淡化提供的淡水还不足人类淡水需求量的 0.5%，世界上 1/2 以上的海水淡化工厂采用的是海水蒸馏法，其余的大多采用的是海水膜过滤法。

1. 海水蒸馏法

蒸馏法是指使海水处于煮沸状态，让水蒸气通过冷凝器，然后对冷凝后的淡水进行收集。盐度为 35‰ 的海水蒸馏后收集到的淡水含盐量仅为 0.03‰，甚至需要添加一些自来水才能使味道可口一些。常规蒸馏法成本高，因为需要消耗大量热能来使海水汽化（水的蒸发潜热高），提高海水蒸馏效率对于大规模海水淡化极为迫切。随着太阳能利用技术的提高，利用太阳能驱动海水淡化的技术发展较快。将太阳能蒸馏海水淡化技术和太阳能反渗透海水淡化技术相结合，是目前研究的热点。

2. 海水膜过滤法

膜过滤法包括电解法和反渗透法。

（1）电解法。它的基本原理是把一个水池用半透膜分隔成三个水池，中间的是盛装海水的大型水池，两侧为小型淡水池。两个淡水池分别与电源的正负极相连接，这种半透膜的特点是盐离子可渗透，水分子不可渗透。电流接通时，阳离子（Na^+）移向负极，阴离子（Cl^-）移向正极。这样就可以把大型水池中海水的盐离子转移到小水池中，使海水转变成淡水。其主要缺点是需要耗费大量电能。

（2）反渗透法。其基本原理是基于反渗透膜的特点，即水分子可透过，而盐离子不能透过，通过给咸水施加高压，让水分子通过薄膜来生产淡水。该方法的缺点是，反渗透薄膜很脆弱且易被堵塞，需要经常更换。解决方法是采用先进的复合材料来延长反渗透膜的使用寿命。当前全球约有 30 个国家使用反渗透法生产淡水。沙特阿拉伯王国（淡水奇缺）拥有世界最大的反渗透工厂，每天可生产 48.5 万 m^3 淡水。美国最大的海水淡化厂位于佛罗里达州坦帕湾，每天可生产 9.50 万 m^3 的淡水，占当地淡水供给的 10%；此外，美国还在加利福尼亚州筹建更大的海水淡化工厂。另外，反渗透法在家庭和水族馆中也得到应用。

3. 其他方法

（1）冰冻分离法。利用海水结冰后能够排除盐分的性质，通过多次冻融过程可将盐分从海水中清除出去。自然海冰的盐度大约比海水低 70%。由于冰冻分离过程需要大量的能量，因此只适于小规模应用。

（2）海冰运输法。人为地把海冰或冰山运送到缺少淡水的沿岸水域，融化后通过水泵输送到岸上。研究已证实：拖运大量南极冰山到达南半球一些海岸地区，不仅技术上可行，经济上也切实可行。

（3）盐类结晶法。直接使海水中溶解盐分结晶，可以采用化学催化剂或嗜盐细菌去除海水中的盐分。

我国海水淡化相关技术研究始于 1958 年，起初采用的是电渗析技术（electrodialysis，ED），1981 年，在西沙永兴岛建成第一个淡化规模 200t/d 的电渗析海水淡化站。随着科学技术的不断发展，海水淡化技术从电渗析法逐步过渡到膜法和蒸馏法。根据《2017 年全国海水利用报告》，截至 2017 年年底，全国已建成海水淡化工程 136 个，海水淡化工程规模为 118.9 万 t/d。从淡化产水用户来看，主要为工业用水和生活用水。其中，用于工业的淡化规模为 79.1 万 t/d，占总规模的 66.6%（火电企业为 31.6%，核电企业为 4.6%，化工企业为 5.1%，石化业为 12.3%，钢铁企业为 13.0%）；用于居民用水的淡化规模为 39.4 万 t/d，占总工程规模的 33.1%；其他用途的淡化规模为 3975t/d，占 0.3%。

参 考 文 献

[1] 冯士筰，李凤岐，李少菁. 海洋科学导论 [M]. 北京：高等教育出版社，1999.

[2] 唐逸民. 海洋学 [M]. 北京：中国农业出版社，1999.

[3] 许武成. 水文学与水资源 [M]. 北京：中国水利水电出版社，2021.

[4] 杨殿荣. 海洋学 [M]. 北京：高等教育出版社，1986.

[5] 赵进平. 海洋科学概论 [M]. 青岛：中国海洋大学出版社，2016.

[6] 郭锦宝. 化学海洋学 [M]. 厦门：厦门大学出版社，1997.

[7] 张雨山. 海水淡化技术产业现状与发展趋势 [J]. 工业水处理，2021，41（9）：26 - 30.

[8] 自然资源部海洋战略规划与经济司. 2017 年全国海水利用报告 [R]. 北京，2018.

[9] Dietrich G，Kalle K，Krauss W，et al. Generai oceanography [M]. New York：A Wiley - Interscience Publication，John Wiley & Sons，1980.

第四章 海水的运动

海洋犹如天然的永动机，海水处于永无休止的运动状态。引起海水运动的动力包括风力、引潮力、海水温度差和密度差，以及地震、火山等诸多因素。海水一旦运动，还会受到地球自转偏向力（即科里奥利力或科氏力）、摩擦力的影响。海水运动形式多样，主要有波浪、潮汐、洋流、湍流等方式。

第一节 波　　浪

一、波浪概念

波浪是指发生在海洋、湖泊、水库等有宽敞水面的水体中的波动现象，其显著特点是水面呈周期性起伏。波浪发生时，似乎是水体向前移动，但实质上是波形的传播，而并非水质点的向前移动。

当水体表层或内部受到风力、地震等外力作用时，水质点便离开原来的平衡位置而运动，但在内力（如重力、表面张力、水压力等）作用下，水质点又有恢复到原来平衡位置的趋势。因此，水质点便在其平衡位置附近做周期性的封闭圆周运动或接近封闭的圆周运动。这种水质点在其平衡位置附近做周期性的往复运动称为水质点的振动。由于惯性作用，水质点的振动保持着并通过四周的水质点向外传播，引起水面周期性的起伏，便形成波浪。可见，波浪的实质是波形的传播，而非水质点的向前移动。水质点只在其平衡位置附近做周期性的振动，水质点的振动在水体中的传播引起水面周期性的起伏形成波浪。

海洋中存在着各种形式的波动，它既可发生在海洋的表面，又可发生在海洋内部不同密度层之间，有着不同的波动尺度、机理和特性，各种波动现象复杂。海洋波动是海水运动的主要形式之一。

二、波浪要素

表征波浪形状、尺度和运动特性的物理量称为波浪要素。当一个理想的海面波浪（规则波）经过某一固定点时，波面的最高点称为波峰，波面的最低点，称为波谷，如图 4-1 所示。相邻两波峰（或波谷）之间的水平距离称为波长（λ），相邻两波峰（或者波谷）通过某固定点所经历的时间称为周期（T），波形传播的速度称为波速（C），显然 $C = \lambda / T$。从波峰到波谷之间的垂直距离称为波高（H），波高的一半为振幅或波幅 a（$a = H/2$），是指水质点离开其平衡位置向上（或向下）的最大铅直位移。波高与波长之比称为波陡，以 $\delta = H/\lambda$ 表示。垂直于波浪传播方向各波峰的连线称为波峰线，可以是直线、曲线，也可以高低起伏。与波峰线垂直指向波浪传播方向的线称为波向线。

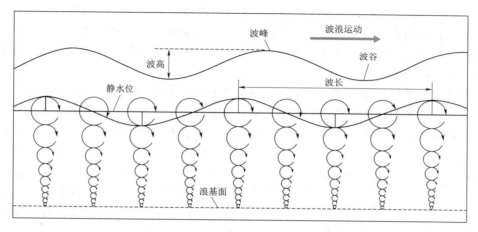

图 4-1　理想波浪及其要素

三、海洋中的波浪分类

海洋中的波浪有很多种类，引起的原因也各不相同，例如海面上的风应力，海底及海岸附近的火山、地震，大气压力的变化，日、月引潮力等。被激发的各种波动的周期可从零点几秒到数十小时以上，波高从几毫米到几十米，波长可以从几毫米到几千千米。

波浪从不同角度有不同分类方案。

（一）根据成因分类

（1）风浪和涌浪。在风力的直接作用下形成的波浪，称为风浪；当风力减弱或平息后继续存在的波浪，或者风浪离开风区向远处传播的波浪称为涌浪，简称涌。俗话说"无风不起浪"指的就是风浪，"无风三尺浪"指的则是涌浪。人们习惯上将风浪、涌浪以及由它们形成的近岸浪统称为海浪。

（2）内波。内波发生在海水的内部，是由两种密度不同的海水相对作用运动而引起的波动现象。内波的振幅常达几十米，甚至上百米，内波对航行船舶的影响有两种情况：①"死水"（backwater），由于船舶前进时带动了上部密度较小的水层在密度较大的水层上滑动，从而形成了内波，这时，船舶的运动能量都消耗在这种内波上，所以尽管开足功率，也难以前进，故称这样的海面为"死水"；②共振（resonance），当船舶的固有摇摆周期与内波周期重合时，就会出现共振现象，使船舶摇摆幅度大大增加。船舶克服"死水"和"共振"的有效方法是改变航速和航向。

（3）潮波。潮波是海水在天体引潮力作用下产生的波浪。

（4）海啸。海啸是由火山、地震或风暴等引起的海洋巨浪，分为地震海啸和风暴海啸两种。

（5）气压波。气压波是气压突变产生的波浪。

（6）船行波。船行波是船行作用产生的波浪。

（二）按水深与波长的比值分类

按照水深 Z 与波长 λ 的比值，波浪可分为深水波、浅水波和非常浅水波三类。深水波是水深大于半个波长即 $Z/\lambda \geqslant 1/2$ 的波，亦称短波或表面波。浅水波是 $1/25 < Z/\lambda < 1/$

2 的波，亦称长波、有限深水波、中波等。非常浅水波是 $Z/\lambda \leqslant 1/25$ 的波。理论分析和实验研究表明，水质点的运动速度是由水面向下逐渐衰减的。如果海域的水深足够大，不影响表面波浪运动，这时发展的波浪就是深水波，反之发展的则是浅水波或非常浅水波。

（三）按波形传播性质分类

按照波浪的波形传播性质，可以将波浪分为行进波和驻波两类。行进波亦称前进波、进行波，是指波形不断向前传播的波浪。驻波亦称立波、定振波、波漾等，是指波形不向前传播，波峰和波谷在固定地点做有节奏的周期性垂直升降交替运动的波浪。当驻波发生

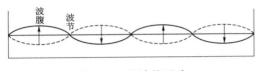

图 4-2 驻波的运动

时，波峰和波谷随着水面的垂直升降变化而交替出现，振幅最大处称为波腹，振幅为零处称为波节（图 4-2）。根据波节的数目多少，驻波可分为单节定振波、双节定振波和多节定振波三类。

（四）按作用力情况分类

（1）强制波，指直接处于作用力范围内的波浪，如风浪。

（2）自由波，指作用力停止或传播到作用力范围以外的波浪，又称余波，如涌浪。

（五）按波浪所受的扰动力和周期（频率）分类

海洋中水体的波动现象是多种自然因素作用而产生的，根据波浪周期，结合主要扰动力与恢复力可以将海洋波动分成表面张力波、短周期重力波、重力波、长周期重力波、长周期波和超潮波等（图 4-3）。其中周期处于 1～30s，特别是 4～16s 这一范围内的重力波，在海洋工程研究中占据重要的地位，是海洋建筑物需要考虑的主要荷载。

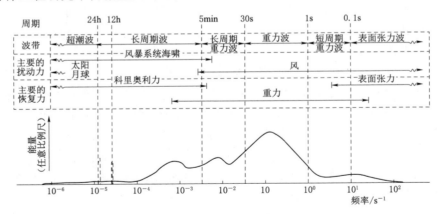

图 4-3 根据周期和频率划分的各类波浪示意

四、波浪的研究方法概述

对波浪的研究有理论方法、实验模拟及现场观测三个方面。

理论方法一般是建立在理想流体等假定基础上针对规则波进行的。由流体运动方程、质量守恒方程及边界条件组成，根据对非线性边界条件的线性化与非线性化处理，得到线性的小振幅波理论和非线性的有限振幅波理论，后者包括斯托克斯波、余弦波、孤立波等。应用理论模式可解释某些波浪现象，并方便计算波浪要素、研究波浪的运动规律及对

波浪的运动特征进行描述等，但因这些理论是建立在某些假定条件之上的并做了数学处理，其计算结果与实际海浪情况仍存有较大的差异。理论方法具有费用较低等特点，随着计算机技术的飞速发展，用理论模式研究波浪越来越受到重视。

对于实际海面波动，直接应用海洋观测仪器进行观测是对现场海浪的真实记录，此时的海面波动杂乱无章而可看作一个随机过程，应用数理统计分析的方法可进行合理分析和研究，并可得到海浪的运动方向特征，其结果将反映现场实际海浪的运动情况，其实测资料也可用于检验海浪理论，为海洋工程设计提供最可靠的数据，但观测仪器的精确度及大范围的现场观测带来的大量费用等是其主要制约因素。此外，不是所有的复杂海浪现象都能利用现有的仪器设备观测得到。

对于一些复杂的波浪现象，如波浪破碎及其破碎波波浪力等还缺乏严密的理论对其进行分析计算，此时借助物理模型实验可得到一些工程实用的经验计算方法。建立在某些相似准则上的造波实验是模拟实验，在实验室内利用造波装置可造出各种规则波与不规则波，可多次重复实验、方便观测现象并记录实验数据与进行数据分析是实验模拟的主要优点；但受到实验设备与场地的限制，只能对一定范围内周期与波高的波浪进行造波实验，另外还需要对池壁进行消波等处理，不能完全反映实际的自然情况，要花费较多的人力物力等是其主要不足。

五、波浪运动的余摆线理论

研究波浪的理论很多，下面介绍波浪的余摆线理论。1802 年捷克学者格尔斯蒂纳（Gerstner）提出了著名的波浪余摆线理论：波形，尤其余波性质的波形，犹如一条余摆线。

（一）深水余摆线波（圆余摆线波，水深 $Z \geqslant \lambda/2$）

深水波余摆线理论是从以下几个假定条件出发的：①海是无限深广的；②海水是由许多水质点组成的，它们之间没有内摩擦力存在；③参加波动的一切水质点均做圆周轨迹运动，并且当水质点做圆周轨迹运动时，在水平方向上，它们的半径相等，在垂直方向上，则自水面以下逐渐减小，在波动前位于同一直线上的一切水质点，在波动时角速度均相等。

这样波浪发生时，水质点在其平衡位置附近运动，水质点未前进，只是波形向前传递，如此所形成的波形曲线是余摆线（图 4-4）。为了讨论问题方便，在海面上选取 9 个等距离的平衡位置 O_1、O_2、O_3、$\cdots$、O_9，九个水质点 P_1、P_2、P_3、$\cdots$、P_9 分别绕它们做圆周运动，假定风自左向右吹。由于风对海水的作用有先有后，又由于各点的选取是等距的，因而依次落后一个相等的位相角。在 t 时刻，它们分别处在 P_1、P_2、P_3、$\cdots$、P_9 的位置上，用平滑曲线将它们连接起来，即得 t 时刻的波面，如图 4-4 中粗实线所示。经过 Δt 时段后，每个水质点都同时在各自的圆周轨道上走过了一段相等的弧长，于是水质点的位置分别运动到了 P_I、P_{II}、P_{III}、$\cdots$、P_{IX} 的位置，用平滑曲线连接 P_I、P_{II}、P_{III}、$\cdots$、P_{IX}，即得 $t+\Delta t$ 时刻的波面（图 4-4 中用虚线表示），说明，波形向前移动了。可见，水质点运动和波形传播是不同的，但也正是由于沿波形传播方向，具有一定位相差的水质点做周期性（周期等于 τ）圆周运动，才形成波动。

水深 $Z \geqslant \lambda/2$ 的深水余摆线波具有以下特点：

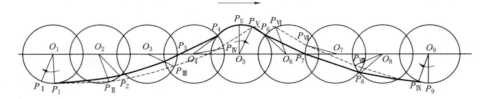

图 4-4 深水波中水质点运动和波形传播

（1）波浪前进时，洋面上的每个水质点都沿直径和波高相等的垂直圆形轨道运动。波峰上水质点运动方向与波浪前进方向一致，而在波谷中水质点运动方向与波浪前进方向相反。水质点在波峰处，具有正的最大水平速度，铅直速度为零；在波谷处，具有负的最大水平速度，铅直速度为零；处在平均水平面上的质点，水平速度均为零，铅直速度达最大（峰前为正最大，峰后为负最大）。

（2）在铅直方向上，水质点运动的圆形轨道直径和波高随深度增加按指数规律减小（图 4-5），而波长、周期和波速不变。

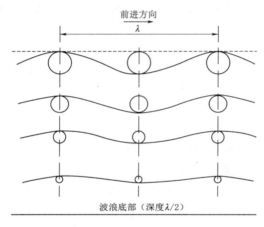

图 4-5 波浪余摆线剖面

$$r_Z = r_0 e^{-\frac{2\pi Z}{\lambda}} \tag{4-1}$$

式中：r_Z 为 Z 水深处水质点的运动半径，m；r_0 为表面水质点运动半径，m；e 为自然对数的底数；π 为圆周率；λ 为波长，m；Z 为水深，m。

令 $Z=\lambda/2$，则 $r_Z \approx r_0/23$，说明半个波长水深处波动已很微弱。因此，通常把 1/2 波长的深处作为波浪作用下界，即波浪能量向深处传递的极限。波浪作用的下界称为波基面（浪基面）。波基面的这一特征在实际中有很多应用。如：潜艇在浪基面以下航行、海上钻井主要部分位于浪基面以下，都能有效避免海上风浪的影响。据目前所知，最大波长可达 400m，甚至 824m，因此波浪的最大影响深度可达 200～400m。对于数千米的大洋，波浪只集中在洋面附近。

（3）深水波的波速（C）只与波长（λ）有关，与水深无关。

对于深水波（短波），波速 C、波长 λ、周期 τ 之间的关系为

$$C = \sqrt{\frac{g\lambda}{2\pi}} = \frac{g\tau}{2\pi} \tag{4-2}$$

$$\tau = \sqrt{\frac{2\pi\lambda}{g}} = \frac{2\pi C}{g} \tag{4-3}$$

$$\lambda = \frac{g\tau^2}{2\pi} = \frac{2\pi C^2}{g} \tag{4-4}$$

上述三个式子中，g 为重力加速度，单位为 m/s²。

根据上述式子可知，在深水波运动三要素（波速 C、波长 λ、周期 τ）中，只要知道其中任一个要素值，便可按公式推出其他两个要素的值。

（二）有限水深的余摆线波（椭圆余摆线波，$\lambda/25 < Z < \lambda/2$）

当水深小于 1/2 波长时，其波浪便为浅水波。当波浪进入浅水区以后，因受海底摩阻力的影响，波浪能量除了继续损耗外，又引起波浪能量的重新分布，波形即发生变化。其特点是：波速减小，波长变短，波高略增。波高的增加是波能集中较浅的水深中所致，因此，波的外形就趋于尖突。这时水质点的运动轨迹也由圆形变为椭圆形，这样的波形即成为椭圆余摆线形（图 4-6）。

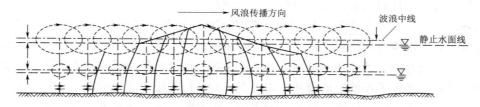

图 4-6　浅水波水质点的运动与波形的传播

浅水波中，水质点运动的椭圆轨迹的大小，在水平方向上都相同；在垂直方向上，则自水面向海底，椭圆轨道的长轴和短轴都减小，椭圆的扁率增大，在水底半短轴为零，水质点在两焦点之间做直线的往复运动。

由于受海底摩擦阻力影响，其波速（C）只与海深（Z）有关，而与波长 λ 无关，而且波长变短，波高略增，波陡变陡。

$$C = \sqrt{gZ} \approx 3.13\sqrt{Z} \tag{4-5}$$

当波浪传入水深 $Z \leqslant \lambda/25$ 的非常浅水区时，水质点运动轨迹不再是椭圆形，更不是圆形，而是在两焦点之间做往复的直线运动，这种波称为非常浅水波。

六、风浪、涌浪及疯狗浪

（一）风浪

海面上出现的海浪大多是风浪。风浪是指在风力直接作用下引起的海面波动，即风力作用引起的波浪。根据流体力学观点，当两种密度不同的介质相互接触，并发生相对运动时，在其分界面上就要产生波动。在流体力学中空气被看作是一种具有压缩性的流体，而自由水面是水和空气之间的分界面，当空气在海面上流动时，由于摩擦力作用，原接触界面成为不稳定平衡面，必须形成一定的波状界面，才能维持平衡，这种海面波动即为风成波。

风浪属强制波，往往波峰尖削，在海面上的分布很不规律，波峰线短，周期小，波形两侧不对称，迎风面坡度比背风面小，当风大时常常出现破碎现象，形成浪花。

风浪的大小主要取决于风速即风力大小。对于至少要有多大的风速才能产生风浪，看法不一。一般认为引起风浪的临界风速为 0.7~1.3m/s。空气在海面上的流动，借助于对海面的摩擦力而引起海面的波动，并通过对迎风波面上的正压力和切应力将风能传给波浪，推动着波浪的发展。

当风很弱时，海面保持平静，但当风速达到 $0.25\sim1\text{m/s}$ 时，就产生毛细波，也称涟漪。对其形成起主要作用的不是重力，而是表面张力。毛细波与重力波不同之点在于毛细波越小，传播的速度越大。毛细波存在于海面很薄一层上，以后随着风力的增加，风浪也不断发展，当风速达到临界风速，即为 $0.7\sim1.3\text{m/s}$ 时，已初步形成风成波。

风浪从风获得能量而生成、发展，同时又由于种种过程而消耗能量。风浪的生成、发展和消衰，取决于能量的摄取和消耗之间对比关系。当能量的收入大于支出时，风浪就成长、发展；反之，风浪将逐渐趋于衰退。

风浪的大小不仅取决于风速（风力大小），而且还与风作用的时间（风时）、风作用的海区范围（风区）以及海区的形态特征有关，是各影响因素综合作用的结果。一般风力越大，风区越宽广，风时越长，水深越深，风浪就越大。

风作用在海洋上产生波浪，同时把大量的能量传递给波浪。波浪携带了很多能量传播，或者说，波浪本身就是能量消散的载体，将风的能量传向远方。波浪的能量与波高的平方成正比，波高越大的波浪能量越大。海洋中的巨浪在传播中携带着非常大的能量，海水中的建筑物也必须考虑波浪的破坏作用，万吨轮在巨浪中航行也会陷入危险性海况。

一般地讲，中、高纬海区多风浪。最大风浪带发生在南半球的西风带，因为这里西风强劲而稳定，三大洋又连成一片，故有"咆哮西风带"之称。航海者们对这个区域还进行了具体区分。将南纬 $40°\sim50°$ 之间的区域叫"咆哮四十度"，因为这里几乎每天都是狂风怒号，犹如狮子咆哮一般。将南纬 $50°\sim60°$ 之间的区域称作"狂暴五十度"，因为这部分海域上经常有比"咆哮四十度"更强烈的风暴与大浪，令过往的船只强烈摇晃，航行困难。将南纬 $60°\sim70°$ 之间的区域称作"尖叫六十度"，这个区域内除了南美洲最南端的火地岛和南极大陆最北端的南极半岛之间的德雷克海峡，就没有其他陆地了，只有茫茫海洋，这个纬度带上，没有任何山丘阻挡盛行西风和洋流，致使这里的风暴浪潮比"咆哮四十度""狂暴五十度"更为恶劣，因而才有此名。

（二）涌浪

当风力减弱或平息后继续存在的波浪，或者风浪离开风区向远处传播的波浪称为涌浪，简称涌。所谓的"无风三尺浪"指的就是涌浪。与风浪相比，涌浪的外形均匀且规则对称，波峰线较长，近似于正弦波的形状。涌浪可以将海面从一个海区吸收的风能释放到另一个海区。

涌浪在传播过程中的显著特点是波高逐渐降低，波长、周期逐渐变大，从而波速变快。这一方面是由于内摩擦作用使其能量不断消耗，另一方面是由于在传播过程中发生弥散和角散。

（三）疯狗浪

疯狗浪是指单独的、自发的巨大海浪。疯狗浪有时也称巨浪、怪物浪或畸形浪，其高度很大而且形状不规则，通常出现在海浪大的海面。比如，浪高 2m 的海面上可能出现高达 20m 的疯狗浪。有人把疯狗浪的波峰形容为"水山"、波谷形容为"海洞"。

理论上，疯狗浪的成因是不同波浪的同相位部分叠加（波的干涉）造成的。一艘日本渔船于 2008 年因疯狗浪而倾翻，对当时海浪条件的模拟表明：一般海浪的低、高频部分可以通过干涉作用，把能量集中到某个狭窄频带，从而形成疯狗浪。

疯狗浪发生概率虽然很小，但2001年卫星连续三周都监测到了疯狗浪——全球各海域大于25m高的疯狗浪不少于10个。疯狗浪的规模和破坏力巨大，甚至威胁到海上钻井平台和船舶。2000年，美国高达17m的"巴耶纳"号调查船，在平静的海面上因突然遭遇4.6m高的疯狗浪而沉没。据统计，全球每年失踪的船只有1000余只，其中大型油轮和集装箱船约10艘，人们怀疑疯狗浪是凶手。

疯狗浪通常出现在锋面附近和岛屿的顺风区，或是强大洋流与涌浪的汇集区。比如，在非洲东南沿海"狂野海岸"，阿古拉斯海流与南极海浪相遇形成疯狗浪。

七、近岸波浪

（一）近岸波浪波形的变化

当波浪传到浅水区或近岸区域后，由于受地形和海底摩擦阻力影响，波浪将发生一系列的变化。海水深度变浅的结果，不仅波长缩短，波速也变小，使波向线（波浪传播方向）发生转折，出现折射现象。由于能量集中于更小水体中，波高将增大，波面变陡，再加上受海底摩擦阻力影响，波峰处水深比波谷大，波峰处传播速度比波谷快，使波浪的前坡陡于后坡，出现波形不对称的情况。并且随着水深的变浅，波前坡进一步变陡，最后发展到波峰赶上波谷，导致波峰前倾，甚至失去平衡，倒卷和破碎，形成破碎浪，也称破浪或碎浪。在陡立的海岸，将形成拍岸浪（图4-7）。拍岸浪有巨大的冲击力，冲刷着海岸，是改变岸线轮廓最活跃的因素。

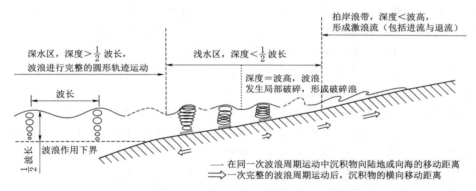

图4-7 波浪由深水区进入海岸带的变化过程

（二）波浪的折射

当波浪传播方向与海岸斜交时，同一波列两端的水深不同，近岸一端水浅而受摩擦阻力大，波速小；而离岸较远、较深的一端，受摩擦阻力小，则波速大。结果使波峰线发生转折，逐渐趋于与等深线平行。而在近岸区，等深线大致与海岸线平行，因此外海传播来的波浪接（靠）近海岸时，折射的结果是波峰线与海岸趋于平行（图4-8）。

除平直海岸外，波浪在港湾海岸也发生折射（图4-9）。港湾海岸附近的海底等深线大多与海岸平行。港湾中波浪因水深大而波速快，而伸向海中的岬角处因水深浅受海底摩擦阻力影响而波速慢。这样，港湾处波峰线凸出，岬角处波峰线凹进，即波峰线与海岸线渐趋平行。可见，波浪折射的结果，岬角上波向线辐聚使波能集中，引起岬角的侵蚀后退；港湾（海湾）内波向线辐散，波能分散，发生淤积，并成为船舶的庇护所（港湾处风平浪静）。

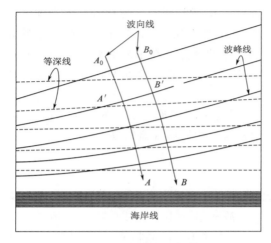

图 4-8 近岸浪的折射

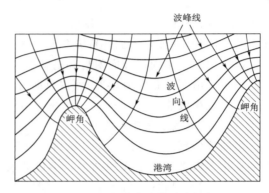

图 4-9 港湾海岸的波浪折射

（三）波浪的反射和绕射

波浪在传播过程中遇到相当陡峻的岸坡或人工建筑物时，其全部或部分波能被反射而形成反射波，这种现象称为波浪的反射，其基本原理与光波的反射相似。反射波具有和入射波相同的波长和周期，但其波高的大小则随反射的波能的大小而定。反射的波能与入射的波能之比称为波能反射率。当波能被全部反射，即波能反射率为 1 时，反射波的波高等于入射波的波高；当波能部分反射，即波能反射率小于 1 时，反射波的波高亦小于入射波的波高。反射波传播的方向可根据反射角等于入射角而定。

入射波与反射波互相干涉而形成组合波。波能反射率随岸坡或人工建筑物的坡度、糙度、空隙率以及波浪陡度的不同而异。

波浪在行进途中遇到建筑物或岛屿，除可能在建筑物或岸坡前发生波浪反射现象外，部分波浪还将绕过建筑物或岛屿继续传播，并在建筑物后发生波浪的扩散，这种现象称为波浪的绕射，在港口的口门处即可见到这种现象。

波浪的绕射是波能从能量高的区域向能量低的区域进行重新分布的过程，因此绕射后同一波峰线上的波高是不相等的，但波长和波周期不变。

第二节　潮　汐

一、潮汐现象

潮汐现象是指海水在天体（主要是月球和太阳）引潮力作用下所产生的周期性运动，习惯上把海面铅直向涨落称为潮汐，而海水在水平方向的流动称为潮流。一般情况下，每昼夜有两次涨落，我国古代把白天出现的海水涨落称为"潮"，晚上出现的海水涨落称为"汐"，合称"潮汐"。

（一）潮汐要素

表征海面升降的指标是潮位。潮位又称潮高，是指海面在潮汐涨落过程中某一时刻所处位置的高度，一般用水尺或验潮仪器进行逐日逐时观测，所获得的潮位资料则是以水尺零点或验潮零点作为潮位起算基准。

在潮汐涨落过程中，当海面上涨到最高位置时，称为高潮或满潮；当海面下降到最低位置时，叫作低潮或干潮（图 4－10）。从低潮到高潮，海面不断上涨，海水涌向海岸的过程叫涨潮；从高潮到低潮，海面不断退落的过程叫落潮。当潮汐达到高潮或低潮时，海面在一段时间内既不上升，也不下降，把这种状态分别称为平潮和停潮。平潮的中间时刻，叫高潮时；停潮的中间时刻，称为低潮时。相邻二次高潮时或低潮时的时间间隔，称为潮期（潮周期）。相邻高潮与低潮的水位差，叫潮差。从低潮时到高潮时的时间间隔叫作涨潮时，从高潮时到低潮时的时间间隔则称为落潮时。一般来说，涨潮时和落潮时在许多地方并不是一样长。

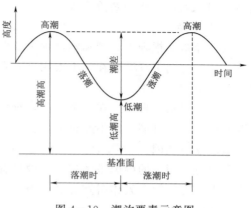

图 4－10 潮汐要素示意图

（二）潮汐的类型

潮汐可分为半日潮、全日潮和混合潮三类（图 4－11）。

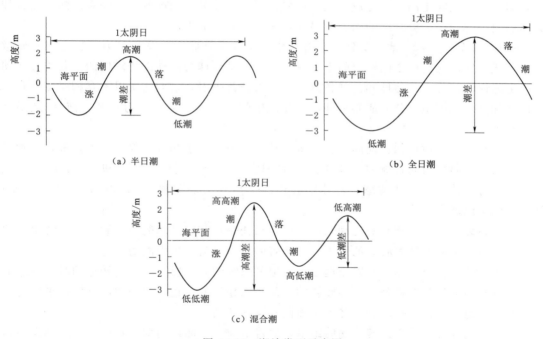

（a）半日潮

（b）全日潮

（c）混合潮

图 4－11 潮汐类型示意图

1. 半日潮

在一个太阴日（24 小时 50 分）内出现两次高潮和两次低潮，相邻两高潮和相邻两低潮的潮高几乎相等，涨潮时和落潮时十分接近，这样的潮汐称为半日潮。

2. 全日潮

半个月内连续 7 天以上每个太阴日内只出现一次高潮和一次低潮，其余太阴日出现两次高潮和低潮，这样的潮汐称为全日潮。

3. 混合潮

混合潮是不规则半日潮和不规则全日潮两类不规则潮汐的统称。

（1）不规则半日潮。在一个太阴日内有两次高潮和两次低潮，但两次涨、落潮的潮差和潮时均不相等。

（2）不规则全日潮。在半个月内，较多太阴日内为不规则半日潮，但有时会有发生全日潮的现象，全日潮日数不超过 7 天。

二、潮汐成因

引起海洋潮汐的内因是海洋为一种具有自由表面、富于流动性的广大水体；而外因是天体的引潮力。即在天体引潮力的作用下，具有自由表面而富于流动性的广大水体——海洋中便产生相对运动，形成了潮汐现象。

天体引潮力是引起潮汐的原动力，主要由月球引潮力和太阳引潮力组成，其他天体的引潮力相对较小，可以忽略不计。月球引潮力和太阳引潮力的形成机理相同，故下面仅以月球引潮力为例，讨论潮汐的成因。

根据牛顿的万有引力定律，宇宙间任何两个物体之间的引力和它们质量的乘积成正比，而和它们之间距离的平方成反比。这样，任何天体都与地球有引力关系。然而在各种天体的引力作用中，以月球的引力为最大，其次是太阳的引力。

就地-月系统而言，地球受到两个力的作用：一是月球对地球的引力，它与地月质量的乘积成正比，与它们之间距离的平方成反比；二是地球与月球围绕它们的公共质心运动所产生的惯性离心力。地球和月球各以相同的力彼此吸引，它们之所以不互相碰撞，是因为地球和月球都围绕其公共质心运动，由此产生的惯性离心力与引力平衡，使月-地系统保持平衡。

从万有引力定律可知：地面上各处所受月球引力的大小和方向都不相同，都是差别吸引，但引力方向都指向月球中心（月心）。地月公共质心一定位于地心和月心连线上。经推求，地月公共质心处在地球、月球中心连线上离地心的距离为 $0.73r$（r 为地球半径）处，即位于地球内部。

地月系统绕其公共质心的运动时，地球表面任一点都受月球的引力和地月系统绕公共质心运动所产生的惯性离心力的作用。这两者的合力便为月球引潮力。

由于地球是一个刚体，所以当地心在绕地月系统的公共质心进行旋转运动时，地球上其他各点并不都是绕地月公共质心旋转的，而是以相等的半径、相同的速度进行平行的移动。即整个地球体是在平动着，并不是做同心圆的转动。

地球绕地月公共质心公转平动的结果，使得地球（表面或内部）各质点都受到大小相等、方向相同的公转惯性离心力的作用。也就是说，地球（表面或内部）各质点在平动时都做同步的圆周运动，所以各点的惯性离心力均和地心点所受的惯性离心力方向平行，都与月球对地心的引力方向相反，其各点的惯性离心力都相等，都等于月球对地心的引力。

引潮力在不同时间、不同地点都不相同（图 4 - 12）。在地球上处于月球直射点的位置，吸引力大于惯性离心力，所涨的潮称为顺潮；在地球上处于月球对跖点的位置（下中天），则离心力大于引力，亦同时涨潮，称为对潮。在距直射点 90°处，则出现低潮。地球自转一周，地面上任意一点与月球的关系都经过不同的位置，所以对同一地点来说，有时涨潮，有时落潮。

经推算，引潮力的大小与天体的质量成正比，而与天体到地心距离的三次方成反比。月球引潮力为太阳引潮力的 2.17 倍。所以地球表面的潮汐现象，以月球为主，月球的直射点和它的对跖点大体就是

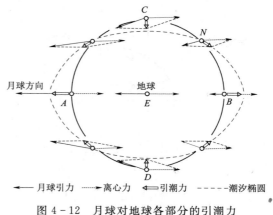

图 4-12　月球对地球各部分的引潮力

潮峰的位置。月球中天的时间，大体就是高潮的时刻，而潮汐变化的周期，是月球周日运动的周期，即太阴日。

地球表面各点，一般说来，所受引潮力的大小和方向都不同，但对于同一天体来说，上、下中天有近似的对称性。由于日、月、地球具有周期性的运动，故潮汐现象也具有周期性变化。

三、潮汐的变化规律

（一）海洋潮汐的周期性

由前面分析知道，海洋潮汐主要是由月球引潮力引起的。通常将月球引潮力引起的潮汐叫太阴潮，太阳引潮力引起的潮汐叫太阳潮。

1. 潮汐的日变

由于地球的自转，同一地点向着月球和太阳与背着月球和太阳各一次，所以一日之内将发生两次涨潮和落潮，又由于海洋潮汐的主体是太阴潮，所以高潮与低潮相隔时间为 1/4 太阴日，即 6 小时 12.5 分。可见，每太阴日内发生两次高潮和低潮是海洋潮汐的一个基本周期。

根据潮汐的日变，可将其分为半日周期潮和日周期潮。

（1）半日周期潮。当月球赤纬 δ 为零时，月球在赤道上空，潮汐椭球如图 4-13 （a）所示，由于地球的自转，地球上各点的海面高度在一个太阴日内将两次升到最高和两次降到最低。两次最高的高度和两次最低的高度分别相等，并且从最高值到最低值以及从最低值到最高值的时间间隔也相等，形成典型的半日潮。潮汐高度从赤道向两极递减，并以赤道为对称，故称为赤道潮（或分点潮）。

（2）日周期潮。当月球赤纬 δ 不为零时（图 4-14），不同纬度的潮型不同：在赤道为半日潮；在赤道至中纬地区为不规则半日潮（如 A 点），即在一个太阴日内也可出现两次高潮和两次低潮，但两次高潮的高度不相等，两次涨潮时也不等，形成潮汐周日不等现象；在纬度 $\varphi \geqslant 90° - \delta$ 的高纬地区为全日潮（如 C 点），即在一个太阴日内只有一次高潮、一次低潮。当月球赤纬 δ 增大到回归线附近时，潮汐周日不等现象最显著，这时的潮汐称为回归潮。

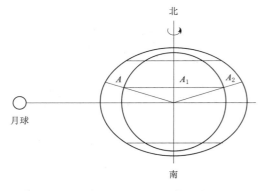

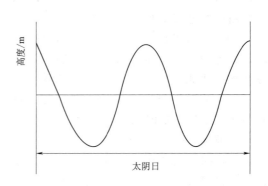

（a）月球赤纬为零时潮汐椭球示意图

（b）半日潮示意图

图 4-13　半日周期潮

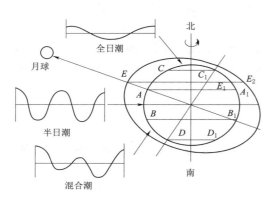

图 4-14　月球赤纬不为零时潮汐椭球和潮汐类型

由于太阳赤纬变化，也能引起潮汐周日不等现象。在月球和太阳的赤纬都增大时，潮汐的周日不等现象就更加明显。

2. 潮汐的月变

由于太阳、月球和地球的会合运动，在一个朔望月（29.5306 日）内，日、月、地三者的相对位置发生变化，使得海洋潮汐以朔望月为周期变化（图 4-15）。在朔日（农历初一、新月）和望日（农历十五、满月），太阳、月球和地球的中心几乎在一条直线上，太阳引潮力和月球引潮力最大程度地叠加，地球受到的引潮力相当于月球引潮力和太阳引潮力之和，高潮特高、低潮又特低，潮差最大，故称大潮。而在上弦（农历初八）和下弦（农历二十三）时，日、月、地三个天体的中心几乎成一直角位置，地球受到的引潮力相当于月球引潮力与太阳引潮力之差，合引潮力最小，高潮不高、低潮不低，潮差最小，所以称为小潮。可见，每朔望月内发生两次大潮和小潮也是潮汐的基本周期。大潮和小潮变化周期都为半个月，故称半月周期潮。

月球绕地球旋转轨道为一个椭圆，地球位于椭圆内的一个焦点上。当月球运行到近地点时，引潮力要大一些，因此潮差也要大一些，这时所发生的潮汐，称为近地潮；当月球运行到远地点时，引潮力和潮差都要小一些，这时所发生的潮汐，称为远地潮。它们的变化周期为一个月，故称为月周期潮。

3. 潮汐的年变和多年变化

地球绕太阳公转，当地球运行到近日点时所产生的潮汐，要比地球运行到远日点时所产生的潮汐大，大 10% 左右。近日点潮汐，称近日潮；远日点潮汐，称远日潮。它们的变化周期为一年。

月球的轨道长轴方向在不断地变化着，近地点也不断地东移，近地点的变化周期为

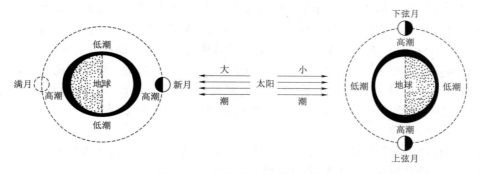

图 4-15　朔望月内的潮汐变化

8.85 年，因此潮汐也有 8.85 年的长周期变化。又由于黄白交点的不断移动，其周期为 18.61 年，故潮汐还有 18.61 年的长周期变化。

（二）地形对潮汐的影响

以上只考虑天文因素对潮汐的影响，实际上潮汐还要受当地自然地理条件的影响。各地海水对天体引潮力的反应，视海区形态而定。

物体失去外力作用后还能自行振动，这种振动称为自由振动。其振动周期称为自然周期。潮汐是一种受迫振动，当受迫振动周期与海水本身的自然振动周期相接近时，便会产生共振，反应就会强烈，振动就特别大；反之，振动就很小。而海水振动的自然周期与海区形态和深度有密切关系，故各海区对天体的引潮力反应也不同。例如，在雷州半岛西侧的北部湾为全日潮，而东侧的湛江港则为半日潮。又例如钱塘江口，由于呈喇叭形，故常出现涌潮。其特点是潮波来势迅猛，潮端陡立，水花飞溅，潮流上涌，声闻数十里，如万马奔腾，排山倒海，异常壮观。这一奇特景观也叫怒潮。

四、潮流

海水受月球和太阳的引潮力而发生潮位升降的同时，还发生周期性的流动，这就是潮流。潮流也分为半日潮流、混合潮流和全日潮流三种。若以潮流流向变化分类，则外海和开阔海区，潮流流向在半日或一日内旋转 360°的，叫作回转流；近岸海峡和海湾，潮流因受地形限制，流向主要在两个相反方向上变化的，叫作往复流。此外，涨潮时流向海岸的潮流叫作涨潮流，落潮时离开海岸的潮流叫作落潮流。

潮流在一个周期里出现两次最大流速和最小流速。地形越狭窄，最大与最小流速的差值越大。潮流的一般流速为 4~5km/h，但在狭窄的海峡或海湾中，如我国的杭州湾，流速可达 18~22km/h。往复流最小流速为零时，称为"憩流"；憩流之后，潮流就开始转变方向。正因为潮流有周期变化，所以它只在有限的海区作往复运动或回转运动。

第三节　洋　　流

一、洋流的概念及其性质

（一）洋流的概念

洋流又称海流，通常指海洋中大规模的海水常年比较稳定地沿着一定方向（水平和垂直方向）做非周期性的流动。"非周期性流动"区别于"潮流"。广义的洋流也包括潮流。

洋流具有相对稳定的流速和流向。洋流流速的国际单位是 m/s，但航海实践中一般用 kn（节，海里每小时）表示。洋流的流向是指洋流流去的方向，被称为流向。

洋流与陆地上的河流相类同，也有一定的长度、宽度、深度、流速和流量。如世界最大的暖流——墨西哥湾暖流，又称湾流，表层宽 $100\sim150$km，深 800m，最大流速为 2.5m/s，流量高达 8200 万 m³/s，约等于世界河流流量总和的 20 倍。

（二）洋流的性质

洋流的性质通常用温度、盐度、密度来表示，主要是温度和盐度两种水文特征。它主要取决于洋流所处地理环境和水层位置。

二、洋流的成因和分类

洋流的成因及其影响因素众多而复杂。风即行星风系和大气运动所产生的切应力，是洋流的主要动力。大气压力的变化、海水密度的差异、引潮力和海水的流失均能形成洋流。此外，地转偏向力、海陆分布、海底起伏等，对洋流均有不同程度的影响。洋流按其成因可分为风海流、梯度流、补偿流和潮流四个类型。

（一）风海流

风海流又称漂流或吹流，是指风作用于海面所引起的大规模海水流动。盛行风（定常风、恒定风）经常作用于海面上，由于风对海面的摩擦力作用，以及风对波和浪迎风面所施加的压力，推动着表层海水随风漂流，并借助于水体的内摩擦作用，动量下传，上层海水带动下层海水流动，形成规模巨大的洋流，叫风海流。风海流和风浪是风作用于海面所产生的一对孪生子。世界大洋表层洋流系统主要是风海流。风海流可分为深海风海流和浅海风海流两类。

南森（F. Nansen）于 1902 年观测到北冰洋中浮冰随海水运动的方向与风吹方向不一致，他认为这是由地转效应引起的。后来由埃克曼（Ekman）从理论上进行了论证，提出了漂流理论，奠定了风生海流的理论基础。

埃克曼漂流理论的基本假定：海区无限深广，海水运动不受海底和海岸边界的影响；没有发生增减水现象，并且海水密度均匀，可认为是一个常量；不考虑地转偏向力随纬度的变化；作用在海面上的风场是均匀的，时间是足够长的。在这些假定条件下，他得出深水风海流的特性。

1. 风海流强度与风的切应力大小有密切的关系

切应力 τ_a 的表达式为

$$\tau_a = c\rho_a w^2 \approx 0.02w^2 \tag{4-6}$$

式中：c 为系数；ρ_a 为空气密度，t/m³ 或 g/cm³；w 为风速，m/s。

由式（4-6）可以看出，风的切应力大小与风速的平方成正比，亦即风海流强度与风速的平方成正比。

2. 风海流表面流流向偏离风向 45°，偏角随深度的增加而加大

受地转偏向力（科里奥利力）作用，洋面流流向与风向不一致，在北半球偏于风向右方 45°，在南半球偏于风向左方 45°。该偏角与风速和流速无关，并随着深度的增加，偏角线性增大，直到某一深度，流向与表面流相反，这一深度称为摩擦深度 D，又称埃克

曼深度。通常把摩擦深度 D 作为风海流的下限深度，一般为 $100\sim300\mathrm{m}$，可按经验公式计算确定：

$$D=\frac{7.6w}{\sqrt{\sin\varphi}} \tag{4-7}$$

式中：φ 为地理纬度。

从海面至摩擦深度处的水层称为埃克曼层。埃克曼漂流的流速矢端在空间所构成的曲线称为埃克曼螺旋，其在水平面上的投影则称为埃克曼螺线（图 4-16）。

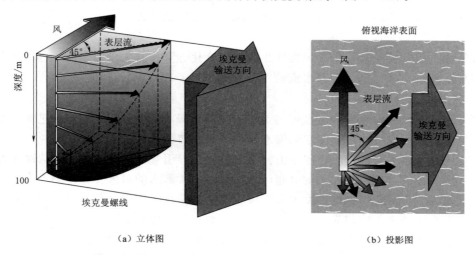

（a）立体图　　　　　　　　　　　　（b）投影图

图 4-16　北半球深海风海流结构（埃克曼螺旋）示意图

3. 风海流表层流速最大，流速随水深增加迅速减小

风海流表层流速最大。埃克曼根据大量观测资料，得到风海流表层流速 v_0 与风速 w 的经验关系：

$$v_0=\frac{0.0127w}{\sqrt{\sin\varphi}} \tag{4-8}$$

从海面向下，流速随水深增加而按指数规律递减。海面以下 Z 深度处流速的表达式为

$$v_Z=v_0\mathrm{e}^{-\frac{\pi Z}{D}} \tag{4-9}$$

式中：v_Z 为水深 Z 处的流速，$\mathrm{m/s}$。

当 $Z=D$ 时，式（4-9）可写为

$$v_Z=v_0\mathrm{e}^{-\pi}=0.043v_0 \tag{4-10}$$

由此可见，摩擦深度 D 上的流速很小，仅为表面流速的 4.3% 左右。

4. 深海风海流水体输送方向偏离风向 $90°$

深海风海流的表面流流向偏离风向 $45°$，而在摩擦深度处洋流流向与表面流相反。就总体而言，风海流受到的内摩擦力为零，风海流受到风应力和地转偏向力作用，当两个力平衡时，稳定风海流的体积运输方向与风向的夹角就是 $90°$，即风海流的整个海水体积运输方向与风向不一致，北半球偏离风向之右 $90°$，南半球偏离风向之左 $90°$。

浅水风海流的特性是表层风海流的流向与风向间的偏角随海水深度（Z）与摩擦深度（D）的比值（Z/D）的减小而减小。当 $Z=0.1D$ 时，风海流与风向一致；当 $Z=0.25D$ 时，风海流流向与风向成 $21.5°$ 的夹角；当 $Z=1/2D$ 时，其夹角增大到 $45°$；当 $Z>1/2D$ 时，风海流流向与风向的偏角几乎不变（为 $45°$）。

（二）梯度流

梯度流又称地转流，其形成类似于大气运动中的地转风。它是指当等压面发生倾斜时，海水的水平压强梯度力和水平地转偏向力达到平衡时形成的稳定海流。根据引起等压面发生倾斜的原因不同，梯度流又可分为倾斜流和密度流两种。

1. 倾斜流

倾斜流（坡度流）是指由于风力作用、气压变化、降水或大量河水注入等原因造成海面倾斜形成坡度，从而引起的海水流动。

2. 密度流

密度流是指由于海水温度、盐度的不均匀，使得海水密度分布不均匀，进而导致压力分布不均匀，海面发生倾斜而引起的海水流动，又叫热盐环流。

密度流是海水本身的密度在水平方向上分布的差异引起的。海水的密度取决于海水的温度、盐度和压力，在水平方向的分布因地而异。通常海水的盐度变化范围不大，而海水的温度差别较大，因此海水的密度主要取决于海水的温度。例如，其一海区由于接受太阳的热量多而水温升高，体积膨胀，密度变小，海面（等压面）会稍稍升高；在另一海区接受的太阳热量相对少，水温变低，体积缩小，密度相对变大，从而海面（等压面）相对变低些。两个海区间海面及其以下各层等压面产生不同程度的倾斜，即海水内部任意一个水平面（即等势面）上压力都不相同。在水平压强梯度力的作用下，海水从压力大的地方向压力小的地方流动。一旦海水开始流动，地转偏向力立即发生作用，使海水运动方向不断偏转（北半球右偏，南半球左偏），直到地转偏向力与水平压强梯度力达到平衡时形成稳定的海水流动，叫作密度流。

相邻海区由于海水密度不同，表层海水由密度小的海区流向海水密度大的海区，例如地中海-大西洋密度流的表层流向为大西洋流向地中海，红海-印度洋密度流的表层流向为印度洋流向红海，大西洋-波罗的海密度流的表层流向为波罗的海流向大西洋。

（三）补偿流

补偿流指某种原因造成某一海区海水流出，而由相邻海区的海水流来补充，由此产生的海水流动，包括水平方向的补偿和垂直方向的补偿。如信风带大陆西岸，受离岸风作用，表层海水离岸而去，深部海水上升补充形成上升流，又叫涌升流。

（四）潮流

潮流是指由日、月天体引潮力作用引起的海水周期性水平流动，与潮汐相伴而生。

此外，根据洋流的水温与其流经海区水温（环境温度）的对比关系，洋流可分为寒流与暖流。

寒流又称冷洋流，其水温低于流经海区的温度，通常从较高纬度海区流向较低纬度海区，沿途水温逐渐升高，对沿途气候具有降温减湿作用，在洋流图中，一般用蓝色箭头表示。

暖流的水温高于其流经海区的温度，通常从较低纬度海区流向较高纬度海区，水温沿途逐渐降低，对沿途气候具有增温增湿作用，在洋流图中一般用红色箭头表示。

三、世界大洋表层环流系统

（一）大洋表层环流模式

大洋环流（ocean circulation）是存在于大洋中的海水环流，是指在海面风力及热盐等作用下，海水从某海域向另一海域大规模非周期性流动而形成的首尾相接的相对独立的环流系统或流涡，可分为表层环流和深层环流。深层环流主要是热盐环流（密度流），表层环流主要是风生环流。

盛行风（信风、西风、极地东风等）是形成洋面流的主要动力，洋面流模式与行星风系和气压场模式密切对应（图4-17）。

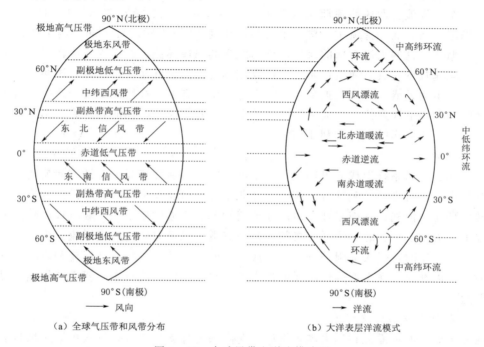

（a）全球气压带和风带分布　　　　（b）大洋表层洋流模式

图4-17　全球风带和洋流模式图

1. 副热带反气旋型大洋环流

以副热带高压为中心形成亚热带环流，由于环流中心处于亚热带，环流流向与反气旋型大气环流流向一致，所以称为亚（副）热带反气旋型大洋环流，是由赤道洋流、西边界流、西风漂流、东边界流首尾相接组成的大型环流系统。

（1）赤道洋流。在南半球稳定的东南信风和北半球稳定的东北信风的驱动作用下，形成南、北赤道洋流，亦称信风漂流。赤道洋流规模宏大，自东向西流动，横贯大洋，宽度约2000km，厚度约200m，表面流速为20～50cm/s，靠近赤道一侧达50～100cm/s。由于赤道无风带的平均位置在3°N～10°N之间，因此南北赤道流也与赤道不对称。

（2）西边界流。南、北赤道洋流流到大洋西岸受大陆阻挡南北分流，受地转偏向力作用大部分海水流向较高纬度形成西边界流。西边界流主要包括北太平洋的黑潮、南太平洋的东澳大利亚暖流、北大西洋的湾流、南大西洋的巴西暖流以及印度洋的莫桑比克暖流等，它们都是南、北半球主要反气旋式大洋环流的一部分，也是南、北赤道流的延续。西边界流来自热带洋面，水温高，流速大，是较强的暖流，将大量的热量和水汽向高纬度输送，具有赤道流的高温、高盐、高水色和透明度大等特征。

（3）西风漂流。西风漂流是指在盛行西风的吹送下，海水自西向东大规模流动所形成的洋流。在北半球，西风漂流是黑潮和墨西哥湾暖流的延续，分别称为"北太平洋暖流"和"北大西洋暖流"。在南半球因无大陆的阻挡，各大洋的西风漂流彼此沟通而连在一起，形成了横亘太平洋、大西洋和印度洋的全球性环流，但其性质为寒流。这主要是南极大陆低温、冰雪降温和强劲干冷的极地东风的降温作用而导致的。西风漂流既是南、北半球高纬海区气旋式冷水环流的组成部分，也是南、北半球反气旋式暖水环流的组成部分。

（4）东边界流。西风漂流流至大洋的东岸分支，一支主流沿着大陆的西海岸流向低纬，分别汇入南、北赤道流中，构成了大约在纬度40°以下顺时针方向（南半球逆时针方向）的大循环。这些大洋东部的海流，称为大洋的东边界流。东边界流流幅宽广，涉及深度较浅，流速较慢，具有寒流性质。东边界流具有低温、低盐、水色低、透明度小、含氧量高、浮游生物繁盛、海水几近绿色等特点。东岸多有上升补偿流。属于这类寒流的有北太平洋的加利福尼亚寒流、南太平洋的秘鲁寒流、北大西洋的加那利寒流、南大西洋的本格拉寒流、南印度洋的西澳大利亚寒流等。

2. 赤道环流

围绕赤道低压系统形成赤道环流，北半球部分的赤道环流呈逆时针方向流动，而南半球部分的赤道环流则呈顺时针方向流动。在北半球，由北赤道流和赤道逆流构成一个逆时针旋转的环流或流涡；在南半球，由南赤道流和赤道逆流构成了一个顺时针旋转的流涡。

赤道逆流位于南、北赤道洋流之间，是与赤道无风带对应的一支洋流。南、北赤道洋流到达大洋西岸时，受大陆阻挡分支，形成自西向东流动的，具有补偿流和倾斜流性质的赤道逆流，以补充大洋东部因信风洋流带走的海水。赤道逆流自东向西逐渐加强，是一支高温低盐流。

3. 副极地气旋型大洋环流

在北半球，西风漂流到达大洋东岸后流向高纬的分支是暖流，进入极地东风带后，在极地东风和海岸的影响下，先向西然后在大洋西部折向南行，具有寒流性质。它在大约40°N附近与西风漂流汇合，构成一个反时针方向的大洋环流。该环流中心处于副极地，环流流向与气旋流向一致，故称为副极地气旋型大洋环流。这个环流的海水温度较低，特别是大洋西岸，冬季结冰，春夏多浮冰和冰山，所以这个系统也被称为冷水环流系统。

在南半球因陆地少，三大洋在西风带里相互连接，西风强劲，相应而形成自西向东的西风漂流，没有出现顺时针方向的环流。在南极大陆周围受极地东风影响而产生自东向西的南极海流，这种海流常被受南极大陆海岸形状和其他因素影响而发生的地方性海流所切断。

北印度洋海流受季风影响，随季风的风向变化而变动，称季风洋流。

综上所述可知，实际海洋主要环流系统的形成是盛行风带、地转偏向力、海陆岸形分布等因素共同作用的结果。

（二）世界大洋表层环流分布概况

世界大洋表层环流结构具有以下特点：①在中低纬度的热带和亚热带海区，以南、北回归高压带为中心形成反气旋型大洋环流；②在北半球中、高纬海区，以副极地低压区为中心形成气旋型大洋环流；③南半球中高纬海区没有气旋型大洋环流，而被西风漂流所代替；④在南极大陆形成绕极环流；⑤在北印度洋形成季风环流区。

1. 太平洋表层洋流

北太平洋中低纬海域是由北赤道流、黑潮、北太平洋暖流、加利福尼亚寒流所组成的顺时针旋转的环流系统。中高纬海域是由北太平洋暖流、阿拉斯加暖流、阿留申暖流和亲潮（寒流）所组成的逆时针旋转的环流系统。

北赤道流受东北信风驱动在 $10°N \sim 22°N$ 之间自东向西流动，横越太平洋。在菲律宾群岛海岸附近分两支：一支向南转向东汇入赤道逆流；主支由台湾外侧进入东海，沿琉球群岛西侧北上，形成著名的黑潮。

黑潮是北太平洋副热带环流系统中强大的西部边界流，具有流速快、流量大、流幅窄、高温、高盐等特征。起源于吕宋岛以东海域北赤道流的主分支，挟带着北太平洋的亚热带海水，沿着菲律宾群岛北上。黑潮通过台湾东侧与石垣岛之间，沿东海大陆坡北上，穿越吐噶喇海峡，沿日本南岸东流。黑潮流速在吕宋岛东为 $0.5 \sim 1.0 \text{m/s}$，至日本南岸可达 $1.5 \sim 2.0 \text{m/s}$。通常，从台湾到 $35°N$ 处这一段称为黑潮。在 $35°N$ 附近，黑潮离开海岸向东流去，至 $160°E$ 这一段称为黑潮续流。这一段又分为两支：一支继续流向东北，可达 $40°N$ 附近，在那里与北方南下的亲潮寒流汇合；主支向东流，在西北太平洋海隆附近延伸成北太平暖流，流向北美洲西岸。

北太平洋洋流到达北美西岸分为南北两支。加利福尼亚海流是北太平洋洋流的南支，流速较小，属于冷洋流。北太平洋洋流的北支，沿加拿大西海岸进入阿拉斯加湾，形成阿拉斯加暖流。阿拉斯加暖流的一部分沿阿留申群岛南下汇入北太平洋洋流，被称为阿留申海流。

白令海洋流和来自北冰洋经白令海峡流出的冷洋流一起，沿大陆东岸南流，沿途汇合了来自鄂霍次克海、千岛附近的海冰融化而成的海水南下，形成了北太平洋上水温最低的冷洋流，称为亲潮。亲潮的特点是冬春势力强，夏季势力较弱。

南太平洋中低纬海域是由南赤道流、东澳暖流、西风漂流和秘鲁寒流组成的反气旋型（逆时针方向）环流的系统。

南赤道流在 $4°N \sim 10°S$ 之间自东向西流动，其主流到太平洋西部后沿澳大利亚东岸向南流动，称为东澳暖流。它在 $40°S$ 以南与南大洋的西风漂流汇合。南太平洋的西风漂流，在南半球整个西风带上自西向东越过南太平洋到南美西岸后北上，形成秘鲁洋流，秘鲁洋流是世界大洋中行程最长的一股冷洋流。秘鲁洋流在尚未到达加拉帕戈斯群岛时，就转而向西，汇入南赤道流，构成南太平洋上的反时针洋流系统。

2. 大西洋表层洋流

北大西洋中、低纬海域是由北赤道流、墨西哥湾流、北大西洋流和加那利洋流所组成的反气旋型（顺时针方向）洋流系统。高纬海域主要是由北大西洋暖流、爱尔明格暖流、东格陵兰寒流、西格陵兰暖流和拉布拉多寒流所组成的气旋型（逆时针）环流系统。

北赤道流源于北非大陆西岸的佛得角群岛，在向西流动的过程中与南赤道流越过赤道北上的一支圭亚那流汇合后，又在安的列斯群岛南端的近海分为两支：一支沿安的列斯群岛的外侧大致向西北方向前进，称为安的列斯海流；另一支流入加勒比海，再入墨西哥湾回旋后，经佛罗里达海峡流出，沿着北美大陆的边缘北上，在安的列斯群岛以北，与安的列斯海流汇合，形成世界大洋上最强大的暖流——墨西哥湾流，简称湾流（gulf current）。湾流沿北美沿岸流至35°N附近后离开海岸，约在哈特拉斯角以南转入深海区。

湾流是世界上最强大的暖流。湾流的水温很高，常可达30℃以上，其宽度虽不宽，但流量相当大，流量可达 $(60\sim100)\times10^6 m^3/s$，流速最高可达 $2\sim2.5m/s$。湾流到达40°N附近折向东北横过北大西洋，改称北大西洋暖流，流速为 $0.5\sim0.7m/s$。它的水温仍很高，把大量的热量输送至高纬，使西、北欧冬季气温比同纬度的亚洲大陆东岸高出10℃以上。

北大西洋暖流在大洋东部形成几个主要分支，分别向南或向北流去：一支从伊比利亚半岛和亚速尔群岛之间南下，称为加那利寒流；一支经挪威沿岸向北流，称为挪威暖流；一支向北，经冰岛南部转向西流，称为爱尔明格暖流。

东格陵兰海流沿格陵兰东岸南下，具有寒流性质；西格陵兰海流沿格陵兰西岸北上，具有暖流性质。拉布拉多海流是沿北美东岸南下的强冷流，发源于北极水域，水温很低，并将格陵兰的冰川崩解而成的大量冰山和流冰带往纽芬兰浅滩。

南大西洋的洋流主要是由南赤道流、巴西洋流、西风漂流和本格拉洋流组成的反气旋（逆时针）环流系统。南赤道流由几内亚湾开始，沿着4°N～10°S之间向西流动。巴西洋流是南赤道流沿南美洲东岸南下之暖流，流速以在巴西里约热内卢东北海岸最快。从此以后分支向左旋转，末端与沿阿根廷海岸北上的福克兰寒流相遇后，再汇入西风漂流。南大西洋西风漂流在接近好望角时，一部分沿非洲海岸北上，形成本格拉寒流。

3. 印度洋表层洋流

北印度洋的洋流受季风制约，是著名的季风海流区。冬季盛行东北季风，整个北印度洋洋面主要是自东向西或向西南的东北季风洋流。东北季风漂流与自西向东的赤道逆流组成一个逆时针环流。

夏季西南季风期间（5—10月），赤道逆流消失，整个北印度洋直到5°S，均为自西向东的西南季风漂流。西南季风漂流以7—8月最明显，与南赤道流构成一个顺时针环流。

南印度洋的洋流基本符合南大洋洋流模式，主要的表层海流为一反时针方向的环流系统。南赤道流从澳大利亚西北海岸，在10°S～30°S之间自东向西横越印度洋，平均流速为0.75m/s。当它接近马达加斯加岛时，一部分洋流转为沿该岛东岸南下，称马达加斯加暖流，最后汇入西风漂流；另一部分经马达加斯加北部，遇非洲海岸分支。其北支，冬季沿坦桑尼亚海岸北上汇入赤道逆流；夏季，则沿索马里海岸北上，称为索马里海流，最大流速可达2.5m/s。其南支，沿莫桑比克海岸南下，叫莫桑比克暖流。这股海流向南流速逐渐增大，经厄加勒斯沿岸时可达2.3m/s，称厄加勒斯暖流，也是世界大洋中较稳定的强流之一。西风漂流越过南印度洋到达澳大利亚西岸后部分北上，形成西澳寒流。

4. 南极绕极环流

南大洋或南极海，是世界第五个被确定的大洋，是围绕南极洲的海洋，由南太平洋、南大西洋和南印度洋各一部分，连同南极大陆周围的威德尔海、罗斯海、阿蒙森海、别林斯高晋海等组成。

南极绕极环流为由极地东风漂流和西风漂流所组成的双圈反向环流，是世界大洋中唯一环绕地球一周的大洋环流，也是世界上流量最强大的洋流，其流量相当于强大的湾流和黑潮的总和，但流速很小，仅为黑潮的 1/10。

在南大洋，在南极大陆边缘一个很狭窄的范围内，由于极地东风的作用，形成了一支自东向西绕南极大陆边缘的小环流，称为东风环流。南极绕极环流的主流是自西向东横贯太平洋、大西洋和印度洋的全球性环流，即环绕整个南极大陆并且宽阔、深厚而强劲的西风漂流。海水具有低温、低盐、高密度特征。

四、大洋深层环流系统

大洋深层环流是由海水温度和盐度变化引起的密度差异而形成的，又称温盐环流或热盐环流。当某一海区由于温度降低或盐度增大而使表层海水的密度增大时，必然会引起海水的垂直对流，密度较大的海水下沉，直至与其密度相同的层次。若下沉海水规模宏大，必将保持其在海面所获得的温度、盐度、密度、含氧量等属性。越是接近下沉海水的中心部位，其与周围海水的混合越弱，保持其原有属性的状态越稳定。因此，追踪温度、盐度分布的核心值，就称为研究深层洋流运动的基本方法。在垂直方向上，大洋深层环流系统结构可以分为 2 个次级基本环流系统和 5 个基本水层，自上而下分别是：暖水环流系统，包括表层水和次层水；冷水环流系统，包括中层水、深层水和底层水。5 个水层海水的密度自表层向下递增。

（一）暖水环流系统

大洋暖水环流分布于南、北纬 40°～50°之间的海洋表面至 600～800m 水层中，其特征是垂直涡动，对流较发达，温度、盐度具有时间变化，受气候影响明显而水温较高，因垂向上存在明显的温度、盐度和密度跃层可分为表层水和次表层水 2 个水层。

1. 表层水

表层水一般介于洋面至 100～200m 深度，由于受大气的直接作用，温度和盐度的季节变化较大。

2. 次表层水

次表层水为处于表层水以下、主温跃层以上的水层，由表层水在副热带海域辐聚带下沉而形成，深度介于洋面以下 300～400m，个别海区可达 500～600m。次表层水为高温高盐水，密度不大，只能下沉到表层水以下的深度上。其中大部分水量流向低纬一侧，沿主温跃层散布，在赤道辐散带上升至表层；小部分水量流向高纬一侧，在中纬度辐散带上升至表层。

（二）冷水环流系统

1. 中层水

中层水位于主温跃层之下，主要为南极辐聚区和西北辐聚区（亚北极）海水下沉形成，温度为 2.2℃，盐度为 33.8×10^{-3}，密度大于次表层水。海水下沉至 800～1000m 深度，一部分水量加入南极绕极环流，一部分水量向北散布进入三大洋，在大西洋可达 25°N，在太平洋可越过赤道，在印度洋可抵达 10°S。大西洋和印度洋中存在高盐中层水。北大西洋的高盐地中海水（温度为 13℃，盐度为 37×10^{-3}）由直布罗陀海峡溢出，下沉至 1000～1200m 深度上散布；印度洋中的红海高盐水（温度为 15℃，盐度为 36.5×10^{-3}）通过曼德海峡流出，在 600～1600m 深度上沿非洲东岸向南散布，与南极中层水混合。

2. 深层水

深层水介于中层水和底层水之间，在 2000～4000m 的深度上，主要在北大西洋格陵兰南部海域形成。东格陵兰流和拉布拉多寒流输送的极地水与湾流混合（盐度为 34.9×10^{-3}，温度近 3℃）后下沉，向整个洋底散布，在大洋西部接近 40°N 处与来自南极密度更大的底层水相遇，在其上向南、向东流，加入西风漂流进入印度洋和太平洋。太平洋的深层水由南大西洋的深层水与南极底层水混合而成。与大西洋具有明显分层特征不同的是，太平洋深层水在 2000m 以下温度和盐度分布均匀，温度为 1.5～2℃，盐度为 34.60×10^{-3}。大洋深层水在加入绕极环流的同时，逐渐上升，在南极辐散带可上升至海面，与南极表层水混合后，分别流向低纬和高纬，加入南极辐聚带和南极大陆辐聚带。

3. 大洋底层水

大洋底层水具有最大密度，沿洋底分布，主要源地是南极大陆边缘的威德尔海和罗斯海，其次为北冰洋的格陵兰海和挪威海。威德尔海水温低达 -1.9℃，盐度为 34.6×10^{-3}，在冬季结冰过程中海水密度加大，沿陆坡下沉到海底，一部分加入绕极环流，一部分向北进入三大洋，在各大洋中沿洋盆西侧向北流动，在大西洋可达 40°N，与北大西洋深层水相遇成为深层水的一部分，在印度洋可达孟加拉湾和阿拉伯海，在太平洋可达阿留申群岛。北冰洋底层水温度为 1.4℃，盐度为 $(34.6～34.9) \times 10^{-3}$，几乎是处于被隔绝状态，偶尔可有少量海水通过海槛溢出进入大西洋。

综上所述，世界大洋环流系统由表层环流系统和深层环流系统构成，表层环流系统为风生环流系统，受行星风系、气压场及海陆分布状况的影响和控制。大洋深层环流系统为温盐环流系统，由温度及盐度导致密度不均而引起。

第四节　水团和中尺度涡旋

一、大洋水团

(一) 水团的概念与分类

1. 水团的概念

水团是指源地和形成机制相近，具有相对均匀的物理、化学和生物特征及大体一致的变化趋势，而与周围海水存在明显差异的宏大水体。水团的边界就是水团与水团间的交界面（或交界区），实际上是水团间的过渡带或混合区，在海洋学上称为锋。锋面两侧的海水在理化特性上截然不同。锋区附近海水混合强烈，两种水团带来的营养盐类丰富，浮游生物多，因而引来大量的鱼群，往往成为著名的渔场。

水团的性质主要取决于源地所处的纬度、地理环境和海水的运动状况。水团在这些外界因素的影响下，逐渐具备某种性质，并在一定条件下达到最强，这个过程就是水团的形成过程。绝大多数水团是一定时期内在海洋表面获得其初始特征，然后因海水混合或下沉、扩散而逐渐形成的。水团形成后，其特征会因外界环境的改变而变化，最终因动力或热力效应而离开表层，下沉到与其密度相当的水层，然后通过扩散或与周围海水混合，形成表层以下的各种水团。

水团内性质相对较为均一，但是也存在空间差异。水团中水文特征最为显著的部分水体称为水团的核心。水团核心特征值的高低反映了整个水团的特征，位置的变化往往标志着水团的迁移。水团强度是水团体积和主要特征值大小的体现。

2. 水团的类型划分

水团按照不同的依据，可以有多种类型划分方法。

按照水温的差异，水团可以划分为暖水团和冷水团2类。暖水团的水温较高，盐度和透明度较大，有机质含量较少，含氧量较低，养分含量较少。冷水团的水温较低，盐度和透明度较小，有机质含量较多，含氧量较高，营养成分丰富。

按照理化特性垂直分布的差异，可以在5个基本水层的基础上，将水团划分为5种类型。表层水团的源地为低纬海区密度最小的表层暖水本身，具有高温、相对低盐等特征。次表层水团下界为主温跃层，南北水平范围在南北极锋之间，由副热带辐聚区表层海水下沉而形成，具有独特的高盐和相对高温特征。中层水团介于洋面以下1000～2000m之间，由表层海水在西风漂流辐聚区下沉而形成，具有低盐特征，但地中海水、红海-波斯湾水具高盐特征。深层水团的源地在北大西洋上部但在表层以下深度上，因此贫氧是其主要特性，深度在洋面以下2000～4000m的范围内。底层水团源于极地海区，具有最大密度。

此外，水团还可以依据划分的原则，在第一级的基础上进行更低级别的划分。例如，在大西洋中，可把表层水划分为南、北大西洋表层水2个水团。

（二）水团的变性

在一定条件下，水团的特性强度可逐渐降低，这一现象及其过程称为水团的变性。导致水团变性的内部因素主要是水团间的热、盐交换，外部因素主要是海水与大气间的热交换和外部条件变化而引起的温度、盐度变化。水团变性过程依其原因不同，一般可分为区域变性、季节变性和混合变性3种。

在浅海区域，海-陆和海-气之间的相互作用更为显著，地形和水流状况更为复杂，使得海水的混合加剧，浅海水团的变性特别强烈。因此，浅海水团的研究，实际上更侧重于浅海水体变性的研究。由于浅海水团远较大洋水团那种典型的保守性和均一性差而变性显著，故有人主张把浅海区域的一些水体称为浅海变性水团。中国近海大部分处于中纬度温带季风区，季节变化显著，深度较小，一般不足200m，区域宽阔，岛屿众多，岸线复杂，东部海域有强大的黑潮及其分支经过，西部有众多的江河径流入海，水团及其变性更加复杂。

二、中尺度涡旋

经典风成大洋环流理论认为，在各环流体系的海流范围内，海水流动速度较快，属于海洋的强流区；而在各环流中心，流速不超过1cm/s，属于洋流的弱流区。然而20世纪70年代以来，海洋水文物理学方面一个引人注目的重大进展，就是发现海洋中存在着许多中尺度涡旋。这些中尺度涡旋不仅存在于强流区洋流的两侧，而且在环流中部的弱流区、数千米的深海处也均有发现。

（一）中尺度涡旋的概念与类型

中尺度涡旋是指海洋中直径为 100～300km，寿命为 2～10 个月的涡旋。其厚度不等，一般为 400～600m，最厚可从表层一直延伸到海底。相比于常见的用肉眼可见的涡旋，中尺度涡旋直径更大、寿命更长；但相比一年四季都存在的海洋大环流又小很多，故称其为中尺度涡旋。它类似于大气中的气旋和反气旋，故也称为天气式海洋涡旋。

中尺度涡旋的分布很广，在世界各大洋中均有发现，绝大部分发生于北大西洋，特别是百慕大群岛附近海域和湾流区。墨西哥湾流区是中尺度涡旋发生最多的海域，平均每年有 5～8 个；其次是太平洋西北部海域，黑潮两侧多有分布；印度洋红海北部、苏伊士湾等处也均有发现。

按照自转方向和温度结构，中尺度涡旋可分为两种类型：一是气旋式涡旋，在北半球为逆时针旋转，中心海水自下向上运动，使海面升高，将下层冷水带到上层较暖的水中，使涡旋内部的水温比周围海水低，又称为冷涡旋；二是反气旋式涡旋，在北半球为顺时针旋转，其中心海水自上向下运动，使海面下降，携带上层的暖水进入下层冷水中，涡旋内部水温比周围水温高，又称为暖涡旋。

（二）中尺度涡旋的运动方式

中尺度涡旋的运动有自转运动、平移运动和垂直运动 3 种方式。中尺度涡旋会改变流经海区原有的海水运动，使得海流的方向变化多端，流速增大数倍至数十倍，并伴随有强烈的水体垂直运动。涡旋中心势能最大，越远离中心，势能越小。

参 考 文 献

［1］ 许武成. 水文学与水资源［M］. 北京：中国水利水电出版社，2021.
［2］ 冯士筰，李凤岐，李少菁. 海洋科学导论［M］. 北京：高等教育出版社，1999.
［3］ 高宗军，冯建国. 海洋水文学［M］. 北京：中国水利水电出版社，2016.
［4］ 管华，李景保，许武成，等. 水文学［M］. 北京：科学出版社，2010.
［5］ 伍光和，王乃昂，胡双熙，等. 自然地理学［M］. 4 版. 北京：高等教育出版社，2008.
［6］ 杨殿荣. 海洋学［M］. 北京：高等教育出版社，1986.
［7］ 赵进平. 海洋科学概论［M］. 青岛：中国海洋大学出版社，2016.
［8］ 许武成. 水文灾害［M］. 北京：中国水利水电出版社，2018.
［9］ 黄立文，文元桥. 航海气象与海洋学［M］. 武汉：武汉理工大学出版社，2014.
［10］ 黄锡荃. 水文学［M］. 北京：高等教育出版社，1993.

第五章 海洋与大气相互作用

"海-气"相互作用是指海洋和大气互相影响、互相制约、交替耦合、彼此适应的作用。

第一节 气候系统及海洋在其中的地位

一、气候系统概念

气候系统是一个包括大气圈、水圈、冰雪圈、岩石圈和生物圈在内的，能够决定气候形成、气候分布和气候变化的统一的物理系统。太阳辐射是这个系统的能源。在太阳辐射的作用下，气候系统内部产生一系列的复杂过程，这些过程在不同时间和不同空间尺度上有着密切的相互作用，各个组成部分之间，通过物质交换和能量交换，紧密地结合成一个复杂的、有机联系的气候系统（图 5-1）。

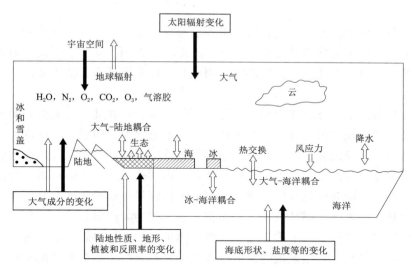

图 5-1 气候系统示意图

（图中实箭头是气候的外部过程，空箭头是内部过程）

在气候系统的五个子系统中，大气圈是主体部分，也是最可变的部分。水圈、岩石圈、冰雪圈和生物圈都可视为大气圈的下垫面。

大气是气候系统中最活跃和多变的部分，大气边界层内变化的时间尺度从几分钟到数小时，自由大气由数周到几个月。

海洋热容量最大，起着整个系统热量储藏库和调节器的作用。它吸收到达海面的大部分太阳辐射能，洋流把大量的热量由赤道地区输向极地，在全球能量平衡中起很大作用。海洋的热力学和动力学惯性有利于系统中缓慢运动的维持和发展。平均而言，上层海洋与大气或冰的相互作用时间尺度为数月到几年不等，而海洋深部的热量调节时间可达几百年以上。海洋与大气通过动量、热量和辐射的传输而相互作用，并在相当大程度上决定了系统的物理状况。大气圈与水圈不仅有水气交换，也包括二氧化碳（CO_2）等大气化学成分的交换。海洋对二氧化碳的溶解是影响大气中二氧化碳浓度的要素，而大气中二氧化碳浓度可以影响气候变化。

冰雪覆盖可以改变地表反照率，阻止地气和海气之间的热量交换；陆面雪盖和海冰有明显的季节变化，冰原既是气候变化的指示器，又对气候长期变化产生反馈影响。

岩石圈表层通过火山爆发、沙漠和表土扬尘以及海浪飞沫中盐粒给大气提供气溶胶，影响大气中的辐射过程和降水过程。地壳构造现象的时间尺度为千万年的量级，作为动力学的边界条件的陆面位置及其高度制约着大气的运动。内陆水和植被的时间尺度由几个月至几百年，生物对气候变化是敏感的，反过来也影响气候。大气-海洋-陆地生态系统之间二氧化碳的生物地球化学循环与物理气候过程之间的相互作用，是气候长期变化的重要过程之一。

生物圈的作用受人类活动影响很大，过度放牧、开垦荒地和砍伐森林，可以改变地表反射率、地气的水热和气体的交换，燃烧大量的化石燃料所排放的二氧化碳可以影响气候。

大气运动及气候的状态和变化都同太阳辐射有着非常重要的关系，特别是太阳辐射为大气和海洋的运动以至生物活动提供了最基本的能源。太阳活动所引起的太阳辐射的改变也必然对地球气候及其变化发生重要影响。因此，气候系统还应包括天文因素（主要是太阳活动）在内。

气候系统具有以下属性：热力属性，包括空气、水、冰和陆地的温度；动力属性，包括风、洋流及与之相联系的垂直运动和冰体移动；水分属性，包括空气湿度、云量及云中含水量、降水量、土壤湿度、河湖水位、冰雪等；静力属性，包括大气与海水的密度和压强、大气的组成部分和海水盐度等。这些属性在一定的外因条件下通过系统内部的过程而互相关联着，并在不同时间尺度内变化着。由于太阳辐射在地球表面分布的差异，以及海洋、陆地、森林、草原等不同性质的下垫面在到达地表的太阳辐射作用下所产生的物理过程不同，全球气候可以分为以下主要气候类型：热带气候、亚热带气候、温带气候、亚寒带气候、极地高山气候。气候系统的演进过程既受到其自身动力学规律的影响，也受到外部驱动力如火山爆发、太阳变化和人类活动的干扰。

二、海洋在气候系统中的地位

海洋在地球气候的形成和变化中的重要作用已越来越为人们所认识，它是地球气候系统最重要的组成部分。20 世纪 80 年代的研究结果清楚地表明，海洋-大气相互作用是气候变化问题的核心内容，对于几年到几十年时间尺度的气候变化及其预测，只有在充分了解大气和海洋的耦合作用及其动力学的基础上才能得到解决。海洋在气候系统中的重要地位是由海洋自身的性质所决定的。

地球表面约 71% 为海洋所覆盖，全球海洋吸收的太阳辐射量占进入地球大气顶的总太阳辐射量的 70% 左右。因此，海洋，尤其是热带海洋，是大气运动的重要能源。

海洋有着极大的热容量，相对大气运动而言，海洋运动比较稳定，运动和变化比较缓慢；海洋是地球大气系统中 CO_2 的最大的汇。

上述三个重要性质，决定了海洋对大气运动和气候变化具有不可忽视的影响。

（一）海洋对大气系统热力平衡的影响

海洋吸收约 70% 的太阳入射辐射，其绝大部分（85% 左右）被贮存在海洋表层（混合层）中。这些被贮存的能量以潜热、长波辐射和感热交换的形式输送给大气，驱动大气的运动。因此，海洋热状况的变化以及海面蒸发的强弱都将对大气运动的能量产生重要影响，从而引起气候的变化。

海洋并非静止的水体，它也有各种尺度的运动，海洋环流在地球大气系统的能量输送和平衡中起着重要作用。由于地球大气系统中低纬地区获得的净辐射能多于高纬地区，因此，要保持能量平衡，必须有能量从低纬地区向高纬地区输送。研究表明，全球平均有近 70% 的经向能量输送是由大气完成的，还有 30% 的经向能量输送要由海洋来承担。而且在不同的纬度带，大气和海洋各自输送能量的相对值也不同，在 0°～30°N 的低纬度区域，海洋输送的能量超过大气的输送，最大值在 20°N 附近，海洋的输送在那里达到了 74%；但在 30°N 以北的区域，大气输送的能量超过海洋的输送，在 50°N 附近有最强的大气输送。这样，对地球大气系统的热量平衡来讲，在中低纬度主要由海洋环流把低纬度的多余热量向较高纬度输送；在中纬度的 50°N 附近，因有西边界流的输送，通过海气间的强烈热交换，海洋把相当多的热量输送给大气，再由大气环流以特定形式将能量向更高纬度输送。因此，如果海洋对热量的经向输送发生异常，必将对全球气候变化产生重要影响。

（二）海洋对水汽循环的影响

大气中的水汽含量及其变化既是气候变化的表征之一，又会对气候产生重要影响。大气中水汽量的绝大部分（86%）由海洋供给，尤其低纬度海洋，是大气中水汽的主要源地。因此，不同的海洋状况通过蒸发和凝结过程将会对气候及其变化产生影响。

（三）海洋对大气运动的调谐作用

因海洋的热力学和动力学惯性使然，海洋的运动和变化具有明显的缓慢性和持续性。海洋的这一特征一方面使海洋有较强的"记忆"能力，可以将大气环流的变化信息通过海气相互作用贮存于海洋中，然后再对大气运动产生作用；另一方面，海洋的热惯性使得海洋状况的变化有滞后效应，例如海洋对太阳辐射季节变化的响应要比陆地滞后 1 个月左右；通过海气耦合作用还可以使较高频率的大气变化（扰动）减频，导致大气中较高频变化转化成为较低频的变化。

（四）海洋对温室效应的缓解作用

海洋，尤其是海洋环流，不仅减小了低纬大气的增热，使高纬大气加热，降水量亦发生相应的改变，而且由于海洋环流对热量的向极输送所引起的大气环流的变化，还使得大气对某些因素变化的敏感性降低。例如大气中 CO_2 含量增加的气候（温室）效应就因海洋的存在而被减弱。

第二节　海洋-大气相互作用的基本特征

海洋和大气同属地球流体，它们的运动规律有相当类似之处；同时，它们又是相互联系相互影响的，尤其是海洋和大气都是气候系统的成员，大尺度海气耦合相互作用对气候的形成和变化都有重要影响。因此，近代气候研究必须考虑海洋的存在及海气相互作用。

在相互制约的大气海洋系统中，海洋主要通过向大气输送热量，尤其是提供潜热，来影响大气运动；大气主要通过风应力向海洋提供动量，改变洋流及重新分配海洋的热含量。因此可以简单地认为，在大尺度海气相互作用中，海洋对大气的作用主要是热力的，而大气对海洋的作用主要是动力的。

一、海洋对大气的热力作用

大气和海洋运动的原动力都来自太阳辐射能，但是，由于海水反射率比较小，吸收到的太阳短波辐射能较多，而且海面上空湿度一般较大，海洋上空的净长波辐射损失不大。因此，海洋就有比较大的净辐射收入；热带地区海洋面积最大，因此热带海洋在热量贮存方面具有更重要的地位。因为热带海洋可得到最多的能量，所以在海洋上，尤其在热带海洋上，有较大的辐射平衡值。这样一来，通过热力强迫，在驱动地球大气系统的运动方面，海洋，特别是热带海洋，就成了极为重要的能量源地。

人们通过一些观测研究已经发现海洋热状况改变对大气环流及气候的影响，有几个关键海区尤为重要。其一是厄尔尼诺（El Niño）事件发生的赤道东太平洋海区；其二是海温最高的赤道西太平洋"暖池"区；另外，东北太平洋海区及北大西洋海区的热状况也被分别认为对北美和欧洲的天气、气候变化有着明显的影响。

海洋向大气提供的热量有潜热和感热两种，但主要是通过蒸发过程提供潜热。既然是"潜"热，就不同于"显"热，它须有水汽的相变过程才能释放出潜热，对大气运动产生影响。要出现水汽相变而释放潜热，就要求水汽辐合上升而凝结，亦即必须有相应的大气环流条件。因此，海洋对大气的加热作用往往并不直接发生在最大蒸发区的上空。

大洋环流既影响海洋热含量的分布，也影响到海洋向大气的热量输送过程。低纬度海洋获得了较多的太阳辐射能，通过大洋环流可将其中一部分输送到中高纬度海洋，然后再提供给大气。因此，海洋向大气提供热量一般更具有全球尺度特征。

二、大气对海洋的风应力强迫

大气对海洋的影响是风应力的动力作用。

大洋表层环流的显著特征之一是：在北半球大洋环流为顺时针方向；在南半球，则为逆时针方向。南北半球太平洋环流的反向特征极其清楚。另一个重要特征，即所谓的"西向强化"，最典型的是西北太平洋和北大西洋的西部海域，那里流线密集，流速较大，而大洋的其余部分海区，流线较疏，流速较小。上述大洋环流的主要特征与风应力强迫有密切的联系。

风应力的全球分布与大洋表层环流的基本特征有很好的相关性。至于西向强化，科氏力随纬度的变化是其根本原因，也可认为是 β 效应在海流中的表现。因为风应力使海水产生涡度，一般它可以由摩擦力来抵消。当科氏参数 f 随纬度变化时，在大洋的西边就需要有较强的摩擦力以抵消那里的涡度。然而，产生较强的摩擦力的前提，就是那里要有较大的流速。

三、海洋混合层

无论从海气相互作用来讲，还是就海洋动力过程而言，海洋上混合层（UML，简称海洋混合层）都是十分重要的。因为海气相互作用正是通过大气和海洋混合层间热量、动量和质量的直接交换而奏效的。对于长期天气和气候的变化问题，都需要知道大气底部边界的情况，尤其是海面温度及海表热量平衡，这就需要知道海洋混合层的情况。海洋混合层的辐合、辐散过程通过 Ekman 抽吸效应会影响深层海洋环流；而深层海洋对大气运动（气候）的影响，又要通过改变混合层的状况来实现；另外，太阳辐射能也是通过影响混合层而成为驱动整个海洋运动的重要原动力。因此，对于气候和大尺度大气环流变化来讲，海洋混合层是十分重要的。在研究海气相互作用及设计海气耦合模式的时候都必须考虑海洋混合层，有时，为简单起见，甚至可以用海洋混合层代表整层海洋的作用，于是就把这样的模式简称为"混合层"模式。

第三节　ENSO 及其对气候的影响

一、厄尔尼诺和拉尼娜名称及其相关概念

（一）厄尔尼诺（El Niño）

厄尔尼诺源于西班牙语"El Niño"，意为"圣婴（the boy or the Christ child）"或"耶稣之子"。厄尔尼诺一词起源于秘鲁，秘鲁渔民最早用来指每年圣诞节前后秘鲁沿岸与正常洋流（自南向北的冷洋流，即秘鲁寒流）相反的即自北向南流的暖洋流。1891 年秘鲁利马地球物理学会主席路易·卡伦扎（Luis Carranza）博士在学会公报上的一份报道，注意到这样一个事实：在派塔港（Paita）和帕卡斯马约港（Pacasmayo）之间观测到和正常洋流相反的自北向南流的暖洋流（逆流）。由于这股暖流（逆流）总是在每年圣诞节前后出现，而且能够给当地农牧业带来丰收，故称之为厄尔尼诺（圣婴或上帝之子），意即上帝的恩赐或福音。1925 年人们目睹了秘鲁附近发生的暖洋流，当年 3 月沙漠地区降雨量多达 400mm，而前 5 年降水总和不足 20mm。结果，沙漠变成绿洲，几乎整个秘鲁覆盖着茂密的牧草，羊群成倍增多，不毛之地纷纷长出了庄稼……尽管人们也发现，许多鸟类死亡，海洋生物遭到破坏，但人们依然相信是"圣婴"给他们带来了丰收年。可见，地处南美洲的秘鲁和厄瓜多尔的渔民所说的厄尔尼诺是指每年圣诞节前后南美太平洋沿岸海域季节性增暖的现象，即南美沿岸一年一度的季节性海水增暖现象，是一种局地的正常季节变化，不会引起全球性的气候异常。

随着科学技术的发展，人们认识自然的手段不断提高，逐步有能力观测到整个赤道太平洋海水热状况的变化，对厄尔尼诺的认识也逐渐深入。科学家们发现，每隔几年这种海水增暖现象会异常强大，持续时间比正常年份长得多，可达数月到一年以上，增温范围也不只局限于南美沿岸海域，而是从南美沿岸一直发展到中太平洋。它不仅对沿岸生态系统造成严重影响或破坏，扰乱沿岸渔民的正常生活，引起当地的气候反常，而且还会给全球气候乃至社会经济带来重大影响。这种赤道中、东太平洋广大海域非季节性持续增温现象

就是当今人们广泛关注的厄尔尼诺现象或厄尔尼诺事件。现在气象学家和海洋学家所说的"厄尔尼诺（El Niño）"专指赤道中、东太平洋每隔几年发生的大规模表层海水持续（半年以上）异常偏暖的现象，通常也称为厄尔尼诺事件、厄尔尼诺现象。

正常年份，南美西海岸的秘鲁、厄瓜多尔附近海域常年盛行东南信风，在东南信风的驱动作用下，沿岸附近表层海水离岸而去，并自东向西流动形成南赤道洋流（信风洋流），大量的深层冷海水上升到海面补充，形成涌升流（上升流）。涌升流将深层中丰富的营养盐带到表层光亮带，引起浮游生物的大量繁殖，给鱼类带来丰盛的饵料，致使秘鲁渔场为世界三大渔场之一。但当厄尔尼诺（El Niño）发生时，赤道以南的东南信风突然减弱，太平洋赤道暖洋流向南扩张，代替秘鲁冷洋流，使这一海区的水温比常年高出几度，秘鲁沿岸的海水涌升明显减弱，海水表层的营养物质及以这些营养物质为食的藻类和鱼类大量死亡而大幅度减少，大量的鳀鱼迁徙到深海或其他海区，海鸟也因此缺乏食物而死亡或迁徙，南美洲沿岸国家也因失去宝贵的鸟粪肥料而影响农业生产及农产品出口。同时，在厄尔尼诺年，秘鲁和厄瓜多尔等南美沿岸气候由干旱转变为多雨，经常发生洪灾。厄尔尼诺不仅对秘鲁沿岸生态系统和渔业资源造成严重影响或破坏，扰乱沿岸渔民的正常生活，引起当地的气候反常，而且还给全球气候乃至社会经济带来重大影响。

（二）拉尼娜（La Niña）

实际上，厄尔尼诺的发生是赤道中、东太平洋海域海水温度相对"正常状态"向暖的一方偏离（即出现正距平）。科学家们又发现了一种相反的情况，在有些年份，赤道中、东太平洋表层也会异常变冷，即海水温度相对"正常状态"向冷的一方偏离（出现负距平），并持续数月到一年以上。科学家给这种现象取了一个相应的名字，叫拉尼娜，西班牙语"La Niña"，意为"圣女""小女孩"。

拉尼娜（La Niña）是指赤道中、东太平洋表层海水大规模持续（半年以上）异常偏冷的现象，是厄尔尼诺（El Niño）的反相，因此有人也称为反厄尔尼诺（anti - El Niño）。

拉尼娜（La Niña）的出现，同样会给自然界带来不小的麻烦。拉尼娜与厄尔尼诺的性格完全相反，造成的影响和带来的气候灾害也常常不同，而且比厄尔尼诺要温和一些。

（三）南方涛动（Southern Oscillation）

通常情况下，以塔希提岛（Tahiti，位于法属波利尼西亚）为中心的南太平洋中低纬海区为广阔的冷水区，其海平面气压场为一个高气压；而在以澳大利亚达尔文（Darwin）站为中心，包括印度尼西亚和澳大利亚北部的广大地区为一个低气压区，两者之间组成一个纬向的沃克（Walker）环流。在厄尔尼诺年份，这一东高西低的气压型被打乱，出现了南太平洋高压和印度尼西亚-澳大利亚低压同时减弱甚至相反（西高东低）的情况，即两地区海平面气压之间出现"跷跷板"式的反相振荡现象，叫作南方涛动（Southern Oscillation）。

早在19世纪后期，就已经有科学注意到印度的干旱与澳大利亚许多地区的干旱几乎同时发生，提出两者之间可能存在着某种联系，同时还发现太平洋东西两侧的气压变化经常相反。1928年英国数学家、印度气象局局长吉尔伯特·沃克（Gilbert Walker）在研究中取得了突破性进展，他从全球温度、气压和降水资料中发现，东南太平洋与印度洋到西太平洋两个地区的气压之间存在着一种跷跷板式的关系，即其中一个地区的气压升高时，另一个地区的气压则会降低。沃克将太平洋东西两侧海平面气压的这一反相关关系称为南方涛动（Southern Oscillation）。

根据沃克的这一理论，科学家选取塔希提（Tahiti）站代表东南太平洋，选取达尔文（Darwin）站代表印度洋与西太平洋，应用数理统计方法对两个测站的海平面气压差值进行处理后得到了一个用以衡量涛动强弱的指数，称为南方涛动指数 SOI（Southern Oscillation index）。这个指数有效地反映了太平洋东西两侧气压增强和减弱的演变情况。当 SOI 为正值时，表示涛动增强，表明塔希堤（Tahiti）比达尔文（Darwin）气压偏高的程度超过了正常情况，即东西太平洋气压差增大；当 SOI 为负值时，表示涛动弱，表明东西太平洋气压差值减小或小于正常值。

（四）沃克（Walker）环流

沃克环流是赤道太平洋上空因水温的东西面差异而产生的一种纬圈热力环流。沃克环流由英国气象学家沃克在 20 世纪 20 年代首先发现，是热带太平洋上空大气循环的主要动力之一。

通常情况下，在信风的驱动作用下，太平洋赤道洋流（信风洋流）自东向西横贯大洋，赤道暖流向太平洋西侧积聚，东太平洋表层的暖水不断被输送到西太平洋，使得赤道西太平洋水位升高，热量积蓄，年平均海表水温一般为 28～30℃，形成全球海表水温（SST）最高的海域，称为"西太平洋暖池""赤道暖池"或"暖池"。而在赤道东太平洋，特别是南美西海岸的秘鲁、厄瓜多尔附近海域常年盛行东南信风，在东南信风的驱动作用下，沿岸附近表层海水离岸而去，大量的深层冷海水上升到海面补充，形成涌升流（上升流），涌升流区也称冷水上翻区，在秘鲁寒流和沿岸涌升流作用下，形成了一个明显的低海温海域，海表水温一般为 20～24℃。

赤道太平洋东西两侧水温的差异导致大气和海洋之间发生大规模的相互作用，并形成纬向的热力环流。赤道西太平洋暖池为一个巨大的热源，温度高、气压低，盛行上升气流，成为对流活跃区，降水非常丰沛；而赤道东太平洋为广阔的冷水区，温度低、气压高，盛行下沉气流，多晴朗少云天气。赤道西太平洋上升的气流到高空后向东流，到东太平洋较冷的洋面上下沉，强烈的下沉气流受冷海水影响降温后，随偏东信风西流，到达赤道西太平洋后受热上升，转为高空西风。这样就在赤道太平洋上空形成了一个闭合环流圈，称为沃克环流（图 5-2）。

（五）ENSO 与 ENSO 循环

El Niño Southern Oscillation（ENSO）指厄尔尼诺（El Niño）和南方涛动（Southern Oscillation）的总称。它们是热带海洋和热带大气中孪生的异常

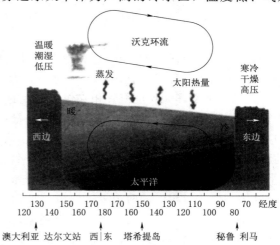

图 5-2　沃克环流

现象，对全球性的大气环流和许多地区的气候异常及海洋状况、生态异常等都有重要的影响。

早期的海洋学家和气象学家把厄尔尼诺（El Niño）和南方涛动（Southern Oscillation）分别作为独立的现象而各自进行研究，由于受到当时观测手段的限制，没能意识到二者的联系。直到 20 世纪 60 年代，对厄尔尼诺（El Niño）和南方涛动（Southern Oscillation）的认识出现了重大转折，即开始认识到大气和海洋存在着相互作用。一方面，由于观测资料的增多，海洋学家逐步认识到：秘鲁沿岸的异常暖海水可以离开海岸扩展数千里，该异常条件仅是整个热带太平洋上层海洋异常的一个方面，且这种异常的产生是整个太平洋上空大气环流驱动的结果。海洋学家乌尔基（Wyrtki）在 1965 年根据潮汐观测资料进行的分析研究工作，便是这一时期的代表研究。因此，从海洋学观点看，把厄尔尼诺看成是热带太平洋表面风场变化所致的论述在当时是非常重要的进步。与此同时，另一方面，在 20 世纪 60 年代后期，气象学家也开始认识到热带东太平洋海表温度变化和南方涛动有明显的联系，并且把海洋作为南方涛动产生的一种可能“记忆”机制引入。厄尔尼诺（El Niño）和南方涛动（Southern Oscillation）联系的早期证据是发现了印度尼西亚雅加达表面气压的年际变化和秘鲁沿岸的海表温度具有明显的联系，不过这些发现还具有局地海气相互作用的特点。

最具里程碑意义的是 20 世纪 60 年代中后期，长期从事海洋、大气相互作用与气候变化关系研究的美国加州大学气象学教授雅各布·皮叶克尼斯（Jacob Bjerknes）以其敏锐的洞察力发现了大气和海洋的相互作用对风场、降水以及天气的其他方面有着重要的影响，提出了赤道太平洋东部海面温度变化与大气环流之间存在遥相关的理论，把厄尔尼诺（El Niño）和南方涛动（Southern Oscillation）这两个看似孤立的现象联系了起来。当赤道太平洋东部海温升高时，西部的海温往往会下降，温度升高的海水又使其上方的大气压力减小，温度下降的海水则使其上方的大气压力增加，这样赤道太平洋上空气压与正常情况相比就会东降西升，南方涛动指数 SOI 就会减小成为负指数；反过来，当赤道太平洋东部海温下降时，西太平洋的海温则会上升，变化的海温使其上方的大气压力发生相应的变化，这样赤道太平洋上空气压与正常情况相比就会东升西降，南方涛动指数 SOI 则上升成为正指数。

总之，厄尔尼诺（El Niño）和南方涛动（Southern Oscillation）是热带海洋和大气交互作用的结果，是同一物理现象在海洋和大气中的独立表现，通常合称为 ENSO（恩索），是热带太平洋大尺度海气相互作用产生的不规则年际振荡。厄尔尼诺（El Niño）是 ENSO 在海洋中的表现，为 ENSO 的海洋分量；南方涛动（Southern Oscillation）是 EN-SO 在大气中的表现，为 ENSO 的大气分量。海洋和大气相互作用的复杂性和两者之间的相互制约，使得 ENSO 现象具有明显的循环特征，因而也称为 ENSO 循环。赤道中、东太平洋在不断地进行着一种冷水—暖水—冷水—暖水的循环，而厄尔尼诺和拉尼娜则是 ENSO 循环变化过程中的两个极端位相，即 ENSO 暖事件和 ENSO 冷事件。

ENSO 是热带海洋和大气中的异常现象，是迄今为止人类所观测到的全球大气和海洋相互耦合的最强信号之一，也被认为是年际气候变化中的最强信号，它的发生往往会在全球引起严重的气候异常，从而给世界许多地区造成严重的旱涝和低温冷害，使许多国家的工农业生产受到巨大损失，因而倍受全世界的关注。

二、ENSO 的监测与诊断指标

1. ENSO 的监测

20 世纪 80 年代以前，有关太平洋海洋和大气的观测资料相当有限，对 ENSO 的观测数据主要来源于一些有限的途径，如行驶于一些固定航线上船只的测量、沿海和岛屿附近潮汐观测站的记录以及一些有限区域的观测试验，这些观测手段和积累的数据不足以提供对 ENSO 全面定量的描述，科学家们还无法可靠地对 ENSO 进行预警报告。比如 1982 年 10 月，正当许多著名气象学家和海洋学家云集于美国普林斯顿召开与厄尔尼诺有关的诊断会议之际，对当时正在发生的强厄尔尼诺事件并没有清楚地认识到。1982/1983 年强厄尔尼诺事件以后，厄尔尼诺的监测和预测问题引起了科学家的高度重视，由联合国世界气象组织（World Meteorological Organization，WMO）负责，开始呼吁在提高能力建设的基础上发展一个实地观测的阵列。1984 年，ATLAS（自治线式温度获取系统）浮标首次得到了应用，开始观测大气温度、海面温度以及海面以下 500m 深的海水温度，并且通过美国大气海洋局（NOAA）的极轨卫星，把所有采集到的数据实时传到陆地上。1985 年开始，国际上组织实施了为期 10 年（1985—1994 年）的热带海洋与全球大气计划（tropical ocean & global atmosphere，TOGA），建立了由海洋浮标、船舶、潮汐观测站、卫星等组成的观测网，对热带太平洋和大气状况进行了密切监视，建立了"热带大气海洋观测阵列"（tropical atmosphere ocean array，TAO），该阵列可能对 El Niño/La Niña 的发生、发展和消亡的过程做出观测，为 ENSO 循环的研究提供更全面的资料。

2. ENSO 的特征值

ENSO 是大尺度海洋与大气交互作用的事件，在监测、诊断、预测和定义 ENSO 事件时，必然涉及热带海洋、大气及其相互作用方面的物理量，包括热带海洋温度（海面温度 SST 指数、表层与次表层温度）、海平面高度、气压场（海面气压 SLP）、风场（对流层低层 850hPa 信风指数、对流层高层 200hPa 信风指数）、向外长波辐射（OLR 指数）、对流降水（ESPI 指数）和综合指数（MEI）等。以下介绍海表温度指数、海平面气压指数。

（1）ENSO 事件的海温监测区与尼诺指数（Niño 指数）。在监测、预报 El Niño 和 La Niña 事件时，主要根据热带太平洋海表温度（SST）资料，取某一海域的月平均海表温度（SST）与相应月份多年平均海表温度之差值即该海域的月海表温度距平 SSTA 值为指数（Niño 指数），当该海域平均海表温度距平（Niño 指数）超过某一规定的阈值（临界值）时，就定义为一次 ENSO 事件。通常赤道中、东太平洋被划分为 4 个 ENSO 监测区：Niño 1 区（5°S～10°S，90°W～80°W）、Niño 2 区（0°～5°S，90°W～80°W）、Niño 3 区（5°S～5°N，150°W～90°W）和 Niño 4 区（5°S～5°N，160°E～150°W）。在美国海洋大气局 NOAA 气候预测中心 CPC 网站上可以得到各海区 1950 年以来 Niño 指数，即 Niño 1＋2 区（0°～10°S，90°W～80°W）、Niño 3 区（5°S～5°N，150°W～90°W）、Niño 4 区（5°S～5°N，160°E～150°W）和 Niño 3.4 区（5°S～5°N，170°W～120°W）指数。

Niño 1＋2 区（0°～10°S，90°W～80°W）位于南美秘鲁和厄瓜多尔沿岸的涌升流区，海区范围小，海面温度的年变化和年际变化明显，东部型 El Niño 常常从该海域最先出现异常增暖，然后异常增暖范围再逐渐向西扩展，如 1976/1977 年事件为较弱的东部型 El Niño 事件。Niño 3 区（5°S～5°N，150°W～90°W）涵盖了赤道东太平洋的大部海域，其 El Niño 信号最为突出，通常用这一海区的海表温度距平 SSTA 指数来判定 El Niño 和 La Niña 的发生与结束。一般地，当 Niño 3 区海表温度距平指数持续 6 个月偏高 0.5℃时被定义为一次 El Niño 事件；反之，持续 6 个月偏低 0.5℃时被定义为一次 La Niña 事件。海表温度距平指数峰值或整个事件持续期内各月的 SSTA 累积值∑SSTA 的绝对值越大，ENSO 事件的强度越大，事件的长度则取决于海温异常持续时间的长短。我国海洋环境预报中心用 Niño 3 区指数来监测和预测 El Niño。Niño 4 区（5°S～5°N，160°E～150°W）主要包括赤道中太平洋海域，部分海区位于西太平洋暖池区内，海面温度的年际变化很小，但该海域海温高，即使微小的温度变化也会对气候产生较大的影响。1993 年和 1994/ 1995 年的 El Niño 事件，Niño 4 区增温较强，SSTA≥0.5℃的时间持续了 1 年，而 Niño 3 区 SSTA≥0.5℃的时间仅持续了 4～5 个月。

一些学者采用其他海区的海表温度持续异常变化来确定 El Niño 和 La Niña。魏松林利用赤道中、东太平洋 Niño C 区（0°～10°S，180°～90°W）57 个网格点的海表温度 SST 距平值的逐月资料系列作为表征 El Niño/La Niña 的指数（ENI）。王绍武等根据 Niño C 区（0°～10°S，180°～90°W）各月海温距平，给出了 1854—1987 年 ENSO 年表，龚道溢、王绍武使用该标准确定了 1870—1996 年 127 年中的 ENSO 类型，共有 El Niño 年 43 年，La Niña 年 41 年，正常年份 43 年。另外，在 Niño 3 区和 Niño 4 区之间的 Niño 3.4 区（5°S～5°N，170°W～120°W），不仅能很好地监测和反映 El Niño 信号，而且该区微小的温度变化也会对气候产生较大的影响，因此美国 NOAA、NCEP、CPC、IRI 等则是利用 Niño 3.4 区海表温度距平 SSTA 指数来定义 ENSO 事件。据美国 IRI（International Research Institute for Climate Prediction）的定义：当 Niño 3.4 区指数 5 个月滑动平均值超过 0.4℃的值持续 6 个月以上时为一次 El Niño 事件或 ENSO 暖事件（Warm Episodes）；反之，当 Niño 3.4 区指数 5 个月滑动平均值低于−0.4℃的值持续 6 个月以上时为一次 anti-El Niño 事件或 ENSO 冷事件（Cold Episodes），即 La Niña 事件。据此定义标准，由图 5-3 可知，1950—2001 年共发生 15 次 El Niño 事件和 11 次 La Niña 事件。

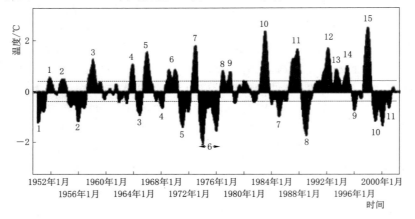

图 5-3　1950—2001 年各月 Niño 3.4 区指数（虚线为＋/−0.4℃界线）

　　近年来，中国国家气候中心在业务上主要以 Niño Z 区（亦称 Niño 综合区，即 Niño 1＋2＋3＋4 区）的海温距平指数作为判定 ENSO 事件的依据。Niño Z 区海温距平指数 SSTA≥0.5℃（≤−0.5℃）至少持续 6 个月（过程中间可有单个月份未达指标）为一次 El Niño（La Niña）事件；若该区 SSTA≥0.5℃（≤−0.5℃）持续 5 个月，且 5 个月的指数之和 $\sum$SSTA≥4.0℃（≤−4.0℃）时，也定义为 El Niño（La Niña）事件。美国海洋大气局 NOAA 近年来在业务上主要利用海洋尼诺指数 ONI（oceanic Niño index）定义 ENSO：海洋尼诺指数 ONI≥+0.5℃（或≤−0.5℃）持续 5 个月以上时称为一次 El Niño（或 La Niña）事件。而海洋尼诺指数 ONI 是指基于 NOAA 扩展重建的海面温度资料（extended reconstructed sea surface temperatures，ERSST），Niño 3.4 区海表温度距平 SSTA 的 3 个月滑动平均值。

　　（2）海平面气压指数——南方涛动指数 SOI。南方涛动指数 SOI（Southern Oscillation index）是指塔希堤（Tahiti）岛（位于法属波利尼西亚）与澳大利亚的达尔文（Darwin）站的海平面气压（SLP）差，以此来定量表示南方涛动的强弱。SOI 是最早用来反映 ENSO 的指数，是表征 ENSO 事件的传统指标，目前也是监测 ENSO 的常规指数，其计算方法有多种，目前通用 SOI 是美国气候预测中心（CPC）发布的两次标准化的序列，即对 Tahiti 与 Darwin 两站海平面气压（SLP）先分别标准化，相减之后再标准化，同时采用对全年 12 个月统一标准化而非以前的分月标准化。Tahiti 站与 Darwin 站海平面气压（SLP）值和 SOI 指数可从美国气候预测中心网站获得。

　　近年来，一些新的南方涛动指数开始出现，如赤道太平洋南方涛动指数（equatorial SOI）采用沿赤道太平洋（5°S~5°N，80°W~130°W 和 5°S~5°N，90°E~140°E）标准化的海平面气压差计算等，可由美国气候预测中心网站获得。

　　一般来说，El Niño 事件或 Warm Episodes（暖事件）发生时，南方涛动指数 SOI 为负值；反之，La Niña 事件或 Cold Episodes（冷事件）发生时则对应 SOI 正值（图 5-4）。

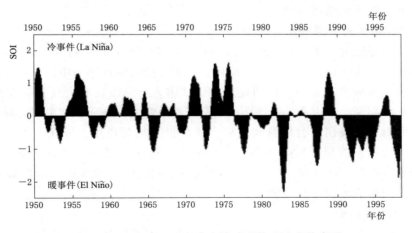

图 5-4　1950—1998 年南方涛动系数 SOI 变化序列

三、ENSO 事件对全球气候的影响

ENSO 事件的发生和发展必然引起全球大气环流和世界气候的异常，导致一些地方多雨洪涝，另外一些地方少雨干旱；也会造成一些地方的寒冬和另外一些地方的冷夏等。据龚道溢、王绍武对近百年来 ENSO 对全球陆地降水的影响研究表明：在 El Niño 年，全球陆地降水显著减少，而在 La Niña 年全球陆地降水则显著增加。

El Niño 对全球气候影响最显著的区域是低纬度地区，尤其是对热带太平洋地区的影响最为直接和强烈，它与赤道中、东太平洋的增暖和信风的减弱相联系。El Niño 事件发生时，赤道太平洋西部与东部之间的温差和海面高差都将减小，减弱甚至破坏纬向的 Walker 环流，加强中东太平洋经向的 Hadley 环流，导致赤道太平洋对流活跃区东移到中太平洋，造成多雨区东移，中、东太平洋上的岛屿及南美沿岸国家多雨甚至发生暴雨洪涝，不仅南美沿岸的厄瓜多尔、秘鲁和智利等国的降水显著增加，而且巴西南部、巴拉圭、乌拉圭等国以及阿根廷北部降水和美国南部的冬季降水也显著偏多。如 1982 年年底到 1983 年上半年，厄瓜多尔、秘鲁连降暴雨，发生史无前例的洪水，洪水和泥石流造成各国死亡 300 余人。又如，1997 年 6 月，智利北部两天的降雨量竟相当于过去 21 年降水量的总和。

在西太平洋和印度洋一带，由于海温下降、大气对流活动减弱，则降水减少，印度、印度尼西亚、澳大利亚等国家发生持续干旱，同时在非洲东南部、中美洲和巴西东北部等地也常出现少雨干旱。如 1997 年，菲律宾、印度尼西亚发生了严重的干旱。此外，在 El Niño 年，太平洋和大西洋地区发生的台风和热带风暴都比常年偏少，加拿大西南部和美国北部出现暖冬，东亚（包括中国东北、日本北部和朝鲜等地）夏季易于出现低温，北美大平原和墨西哥湾等地降水增多。

La Niña 对气候的影响与 El Niño 大致相反，与赤道东太平洋异常降温和信风加强相联系，但其强度和影响程度不及 El Niño。La Niña 发生时，西太平洋及其岛屿和沿岸地区雨量增多，印度尼西亚、菲律宾、澳大利亚东部、巴西东北部、非洲南部等地对流活动加强，风暴和降雨增多；而在赤道太平洋中、东部地区却更加干旱少雨，而且西太平洋地区台风和大西洋飓风活动明显增多。

四、ENSO 事件对中国气候的影响

中国大部分地区处在中纬度的亚热带和温带，又位于最大大陆——亚欧大陆东南部，东临最大大洋——太平洋，再加上国土辽阔，地形复杂，因此影响中国气候的因素众多复杂，中国季风气候显著，大陆性也明显。ENSO 作为全球海洋和大气相互作用最强的信号，对西太平洋副高、东南季风和西南季风都有重要影响，从而影响中国的降水、气温等气候要素，并对影响我国的台风数和登陆台风数也有重要作用。研究表明，基于 ENSO 发生的不同的大气候背景，ENSO 循环过程的不同位相、发展阶段，和 ENSO 的强度、出现时间与地点等，ENSO 对中国气候的影响是不相同的，即使同一事件对不同区域或同一区域的不同季节影响也有差异。

1. ENSO 与中国降水

龚道溢等研究指出：近百年来，在 El Niño 年，中国东部北方地区夏、秋和冬季降水及年降水都偏少，江南地区秋季降水显著增多，东南地区冬季降水也显著增加；在 La Niña 年则相反；春季降水情况基本上与 ENSO 没有关系。最新研究发现，20 世纪 70 年代末、80 年代初，全球气温和赤道太平洋海温均有一个明显升高的趋势，即处于不同的大气候背景，80 年代以后的 El Niño 事件比 80 年代以前的 El Niño 事件强度明显偏强，并且 80 年代前、后的 El Niño 年对应的中国东部汛期降水分布是不相同的：80 年代以后长江、淮河流域降水较常年偏少，除长江、淮河流域外南北方均偏多；80 年代以前全国大部分地区降水偏少，但华南、东北部分地区降水偏多。

ENSO 循环的不同位相、开始出现的季节与中国夏季降水均有密切关系。研究表明，El Niño 年的夏季我国大部分地区雨量偏少，一些地区可偏少 3～5 成，多雨区位于长江与黄河之间，且多雨期主要发生在 7—8 月；El Niño 次年的夏季，长江中下游及江南部分地区雨量偏多，而黄河流域大部、华北、华南、西南地区雨量偏少；La Niña 年的夏季，长江与黄河之间、东南及华南大部雨量显著偏少，而黄河流域和西南地区大部雨量偏多。邹力等对 ENSO 对中国夏季降水的影响的研究发现，El Niño（La Niña）发生后的次年夏季，长江中下游地区较易发生洪涝（干旱），而华南地区较易发生干旱（洪涝）；若 El Niño（La Niña）事件结束得晚，不仅在长江中下游降水偏多（少），且在华北地区容易出现干旱（洪涝），即是说中国东部地区夏季降水与 ENSO 循环发展的位相有关。另据励申申等的研究，El Niño 增暖期的不同影响东亚夏季风的强弱和爆发时间，进而影响东亚夏季降水的多寡，秋冬季增暖的 El Niño 事件如 1953/1954 年、1968/1969 年、1972/1973 年、1982/1983 年、1986/1987 年等导致次年夏季江淮流域降水偏多，而在春夏季增暖的 El Niño 事件如 1957 年、1958 年、1963 年、1972 年、1977 年等导致当年夏季江淮流域降水偏少。

其他季节的降水变化也与 ENSO 有关。据谌芸等的研究，我国秋季降水的南北降水距平分布形势与 ENSO 有密切关系，El Niño 年我国秋季降水出现南多北少分布型（S 型）的频率增加近 20%，La Niña 年出现南多北少分布型（S 型）的频率减少 20%；El Niño 年和 La Niña 年我国秋季降水的距平分布有显著差异，并且这种显著差异主要表现在长江南北、西北和河套地区。董婕等的研究也得到相似的结论，当赤道东太平洋海温偏高（El Niño）时，我国秋季北方降水偏少、南方降水偏多，往往出现北少南多型（S 型）；反之，赤道东太平洋海温偏低出现 La Niña 时，则常常出现北多南少型（N 型）。冬季，El Niño（La Niña）事件发生时，我国降水容易出现北少南多分布型（北多南少分布型），长江以北大部分地区降水偏少（多），长江以南大部分地区降水偏多（少）。而在春季，赤道东太平洋海温偏高（低）出现 El Niño（La Niña）时，我国东部大部分地区降水偏多（少），尤其华北中南部、黄河流域和华南南部偏多（少）的可能性更大。

从形成机理来看，El Niño 年，由于赤道西、东太平洋海表温差减小，纬向 Walker 环流减弱，东太平洋经向 Hadley 环流增强。但西太平洋海温偏低，Hadley 环流减弱，大气对流活动减弱，西太平洋副高势力较常年增强、位置偏南，导致东亚夏季风偏弱，主要雨带和风带也偏南，因此形成夏秋季南涝北旱的降雨分布型，即北方地区尤其华北地区夏秋季降水和年降水比常年减少，而江南地区降水比常年增多；并且在 El Niño 年的冬季，东亚冬季风也减弱，而青藏高原南侧的南支西风很强、扰动活跃，引起青藏高原上大量降雪和华南地区降水偏多。而 La Niña 年则相反，赤道东太平洋海温降低，西太平洋暖池势力增强，Hadley 环流增强，西太平洋副高势力减弱但位置比常年偏北，夏季风（东南季风和西南季风）势力也较常年增强，对我国天气气候的影响主要表现在夏季汛期的主要降雨带北移，有利于华北、黄河中游一带的降雨；冬季风也较常年强，青藏高原南侧的南支西风偏弱、扰动少，使得冬季中国大陆降水比常年偏少。

2. ENSO 与中国气温

通常在 El Niño 现象发生的当年，我国的夏季风较弱，季风雨带偏南，位于我国中部或长江以南地区，因此，我国北方地区夏季往往容易出现干旱、高温。如 1997 年强 El Niño 发生后，我国北方的干旱和高温十分明显。但是，在 El Niño 年，我国东北地区常常发生明显的夏季低温，东北地区的 6 次严重夏季低温年（1954 年、1957 年、1964 年、1969 年、1972 年和 1976 年）大都与 El Niño 有关。据王绍武、朱宏研究，中国东北地区只是东亚夏季低温区的西南部分。但从 20 世纪 80 年代以后，由于全球气候变暖，海洋水温升高，尽管 El Niño 事件频率加快，东北地区发生夏季低温的频度却在降低。此外，在 El Niño 现象发生后的冬季，东亚大槽强度比常年偏弱，东亚极锋锋区位置较常年偏北，不利于寒潮爆发，冷空气活动减弱，中国东部大部分地区温度相对常年偏高，容易出现暖冬，如 1950 年以来的 15 次 El Niño 事件中有 14 次是暖冬，占 93%。总之，在 El Niño 年份，中国容易出现冬暖夏凉。

在 La Niña 年份，我国东北地区如沈阳、长春和哈尔滨等地夏季气温往往较常年偏高，出现热夏；而冬季，因冬季风和东亚大槽强度比常年偏强，寒潮活动频繁，东亚地区尤其黄河流域大部、长江中下游及我国东南沿海一带出现冷冬的可能性较大。

3. ENSO 对台风的影响

中国是世界上台风登陆最多的国家。据统计，1949—1997 年，亚太地区 7—9 月的登陆台风有 753 个，而在中国登陆的就有 347 个，占 40% 多。目前广东是中国登陆台风最多、强度最大、形成灾害最严重的省份，而海南、台湾、福建也是台风登陆重点地区。

登陆中国台风次数与台风源地海水温度有一定关系。El Niño 年，由于西太平洋海温比常年偏低，空气对流活动减弱，而且横贯在太平洋上的副热带高压位置偏南，紧靠着副热带高压南侧的热带辐合带的位置也偏南，因此，El Niño 现象发生后，西北太平洋（包括南海）热带风暴的发生个数及在我国沿海登陆个数均比常年减少。反之，在 La Niña 期间，西太平洋台风数及登陆我国的台风数较常年偏多。由表 5 - 1 可知，在 El Niño 年，西太平洋台风数和登陆中国的台风数分别平均为 26.1 个和 6.7 个，较正常年份少；而 La Niña 年则偏多，平均分别为 30.5 个和 9.3 个。

表 5 - 1　　西太平洋台风数及登陆中国的台风数与 ENSO（1950—1989 年）

发生年份	台风发生个数/个			登陆中国台风数/个		
	平均值	最多值	最少值	平均值	最多值	最少值
El Niño 年	26.1	33	20	6.7	9	4
正常年	28.1	35	22	8.0	12	5
La Niña 年	30.5	40	23	9.3	12	5
40a 平均	28.2			8.0		

参 考 文 献

［1］ 冯士筰，李凤岐，李少菁. 海洋科学导论［M］. 北京：高等教育出版社，1999.

［2］ 傅刚. 海洋气象学［M］. 青岛：中国海洋大学出版社，2018.

［3］ 许武成. 水文灾害［M］. 北京：中国水利水电出版社，2018.

［4］ 许武成，马劲松，王文. 关于 ENSO 事件及其对中国气候影响研究的综述［J］. 气象科学，2005，25（2）：212－220.

［5］ 许武成，王文，马劲松，等. 1951—2007 年的 ENSO 事件及其特征值［J］. 自然灾害学报，2009，18（4）：18－24.

第六章 海洋资源与开发

由于世界人口的增长、经济的迅猛发展，陆地资源日渐短缺，占地球面积 70.8% 的海洋，以其辽阔的空间和丰富的资源吸引了人们的目光，为人类社会实现可持续发展提供了物质基础。

第一节 海洋资源的概念、属性与功能

一、基本概念

（一）资源与自然资源的概念

1. 资源（resources）

什么是资源？《辞海》对资源的解释是："资财的来源，一般指天然的财源。"联合国环境规划署对资源的定义是："所谓资源，特别是自然资源是指在一定时期、地点条件下能够产生经济价值，以提高人类当前和将来福利的自然因素和条件。"上述两种定义只限于对自然资源的解释。马克思在《资本论》中说："劳动和土地，是财富两个原始的形成要素。"恩格斯的定义是："其实，劳动和自然界在一起它才是一切财富的源泉，自然界为劳动提供材料，劳动把材料转变为财富。"（《马克思恩格斯选集》第四卷，第373页，1995年6月第2版。）马克思、恩格斯的定义，既指出了自然资源的客观存在，又把人（包括劳动力和技术）的因素视为财富的另一不可或缺的来源。可见，资源的来源及组成，不仅是自然资源，而且包括人类劳动的社会、经济、技术等因素，还包括人力、人才、智力（信息、知识）等资源。据此，所谓资源指的是一切可被人类开发和利用的物质、能量和信息的总称，它广泛地存在于自然界和人类社会中，是一种自然存在物或能够给人类带来财富的财富。或者说，资源就是指自然界和人类社会中一种可以用以创造物质财富和精神财富的具有一定量的积累的客观存在形态，如土地资源、矿产资源、森林资源、海洋资源、石油资源、人力资源、信息资源等。

2. 自然资源（natural resources）

《辞海》中把自然资源定义为："一般指天然存在的自然物，不包括人类加工制造的原料。如土地资源、水资源、生物资源和海洋资源等，是生产的原料来源和布局场所。"这个定义强调了自然资源的天然性。

联合国环境规划署指出："自然资源是指一定时间条件下，能够产生经济价值以提高人类当前和未来福利的自然环境因素的总称。"可见这个定义是非常概括和抽象的。

大英百科全书中自然资源的定义是：人类可以利用的自然生成物，以及生成这些成分的环境功能。前者包括土地、水、大气、岩石、矿物、生物及其积聚的森林、草场、矿

床、陆地和海洋等；后者为太阳能、地球物理的循环机能（气象、海洋现象、水文、地理现象）、生态学的循环机能（植物的光合作用、生物的食物链、微生物的腐败分解作用等）、地球化学的循环机能（地热现象、化石燃料、非燃料矿物生成作用等）。这个定义明确指出环境功能也是自然资源。

我国的一些学者认为：自然资源是指存在于自然界中能被人类利用或在一定技术、经济和社会条件下能被利用作为生产、生活原材料的物质、能量的来源。

尽管以上对自然资源理解的深度与广度不同，文字描述各异，但概括起来自然资源有以下特征：

（1）自然资源是自然过程所产生的天然生成物，它与资本资源、人力资源的本质区别在于其天然性。但现代的自然资源中又或多或少地包含了人类世世代代劳动的结晶。

（2）任何自然物之所以成为自然资源，必须有两个基本前提：人类的需要和开发利用的能力。否则，就不能作为人类社会生活的"初始投入"。

（3）自然资源的范畴随着人类社会和科学技术的发展而不断变化。人类对自然资源的认识，以及自然资源开发利用的范围、规模、种类和数量，都是不断变化的。同时还应指出，现在人们对自然资源已不再一味地索取，而且注重保护、治理、抚育、更新等。

（4）自然资源与自然环境是两个不同的概念，但具体对象和范围又往往是同一客体。自然环境是指人类周围所有的客观自然存在物，自然资源则是从人类需要的角度来认识和理解这些要素存在的价值。因此，有人把自然资源和自然环境比喻为一个硬币的两面，或者说自然资源是自然环境透过社会经济这个棱镜的反映。通过对自然资源的认识与对开发史的考察，可以说"环境就是资源"。

综上所述，自然资源是一定社会经济技术条件下，能够产生生态价值或经济效益，以提高人类当前或可预见未来生存质量的自然物质和自然能量的总称。换言之，自然资源是人类能够从自然界获取以满足其需要与欲望的任何天然生成物及作用于其上的人类活动的结果，或可认为自然资源是人类社会生活中来自自然界的初始投入。从系统角度看，自然资源是由一系列基本单元和不同层片构成的一个极其复杂的多维结构网络体，它以一定的质和量分布在一定地域，且按一定规律在四维时空发展变化。

（二）海洋资源（marine resources）的概念

相对陆地资源来讲，海洋资源是指来源、形成与存在方式与海洋或海水有关的资源，即海洋中和海岸带一切能够被人类开发利用的物质、能量和空间的总称，通常包括海洋生物资源、海洋化学资源、海洋矿产资源、海洋动力资源和海洋空间资源。人们对海洋资源的理解是随着科学技术不断进步，对海洋认识不断深入而变化的。在国内外专业文献和一些专门著作中，海洋资源的概念通常有狭义和广义之分。

从狭义上说，海洋资源指的是能在海水中生存的生物（包括人工养殖）；溶解于海水中的化学元素和淡水；海水运动，如波浪、潮汐、海流等所产生的能量；海水中贮存的热量；深海底所蕴藏的资源，特别是海底的各种矿产资源；以及在深层海水中所形成的压力差、海水与淡水之间所具有的浓度差等。总之，海洋资源指的是与海洋水体本身有着直接关系的物质和能量。

从广义上说，除去上述所指的物质和能量之外，还把水产资源的加工，海洋上空的风，海底地热，乃至于港湾，沟通地球上各大陆的海上航运，在海上建设的工厂、城市，海底隧道，海底电缆，海底贮气液罐，海滨浴场、海洋娱乐场所（驶帆、钓鱼、潜水），海中公园，水下观光设施，海上飞机场，海中通信等都包括在海洋资源之内。总之，一切海洋空间的利用都属于此列。也就是说，不论是水体本身还是空间利用，凡是可以创造财富的物质、能量以及设施、活动，都可称之为海洋资源。

二、海洋资源的属性

海洋资源同时具有自然属性和经济属性，从这个意义上说，海洋可以称为自然-经济综合体。

（一）海洋资源的自然属性

1. 海洋资源数量的有限性

海洋资源是地球特定地域空间——海洋中存在的资源，海洋地域再大再广也是有限的，因此海洋上、海洋中存在的物质与能量在一定时间内也是有限的。海洋中的石油、天然气以及其他金属矿产资源是在漫长地质历史时期形成的，开发利用后，恢复缓慢，与人类的开发使用速度相比几乎是不能"再生"的，因而被称为非再生资源。对海洋的可再生资源来讲，人类过度开采也会导致其迅速衰竭。人口增长，使得人类对海洋资源的依赖逐步加大，这将愈加突显海洋资源的稀缺。不同国家对海洋资源不均等占有，往往使得富国越富、穷国越穷。

2. 海洋资源介质的流动性

海水处于永无休止的运动状态。溶解于海水中的物质随着海水的流动而迁移；污染物也经常随着海水的流动在大范围内移动和扩散；部分鱼类和其他海洋生物也具有洄游的习性。这些海洋资源的流动，使人们难以对这些资源进行明确而有效的占有和划分。世界海洋是连成一个整体的，鱼类的洄游无视人类森严的疆界而四处闯荡，此种资源的开发，在不同的国家间产生了利益和产权责任分配问题。污染物的扩散和迁移，造成归属海域和领海国家的损失，甚至引起国际纠纷。这些都需要世界各国紧密配合、相互支持、谋求合作共赢。

3. 海洋资源的不可复制性

海域与海域之间自然环境、地理位置等因素的不同，造成各海域性能的独特性和差异性，因此，即使在同一片海域，海洋资源的差异性还是很明显的，其资源的功能效用也不相同。这体现出海洋资源的不可替代性和复制性。

4. 海洋资源环境的脆弱性

海洋水系是一个统一整体，各个水域的分布不同，潮间带和近海水域水层浅、变换慢、环境复杂、海水自净能力差，一旦受污染，容易引发病害，并能迅速蔓延整个海域，直接影响海洋渔业，同时也会对旅游业、人文景观以及人类的身体健康造成危害。如海上石油开采过程，有导致海洋大面积污染的风险；海洋渔业捕捞有产生渔业资源枯竭的风险等。海底矿产的开采会影响海底生态系统的健康存在，这种影响是否一定会构成风险，人们还没有清晰的认识，所以在海底矿产开发过程中，也没有相对完善的预防预警措施，而这一类问题一旦产生，后果将很难预料。

5. 海洋资源空间分布复杂性

海洋资源的分布在空间区域上复杂程度较高，各海域有各自不同的资源分布并构成各具有特色的海洋资源区域，例如大陆架的石油资源，国际海底区域的铀矿资源。海洋表面、海洋底部都广泛分布着各种资源，立体性强。另外，在同一片海区也会存在着多种资源。海洋资源区域功能的高度复杂性，使得海洋资源的开发效果明显，响应速度快，这样为合理选择开发方式增加了困难，要求必须强调综合利用，兼顾重点。

（二）海洋资源的经济属性

1. 海洋资源供给的稀缺性

海洋资源数量的有限性和海水介质的流动性决定了海洋资源供给的稀缺性，就像商品一样，如果生产得少，用的人多，就会导致供不应求。可见，海洋资源的稀缺性在特定时期和特定海区才能表现出来，由此可以引申出海洋资源利用的制约性。不同的海区，不同的条件，导致海洋资源的用途有所不同，而一种用途向另一种用途的变更同样受到诸如地理位置、地形、地貌特征等因素影响，从而使得这种用途的海洋资源供给在一定区位、一定时期变得稀缺。

2. 海洋资源用途的可转换性

海洋资源可以有很多用途，而且在不同的用途间可以相互转换。如海岸带资源经开发为农用地、养殖用地、房地产用地、海洋旅游休闲用地、港口用地、临海工业用地；在一定条件下，这些海岸带资源和海水资源的用途之间可相互转换交替使用。因此，要妥善保护好海洋资源，通过改变海洋资源用途来调整具体海区某种类型海洋资源的供求状况。

3. 海洋资源产权的模糊性

对于海洋资源而言，法律明确规定所有权归国家所有。但是，长期以来国家所有权缺乏人格化的代表，在实际的经济运行中是虚化模糊的，表现在其所有权和使用权的泛化和管理的淡化上，实际上是"谁发现、谁开发、谁所有、谁受益"。在产权不具有排他性的情况下，对海洋资源的开发、利用和保护的权责利关系就无法确定。海洋资源所有权代表地位模糊，各种产权关系缺乏明确的界定，造成沿海各个利益主体之间经济关系缺乏协调。同时，海洋资源的流动性又决定了海洋资源产权的模糊性。如海洋渔业资源具有洄游性，除领海和专属经济区外，海洋的极大部分没有划分国界，即使是在一国的领海，或跨区域的河流，一般也没有明显的省、市或州等界线，因此在某一水域中，渔业资源产权归属仍具有模糊性。

4. 海洋资源的公共性（共享性）

就海洋资源的属性来看，它同样具有商品性和公共产品性两个特征，尤其是其公共产品性表现得更加明显。海洋作为一个连通的整体，任何一个国家或地区均不能独占海洋资源，这与陆地有很大的不同。如大多数海洋鱼类属于捕获者，这一点与内陆的养殖鱼类，在其进入市场完成交易之前只属于养殖者有着很大的区别。海洋资源具有较强的非竞争性、非排他性和共享性，比如，海洋水体可以用于泊船、航行、捕鱼、养殖、排污等，可供多个开发主体共同开发利用。海洋资源的公共性，一方面体现了国家性，表现为国家管辖海域内的自然资源通常属于国家所有，在海洋资源的管理中必须在国家有关法律、法规框架内，运用适当的公共产品管理手段进行管理，如海洋的空间资源。另一方面则体现了国际性，国际海洋法明文规定国际水域资源属于全人类所有，使各国在海洋资源的开发活动中，容易产生一定的利益关系或利益冲突，以海洋资源问题为中心的国际争端则是常年不休，这就亟待寻求一种共同的准则以协调利益、责任、义务的分配和履行。

三、海洋资源的功能

（一）养育功能

海洋中的许多动物和植物可以食用，是潜力极大的优质食物宝库。已知全世界海洋中生物种类 20 多万种，其中鱼类约 1.9 万种，甲壳类约 2 万种。海洋为人类提供食物的能力是每年约生产 $1.35×10^{11}$ t 有机碳，在不破坏生态基本平衡的情况下，每年可提供 $3×10^9$ t 水产品，如按成人每年所需食用量计算，至少可供 300 亿人食用。海洋中还有大量天然植物资源有待开发利用，近海水域还可以变成人工海上农牧场，成为大规模食品生产基地。

（二）承载功能

海洋不仅为人类提供了航运、捕捞、养殖空间，而且还提供了人类发展所需要的海上城市、海上工厂、海上电站、海上娱乐场、海底隧道、海底仓库、海洋牧场等新兴海洋工程建设空间。利用海洋的立体空间和自然环境优势，开发建设可供人类长期居住、生产、生活、娱乐和科研等日常性活动的场所，是人类从陆地迈向海洋的关键一步，也是利用海洋资源的核心内容。发展海上城市是近年来海洋资源利用进展中可行的研究项目，是海洋对人类生存空间的"无限"价值体现。

（三）仓储功能

海洋矿产资源主要来自地壳，是地壳中具有开采价值的物质，如海洋石油、天然气以及钛铁、金刚石、铌铁、琥珀砂等。这些矿产资源蕴藏在海底，海洋为其仓库。富含矿产资源的海洋，即工矿用海，不仅为矿产资源提供仓储场所，而且也为矿产资源的开采、加工等提供场所。海洋资源的仓储功能还体现为海底货场、海底仓库、海上油库、海洋废物处理场等。

（四）景观功能

景观意义上的海洋是一种环境资源，具有景观功能的海洋价值在于舒适性和美学价值。风景旅游用海、自然保护区用海就是发挥海洋景观功能的海洋资源利用方式，如海洋公园、海滨浴场、海上运动区、岩礁岸滩、珊瑚礁、红树林、海岛景观、海滨沙滩、深海环境等。

第二节　海洋资源的分类与分布

一、海洋资源的分类

海洋辽阔广大，资源种类多样、储量丰富，从而有"蓝色的聚宝盆"之美誉。为了加强海洋资源的开发利用与管理，有必要对内容十分繁杂的海洋资源进行系统的、科学的分类。海洋资源从不同的角度、按不同的标准，有着各种各样的分类方法。目前代表性分类方法主要有以下几种。

（一）按照资源属性分类

海洋资源根据资源属性通常分为海洋生物资源、海洋化学资源、海洋矿产资源、海洋动力资源和海洋空间资源五类。

1. 海洋生物资源

海洋是生物资源的宝库，有 20 多万种生物生活在海洋中，其中海洋植物约 10 万种，已知鱼类约 1.9 万种，甲壳类约 2 万种。许多海洋生物具有开发利用价值，为人类提供了丰富资源。

海洋生物资源又称海洋水产资源，是指海洋中蕴藏的经济动物和植物的群体数量，是有生命、能自行增殖和不断更新的海洋资源。其特点是通过生物个体种和种下群的繁殖、发育、生长和新老替代，使资源不断更新，种群不断补充，并通过一定的自我调节能力达到数量相对稳定。在有利条件下，种群数量能迅速扩大；在不利条件下（包括不合理的捕捞），种群数量会急剧下降，资源趋于衰落。

依据不同的分类标准，对海洋生物进行分类的方法很多。按生物学特征分类，海洋生物资源分为海洋植物资源、海洋动物资源和海洋微生物资源；按系统分类，生物学上海洋生物资源分为鱼类资源、无脊椎动物资源、脊椎动物资源和海藻资源；按生态类群分类，海洋生物根据其生活习性可分为浮游生物、游泳生物和底栖生物三大生态类群；按资源利用的类型海洋生物资源分为水产资源、观赏资源、工业资源、药用资源和生物遗传基因资源；按海洋资源分布的海域海洋生物资源可分为滩涂生物资源、近海生物资源和远洋生物资源。据统计，中国近海已确认 20278 种海洋生物，隶属 5 个界，44 个门，其中有 12 个门属于海洋所特有。海洋中鱼类有近 2 万种，我国已记录的 3802 种鱼，海洋鱼占 3014 种，具有经济开发价值的约有 150 种，甲壳类动物共有 25000 多种；藻类共有 10 门 10000 多种，人类可以食用的海藻有 70 多种，现在人们已经知道海洋中的 230 多种海藻含有维生素，240 多种生物含有抗癌物质；软体动物也是海洋生物中种类最繁多的一个门类，其中许多种类具有重要的经济价值。随着人们对海洋研究的深入，海洋将为人类提供更多的食物及药物，还可以提供大量、多种重要的工业、化工原材料，推动社会进步发展。

2. 海洋化学资源

海洋化学资源是指海水资源和海水化学资源的总称。海水是一种成分复杂的混合溶液，海水总体积中，96％～97％是水，3％～4％是溶解于水中的各种化学元素和其他物质。海水资源的利用包括海水的直接利用和海水淡化利用两个方面。海水直接利用是指以海水为原水，直接替代淡水作为工业用水或生活用水等海水利用方式的统称。

海水淡化指运用物理、化学等方法，从海水中直接提取淡水或去除海水中的盐分以获得淡水的技术及其工艺过程。20 世纪 50 年代，海水淡化已进入商业化生产阶段。如今在波斯湾沿岸的科威特、沙特阿拉伯等国以及一些孤立的海岛，淡化水已成为当地主要的或唯一的淡水来源。随着科学技术的发展，淡化水作为一种新水源，正在显示出独特的优势和良好的开发前景。

海水化学资源是指海水中所含的大量化学物质。海水中储量可观的化学元素有 80 多种，已有 70 多种可以提取，形成工业规模的产品主要有食盐、镁、溴、碘等。

3. 海洋矿产资源

海洋矿产资源，又名海底矿产资源，是海滨、浅海、深海、大洋盆地和大洋中脊底部的各类矿产资源的总称。海洋矿产资源按矿床成因和赋存状况分为：①砂矿，主要来源于陆上的岩矿碎屑，经河流、海水（包括海流与潮汐）、冰川和风的搬运与分选，最后在海滨或陆架区的最宜地段沉积富集而成，如砂金、砂铂、金刚石、砂锡与砂铁矿，及钛铁石与锆石、金红石与独居石等共生复合型砂矿；②海底自生矿产，由化学、生物和热液作用等在海洋内生成的自然矿物，可直接形成或经过富集后形成，如磷灰石、海绿石、重晶石、海底锰结核及海底多金属热液矿（以锌、铜为主）；③海底固结岩中的矿产，大多属于陆上矿床向海下的延伸，如海底油气资源、硫矿及煤等。在海洋矿产资源中，以海底油气资源、海底锰结核及海滨复合型砂矿经济意义最大。

4. 海洋动力资源

海洋动力资源是指海水运动产生的能量，主要指海水运动过程中产生的潮汐能、波浪能、海流能及海水因温差和盐度差而引起的温差能与盐差能等。它既不包括存于海底的矿产能源，也不包括溶于海水中的铀、镁、重水等化学能源资源。海洋动力资源具有储量大、无污染、廉价和可再生等优点。据估计，全世界海洋波浪能 700 亿 kW、潮汐能 30 亿 kW、温度差能 20 亿 kW、海流能 10 亿 kW、盐度差能 10 亿 kW。

5. 海洋空间资源

海洋空间资源是指可供人类利用的海洋三维空间，由一个巨大的连续水体及其上覆大气圈空间和下伏海底空间三大部分组成。其主要分为海上空间资源、海中空间资源和海底空间资源三类。海上空间资源又包括港口、海滩、潮滩、湿地等，可用于运输、工业、农业、城镇、旅游、科教、海洋公园等许多方面；海中空间资源包含海面和海洋水层两方面，包括国际、国内海运通道及建设海上人工岛、海上飞机场、水上观光旅游、人工渔场等；海底空间资源包括海底隧道、海底居住区和观光娱乐区、海底通信枢纽、海底运转通道等。海洋覆盖地球 2/3 以上的表面积，拥有广阔的空间资源。

（二）朱晓东等在《海洋资源概论》中的分类

朱晓东等在《海洋资源概论》中按照海洋资源自然属性划分，将海洋资源分为海洋物质资源、海洋空间资源和海洋能源资源三大类。

1. 海洋物质资源

海洋物质资源包括海洋非生物物质资源和海洋生物物质资源两个子类。海洋非生物物质资源主要由海水资源和矿产资源组成。海洋矿产资源中，海底石油天然气是海洋中最重要的矿产资源，其产量占世界油气总量的近 1/3，而储量则是陆地的 40%。金属和非金属砂矿可用于冶金、建材、化工等，海底煤矿可以弥补陆地煤矿的日益不足。大洋多金属结核和海底热液矿床中的锰、镍、铜、钴、镉、锌、钒、金等元素是陆地上稀缺的金属资源。虽然海底石油气等化石资源通过地质的变化和生物的作用还在缓慢地形成，海水始终在水圈中循环，但对于人类某一个世代来说，海洋非生物物质资源是不可再生的资源。

海洋生物物质资源则由海洋植物资源、海洋无脊椎动物资源、海洋脊椎动物资源组成。海洋藻类资源种类繁多，常见的有海带、紫菜、裙带菜、鹿角菜等，可以广泛用作食物、药物、化工原料、饲料和肥料等；海洋无脊椎动物资源包括贝类、甲壳类、头足类及海参海蜇等,是优质的食物、饲料和饵料。海洋脊椎动物资源主要包括鱼类和海龟、海鸟和海兽等。

海洋生物物质资源是可再生资源,这点可由生物资源的生命力和自我更新能力证明,只要不破坏生态系统物种可以延续。开发利用可再生资源的关键问题是如何合理利用,在开发利用中为生物保留完成生命过程的充分时间和空间,适当地安排开发的强度和频度是合理利用的核心。

2.海洋空间资源

海洋空间资源包括海岸与海岛空间资源、海面空间资源、海洋水层空间资源和海底空间资源。海岸与海岛空间包括港口、海滩、潮滩、湿地等可用于运输、工业、农业、旅游、科教、海洋公园等的空间。海面空间包括国际国内海运通道、可建设海上人工岛、海上机场、工厂和城市等的空间,也为海上旅游体育运动和军事试验演习提供了广阔的空间。海洋水层空间是指可供潜艇和其他民用水下交通工具运行的空间,也可以开发水层观光旅游和体育运动,还可用作人工渔场等。海底空间资源是指可建设海底隧道、海底居住和观光、海底通信线缆、海底运输管道的空间,海底列车、海底城市和海底倾废场所等,都需占用海底空间资源。海洋空间资源的利用要关注海洋环境的保护,避免使海洋环境要素减少、质量降低,破坏其环境效能,造成海洋生态平衡的破坏。同时,还要注意防止开发利用活动直接或间接向环境排放超过其自净能力的物质或能量,造成海洋环境污染。因而,海洋空间资源的开发应注意使海洋空间资源利用的结构合理化,保持环境要素处于平衡状态。

3.海洋能源资源

海洋能源资源包括潮汐能、波浪能、海流能、海水温差能、海水盐度差能等。蕴藏在海水中的这些形式的能量均可通过技术手段转为电能,为人类服务。海洋能源资源是不枯竭的无污染能源,属于恒定资源,在自然界中大量存在、永不衰竭。但是人类对此类资源的利用还很有限,需要通过立法等手段加强对这类新兴能源和海洋资源的管理。

(三)其他分类

(1)按照资源有无生命,海洋资源可分为海洋生物资源和海洋非生物资源两类。生活在海洋中的一切动植物都属于生物资源。而那些无生命的矿物、化学元素、能量、空间等都属于非生物资源。

(2)按照资源能否再生,海洋资源可分为海洋可再生资源和海洋不可再生资源两类。海洋中的动植物、海洋能、海水淡化和化学元素提取等资源再生能力较快,只要合理利用,短时间内就能得到恢复,因而被称为海洋可再生资源。而海洋中的石油、天然气和固体矿产资源,是在漫长的地质历史中形成的,开采一点儿就少一点儿,即使恢复,也十分缓慢。在人们短短的一生中,它们几乎不能"再生",因而被称为不可再生资源。

(3)按照资源所处的地理位置划分,海洋资源分为海岸带资源、海域资源、海岛资源、极地资源等。

(4)按照海洋资源的空间层次划分,海洋资源分为海上海洋资源、海中海洋资源、海底海洋资源。

(5)按照海洋资源的依赖关系,海洋资源分为主体性资源与依属性资源两大类。主体性资源是构成海洋本体的各种资源，包括海域资源、海岛资源、海洋矿产能源资源、滩涂湿地及盐田资源；依属性资源是依附于海洋主体性资源而存在的海洋资源，包括海洋生物资源、海洋新能源、海洋景观资源、港口岸线资源。

二、海洋资源的分布规律

海洋资源的形成和分布受自然规律的支配，具有广泛性和不均衡性，通常两者是矛盾统一体。海洋资源分布规律和海洋资源开发利用的关系非常紧密。海洋资源只有得到人类社会的开发利用，才能产生经济价值并充分发挥海洋资源促进国民经济发展的作用；同时海洋也只有在充分认识和掌握自然资源分布规律的前提下，才能采取有效措施，合理地开发利用海洋资源，达到最大的经济效果。由于海底地貌的变化很大，坡度也不一样，因此在不同地区形成的沉积矿产、分布的生物资源等，不仅种类有别，而且具有各自的特点。

不同类型的海洋资源，在海洋中有着不同的分布规律。海水及海水化学资源分布在整个海洋的海水水体中；海洋生物资源也分布于整个海洋的海床和海水水体，但以大陆架的海床和海水水体为主；海洋固体矿产资源的滨岸砂矿分布于大陆架的滨岸地带，结核、结壳及热液硫化物等矿场分布于大洋海底；海洋油气资源分布于大陆架；海洋能资源分布于整个海洋的海水水体中；海洋空间资源和海洋旅游资源分布于海洋海水表层、整个海洋的海洋水体及海底底床附近。

1. 海岸带海洋资源的分布

海岸带是指海陆之间相互作用，每天受潮汐涨落海水影响的潮间带（海涂）及其两侧一定范围的陆地和浅海的海陆过渡地带。现代海岸带由潮上带、潮间带和潮下带三部分组成。潮上带又称海岸，是指高潮线以上狭窄的陆地，大部分时间裸露于海水面之上，仅在特大高潮或暴风浪时才被淹没。潮间带又称海滩，是指高低潮之间的地带，高潮时被水淹没，低潮时露出水面。潮下带又称水下岸坡，是指低潮线以下直到波浪作用所能达到的海底部分，其下限相当于 1/2 波长的水深处，通常水深为 10～20m。

海岸带往往拥有丰富的土地资源——海涂，蕴藏有潮汐能、盐差能、波浪能等可再生海洋能，以及大量可供开采的煤、铁、钨、锡、砂砾矿，和稀有矿物金红石、金、金刚石等，它们是被陆地河流搬运到海中后，又被潮流和海浪运移、分选和集中而成的。海岸河口水域饵料丰富，是大量鱼类生长和孵化的场所。海岸带还拥有丰富的生物资源和旅游资源，同时又是国防的前哨和海运的基地。

2. 大陆架海洋资源分布

大陆架海洋资源包括分布在大陆架上的、可以被人类利用的物质、能量和空间。大陆架上繁茂的生物，如珊瑚、藻类、有孔虫等可形成生物沉积。大陆架水浅，光照条件好，海水运动强烈，营养盐丰富，已经成为最富饶的海域，具备海洋生物生长和繁殖的良好环境，既是重要的渔场，又是海水养殖的良好场所。目前世界上海洋食物资源的 90% 来自大陆架和邻近海湾。大陆架还有丰富的矿产资源，已发现的有石油、煤、天然气、铜、铁等 20 多种矿产。此外，滨海矿砂以及用作建筑材料的砂砾石也取于大陆架。

大陆架海域拥有丰富的有机质。大陆河流把许多无机盐类带入海中，促使海洋浮游植物繁殖，成为浮游生物和鱼类繁殖的重要场所。据测定，大陆架沉积物中有机质的含量要比大洋多 10 倍。

大陆架是海底沉积作用发育的地带，地形有利于物质的沉积，其沉积类型和特征受环境因素制约。大陆架边缘常有与岸线平行的地壳隆起带，隆起带的内侧是地壳沉降带，形成一个能充填沉积物的盆地。隆起带将河流入海泥沙拦截，因此在内侧盆地可以形成 1～2km 厚的沉积层，这里富有多种沉积矿床，如海绿石、磷钙石、硫铁矿、钛铁矿、石油和天然气等。据计算，只要充分开发大陆架上的资源，人类就可以受用不尽。大陆架的地势多平坦，其海床被沉积层所覆盖，是人类向海上发展首当其冲的开发区。

3. 大陆坡海洋资源分布

大陆坡海域离大陆较远，海洋状况比较稳定，水文要素的周期变化难以到达海底，底层海水运动形式主要是海流和潮汐，沉积物主要是陆屑软泥。整个大陆坡的面积，约有 25％覆盖着沙子，10％是裸露的岩石，其余 65％盖着一种青灰色的有机质软泥。由于河流径流和海洋作用，陆坡沉积物中含有丰富的有机质，陆坡上有巨厚沉积层的地方具有良好的油气远景。陆坡区尚有锰结核、磷灰石、海绿石等矿产。在陆坡一些上升流区，可形成渔场。

4. 大陆基海洋资源分布

大陆基跨越大陆坡坡麓和大洋底，是由沉积物堆积而成的沉积体，其动力作用以浊流为主。大陆基是接受陆坡上下滑的沉积物的主要地区，表面坡度较小，沉积物厚度一般巨大，有时可达数千米，经常以深海扇的形式出现。这种巨厚沉积是在贫氧的底层水中堆积的，富含有机质，具备生成油气的条件。因而这里也有着丰富的海底矿产，不仅有石油、硫、岩盐、钾盐，还有磷钙石和海绿石等，而且还是良好的渔场。富含沙质的大陆基很可能是海底油气资源的远景区。

5. 大洋底海洋资源分布

大洋底是大洋的主体，由大洋中脊和大洋盆地两大单元构成，位于大陆边缘之间。大洋底是潜在的矿产资源开发区，广大大洋底分布深海黏土沉积、钙质软泥沉积和硅质软泥沉积。深海动力作用以海流（底流）和火山等地质活动为主，深海海底蕴藏着锰结核和含金属沉积物，还有红黏土、钙质软泥、硅质软泥等。锰结核是一种重要的深海矿藏，分布广，密度大，在太平洋底就有 1500 亿 t，某些地方锰结核的密度甚至达到 9000t/km^2，而且大约每年还以 1000 万 t 的速度在继续生成。锰结核平均含锰 35％、铜 2.5％、镍 2％、钴 0.2％。矿床位于水深 2000m 的海底，金属储量约 1 亿 t，包括 29％的铁、2％～5％的锌、0.3％～0.9％的铜、60ppm 的银和 0.5ppm 的金。

三、世界海洋资源分布概况

1. 太平洋海洋资源分布

太平洋是世界上最大的洋，位于亚洲、大洋洲、美洲和南极洲之间，总面积为 17967.9 万 km^2，平均深度为 4028m，最大深度为 11034m，体积为 72369.9 万 km^3。太平洋中有许多海洋生物，目前已知浮游植物 380 余种，主要为硅藻、甲藻、金藻、蓝藻等；底栖植物由多种大型藻类和显花植物组成。太平洋的海洋动物包括浮游动物、游泳动物、底栖动物等，总的数量尚未有明确统计数据。太平洋的许多海洋生物具有开发利用价值，成为水产资源最丰富的洋。太平洋的渔获量每年在（3500～4000）万 t 之间，占世界海洋渔获总量的一半左右。主要渔场在西太平洋渔区，即千岛群岛至日本海一带、中国的舟山渔场、秘鲁渔场、美国—加拿大西北沿海海域，年鱼产量近 2000 万 t。

太平洋也有丰富的矿产资源。目前，矿产资源勘探开发工作主要集中在大陆架石油和天然气、滨海砂矿、深海盆多金属结核等方面。目前的主要产油区包括美国加利福尼亚沿海、新西兰库克湾、日本西部陆架、东南亚陆架、澳大利亚沿海、南美洲西海岸以及中国沿海大陆架。滨海砂矿的分布范围：金、铂砂主要分布太平洋东海岸的俄勒冈至加利福尼亚沿岸，以及白令海和阿拉斯加沿岸；锡矿主要分布在东南亚各国沿海，其中主要在泰国和印度尼西亚沿海；印度和澳大利亚沿海是钻石、金红石、钛铁矿最丰富的海区；中国沿海共有 10 余条砂矿带，有金刚石、金、锆石、金红石等多种砂矿资源。另外，日本、中国和智利大陆架上都有海底煤田。在深海盆区有丰富的多金属结核，主要集中在夏威夷东南的广大区域，总储量估计有 17000 亿 t，占世界总储量的一半。

2. 大西洋海洋资源分布

大西洋是地球上的第二大洋，面积约 9336.3 万 km²。大西洋位于欧洲、非洲和南北美洲之间，自北至南约 1.6 万 km，东西最短距离为 2400 多千米。大西洋的生物分布特征：底栖植物一般分布在水深浅于 100m 的近岸区，其面积约占洋底总面积的 2%；浮游植物共有 240 多种，主要分布在中纬度地区；动物主要分布在中纬度区、近极地区和近岸区，其中哺乳动物有鲸和鳍脚目动物，鱼类主要以鲱、鳕、鲈、鲽科为主。大西洋的生物资源开发很早，渔获量曾占世界各大洋的首位，20 世纪 60 年代以后次于太平洋到第二位，每年的渔获量为 2500 万 t 左右。大西洋的单位渔获量平均约 830kg/km²，陆架区约 1200kg/km²。在大西洋中，渔获量最高的区域是北海、挪威海、冰岛周围海域。纽芬兰、美国、加拿大东侧陆架区，以及地中海、黑海、加勒比海、比斯开湾和安哥拉沿海是重要渔场。

大西洋的矿产资源有石油、天然气、煤、铁、硫、重砂矿和多金属结核。加勒比海、墨西哥湾、北海、几内亚湾是世界上著名的海底石油、天然气分布区。委内瑞拉沿加勒比海伸入内地的马拉开波湾，已探明石油储量 48 亿 t；美国所属的墨西哥湾石油储量约 20 亿 t；北海已探明石油储量 40 多亿 t；尼日利亚沿海石油可采储量超过 26 亿 t。在英国、加拿大、西班牙、土耳其、保加利亚、意大利等国沿海都发现了煤矿，其中，英国东北部海底煤炭储量不少于 5.5 亿 t。在大西洋沿岸许多国家的沿海发现了重砂矿，包括独居石、钛铁矿、锆石等。西南非洲南起开普顿、北至沃尔维斯湾的海底沙层，是世界著名的金刚石产地。大西洋的多金属结核总储量约 10000 亿 t，主要分布在北美海盆和阿根廷海盆底部。

3. 印度洋海洋资源分布

印度洋是地球上第三大洋，位于亚洲、南极洲、大洋洲和非洲之间，总面积约 7491.7 万 km²。印度洋也有丰富的生物资源。浮游植物主要密集于上升流显著的阿拉伯半岛沿海和非洲沿海。浮游动物主要密集于阿拉伯西北部，主要在索马里和沙特阿拉伯沿海。

底栖生物以阿拉伯海北部沿海最多，由北向南逐步减少。印度洋的鱼类有 3000～4000 种，目前的渔获量约 $4×10^6$ t，主要是鳀鱼、鲐鱼和虾类，还有沙丁鱼、鲨鱼、金枪鱼。在科威特、沙特阿拉伯和澳大利亚沿海等海域均发现了油气资源。此外，印度洋也有多金属结核资源，但资源量低于太平洋和大西洋。

印度洋矿产资源以石油和天然气为主，主要分布在波斯湾，此外，在澳大利亚附近的大陆架、孟加拉湾、红海、阿拉伯海、非洲东部海域及马达加斯加岛附近，都发现有石油和天然气。波斯湾海底石油探明储量为 120 亿 t，天然气储量为 7100 亿 m^3，油气资源占中东地区探明储量的 25％，其石油储量和产量都占世界首位。印度洋是世界最大的海洋石油产区，约占海上石油总产量的 33％。印度洋的金属矿以锰结核为主，主要分布在深海盆底部，其中储量较大的是西澳大利亚海盆和中印度洋海盆。红海的金属软泥是世界上已发现的具有重要经济价值的海底含金属沉积矿藏。

4. 北冰洋海洋资源分布

北冰洋是世界大洋中面积最小的大洋，总面积约 1310 万 km^2。北冰洋以北极为中心，有常年不化的冰盖。由于北冰洋处于高寒地带，动植物种类都比较少。浮游植物的生产力比其他洋区要少 10％，主要包括浮冰上的小型植物、表层水中的微藻类、浅海区的巨藻和海草等。鱼类主要有北极鲑鱼、鳕鱼、鲽鱼、毛鳞鱼。巴伦支海和挪威海都是世界上最大的渔场。北冰洋的许多哺乳动物具有重要的商业价值，如海豹、海象、鲸、海豚以及北极熊等。

北冰洋海域的矿产资源相当丰富，是地球上尚未开发的资源宝库。北冰洋的广阔大陆架区有利于碳氢化合物矿床的形成，特别是巴伦支海、喀拉海、波弗特海和加拿大北部岛屿以及海峡等地，蕴藏有丰富的石油和天然气，估计石油储量超过 100 亿 t。目前已发现了两个海区具有油、气远景，一是拉普捷夫海，二是加拿大群岛海域。此外，北冰洋地区还蕴藏着丰富的铬铁矿、铜、铅、锌、钼、钒、铀、钍、冰晶石等矿产资源，但大多尚未开采利用。北冰洋海底也有锰结核、锡石及硬石膏矿床。

第三节 海 洋 开 发

海洋开发是指人类为了生存和发展，利用手段和方法对各种海洋资源、能量和空间进行勘探、开采、利用的整个行为。按照所开发资源的不同属性又可分为海洋生物资源开发、海底矿产资源开发、海洋化学资源开发、海洋动力资源开发和海洋空间资源开发。

一、海洋生物资源开发

（一）海洋生物资源开发的意义

21 世纪是海洋的世纪，开发海洋已成为世界科技革命的潮流。占地球总表面积70.8％的海洋孕育着地球上 80％以上的生物，包括海洋动物、植物以及微生物。由于海洋生态环境的广域性、复杂性和特殊性，海洋生物无论在数量上还是在种类上都远远超过陆生生物，而且其物种生态特性及其种间联系也远比陆生生物复杂而广泛。

从单细胞生物、低等植物、高等植物、植食动物到肉食动物，加之海洋微生物，构成了一个特殊的海洋生态系统。生长在这一特殊环境（高盐、高压、缺氧、缺少阳光等）中的海洋生物，在其生长和代谢过程中，产生并积累了大量的营养物质和具有特殊生理功能的活性物质，为人类食品、保健品、医药、农药和生物材料的研制和开发提供了非常诱人的前景。海洋生物资源综合利用的目的在于尽可能有效地开发和利用海洋中的动植物和微生物资源，为人类的营养、健康和福利提供更多的食品、医药和化工原料。海洋动植物的可食部分含有丰富的营养成分如蛋白质、脂类、碳水化合物、维生素和矿物质，能为人类提供优质的海洋食品。除此以外，各种海洋生物（包括可食用和不可食用的种类）还含有许多对人体的新陈代谢具有正向调节作用的生物活性物质、对机体有毒害作用的天然毒素以及具有药用价值的其他活性成分，如萜类、聚醚类、脂类（包括脂肪酸类）、生物碱、皂苷、有机酸、多糖类、氨基酸类、肽类以及蛋白质等，具有广阔的综合利用和开发前景。然而，由于海洋生物资源具有种类繁多、成分差异明显、易于腐败变质和采集困难等特点，其有效利用程度显著低于陆地生物资源。随着世界人口剧增、环境恶化问题的加剧，陆地资源日益减少，开发利用海洋生物资源变得日益迫切。

我国是海洋大国，海域广阔，渤海、黄海、东海和南海四大海域，大陆海岸线长18000多千米，海域面积约300万 km^2，海区南北纵跨热带、亚热带、温带三个气候带，海洋生物资源丰富。我国科学家在海洋生物资源开发利用中做了大量的工作，特别是在海洋食品、海洋医药和工业材料等方面取得了显著的成果。但由于种种原因，我国对海洋生物资源的开发利用技术还比较落后，严重制约着我国海洋生物经济产业的发展。

（二）海洋生物资源的储量与开发潜力

海洋生物资源是指海洋中具有生命、能自行繁衍和不断更新且具有开发利用价值的生物。这些生物可供人们食用、药用或作为工业原料。海洋中生活着20多万种动植物，海洋中的生物资源储量是非常大的。据估计，全球海洋初级生产力每年生产达 $1350×10^8$ t的有机碳，海洋生物的蕴藏量约 $342×10^8$ t，其中浮游动物 $215×10^8$ t，底栖动物 $110×10^8$ t，海洋植物 $17×10^8$ t。这样仅海洋动物就有 $325×10^8$ t，而陆地上的动物还不足 $100×10^8$ t。与此相反，人类目前每年从海洋中获取的水产品仅占人类食物总量的 1%。据专家估计，海洋浮游植物每年约能生产 $230×10^8$ t的有机碳，在不破坏生态平衡的前提下，海洋每年可为人类提供 $30×10^8$ t的鱼类、虾蟹类、贝类和藻类等水产品，能满足300亿人的需求。海洋向人类提供食物的能力，相当于全世界所有耕地提供食物能力的1000倍。到目前为止，海洋生物资源被开发的仅是极少部分，科学家以有机碳计算的目前开发水平仅达到海洋初级生产力的 0.03%。仅以海水鱼为例，捕捞的鱼类仅仅200种，产量超过1000万 t的仅8种。这表明海洋生物资源储量丰富，开发海洋生物资源的潜力难以估量。

在全球人口不断增长，人类对食物的数量和质量要求不断提高，而陆地土地资源和生物资源的限制因素不断增加的情况下，海洋生物资源应该被视为人类未来的食物宝库。

（三）海洋鱼类资源的开发

海洋鱼类资源是海洋生物资源的主体。它们是以鳃呼吸，用鳍运动，大多数体表有鳞，体内有鳔的变温动物，是脊索动物门脊椎动物亚门中最低等的类群。它们也是人类直接食用动物蛋白质的重要来源之一。鱼的种类很多，全世界有2.5万～3万种，其中海洋鱼类1.6万种，分为圆口纲、软骨鱼纲和硬骨鱼纲，但真正成为海洋捕捞种类的约为200种。其中，年产量不足5万 t的占多数，有140多种。年产量5万～50万 t的有41种。超过100万 t的仅有12种，即狭鳕、大西洋鳕鱼、秘鲁鳀鱼、大西洋鲱鱼、鲐鱼、毛鳞鱼、远东拟沙丁鱼、沙瑙鱼、智利竹荚鱼、沙丁鱼、鲣、黄鳍金枪鱼，它们约占世界海洋渔获量的1/3。

世界渔场根据大洋水系可划分为太平洋渔场、大西洋渔场和印度洋渔场。

太平洋鱼类资源非常丰富，是世界各大洋中渔获量最高的海域。太平洋的渔获量可占世界总渔获量的一半左右。这里有最著名的秘鲁渔场，生产秘鲁鳀鱼。此外，还有千岛群岛至日本海的北太平洋西部渔场，以及中国的舟山渔场等。北太平洋西部渔场主要有鲑鱼、狭鳕、太平洋鲱鱼、远东的沙丁鱼、秋刀鱼等。

大西洋的渔业资源也很丰富，主要渔场有挪威沿岸到北海的大西洋东部渔场和纽芬兰渔场等。此外，还有西北非洲和西南非洲渔场等。大西洋的渔业产量在世界各海区中居第二位。

印度洋的渔业主要集中在西部，东部产量不高。印度洋的底层鲆类和中上层鱼类资源尚有进一步开发的潜力。印度洋西部塞舌尔群岛是广阔的拖网渔场。

世界海洋渔获量按区域划分，太平洋最高，年渔获量一般在3500万～4000万t，约占世界渔获量的50%；大西洋次之，年渔获量在2500万t左右，渔获量最高区域是北海、挪威海、冰岛周围海域；印度洋第三，年渔获量约40万t。

海洋渔业资源主要集中在近海大陆架海域，这些被称为海洋中的"绿洲"。因为大陆架海域深度不大（一般在200m以内），接受太阳光多，水温高，生物光合作用强，因而是海洋生物种群最多的地方。其次，入海河流带来了陆上营养丰富的盐类，因而这里水质肥沃，生物饵料充足，加上沿岸水域地形复杂，为各种生物栖息、索饵、生长、产卵提供了优良的场所。此外，有的大陆架海域，上升流把深层的高营养物质带到表层，使这里养料丰富，往往形成沿海大渔场。目前，世界海洋渔获量的90%以上来自占海洋总面积7.5%的大陆架海域。

（四）海洋无脊椎和脊椎动物资源的开发利用

海洋无脊椎动物门类数量多达16万种，人类所利用的约为130种，包括软体动物头足纲中的乌贼、章鱼、鱿鱼等，瓣鳃纲的贻贝、牡蛎、扇贝、蛤、蚶等，腹足纲的鲍、红螺等，节肢动物的甲壳纲中的对虾、龙虾、蟹等，棘皮动物海参纲中的海参等，腔肠动物钵水母纲的海蜇等。中国近海黄海、东海以日本枪乌贼、大枪乌贼为主，南方以曼氏无针乌贼为主，与大黄鱼、小黄鱼和带鱼统称为中国的渔业四大鱼种。在软体动物中，瓣鳃纲、腹足纲统称为贝类。在双壳类软体动物中，牡蛎、贻贝、扇贝的渔获量可以达到90%左右。

人类蛋白质的重要来源之一是虾与蟹，捕虾业是经济价值非常高的一种渔业，世界上捕虾的国家可以达到七八十个，主要产虾的国家包括美国、印度、日本、墨西哥等。南美、中美、欧洲南部、中国、朝鲜和日本南部外海是世界虾场的主要分布海域。蟹的种类很多，中国有600多种，多数为海生。

腔肠动物门的海蜇以及棘皮动物门的海参也是海洋无脊椎动物资源中的门类。世界范围内的海参约有1100种，其中能够供于食用的大约有40种。在中国海域范围内，海参的种类大概有100种，西沙群岛就囊括了其中的20多种。而且从渤海湾、辽东半岛至北部湾的涠洲岛、南沙群岛均盛产海参。水母类的海蜇是一种透明膜质的腔肠动物，尽管水母种类较多，但从经济价值角度来看仅4种经济效益较高。

海洋脊椎动物资源主要包括海龟与海鸟、海洋哺乳动物等。海龟是珍贵的海洋爬行动物,世界范围内海龟总共有 7 种,均栖息于热带海洋。海龟属于优质食品,其龟甲、龟掌、龟肉、龟血等都能加工成名贵中药和营养品。世界范围内海龟的捕捞量非常高,造成的结果便是海龟数量急剧减少,目前海龟已被列为重点保护动物。海鸟的种类大概有 350 种,包含 150 种左右的大洋性海鸟。比较著名的海鸟有信天翁、海燕、海鸥、鲣鸟、军舰鸟等。海洋哺乳动物也称海兽,主要包括鲸目、鳍脚目、海牛目和食肉目中的海獭。鲸类的数量是海兽之中数量最大的,并且其经济价值也较高。世界范围内鲸大致为 90 种。

（五）海洋藻类资源的开发利用

海藻是重要的海洋生物资源之一,营养价值非常高,全世界有 70 多种海藻可供人类食用,还广泛地被用作饲料与肥料,有些又是医药上疗效显著的药材,还有些是重要的工业原料。在约 4500 种定生的海藻中,目前只有 50 种左右被人类利用。中国是利用海藻最早最广泛的国家之一,常见的且经济价值较大的种类有 20 多种。

（六）海洋医药资源的开发

人类利用海洋生物作为药物的历史悠久。在中国的《黄帝内经》《神农本草》《本草纲目》中都有药用海洋生物的记载。例如,海带治疗甲状腺肿大,石莼利尿,乌贼的墨囊治疗妇科疾病,鲍鱼的石决明明目,海龙、海马对身体有滋补强壮作用等。随着人类对药用海洋生物资源的研究,新的海洋生物药源不断被发现。例如,从海产黏盲鳗中提取的盲鳗素,是一种强效心脏兴奋剂和升血压剂;鲨鱼肝可提取肝油,肝油内含有大量鲨肝烯,可作为皮肤润滑剂、脂肪性药物的携带剂;鳕鱼肝油是治疗维生素 A、维生素 D 缺乏症的良药,还可以治疗伤口、烧伤和脓疮。海洋生物中有许多种类含有毒素,临床上可作为肌肉松弛剂、镇静剂和局部麻醉剂。现在已经有人把现代海洋药物的发展与海洋生物毒素的研究联系在一起,使药用海洋生物的研究与开发更加广泛。

目前,在海洋生物中发现可作为药物和制药原料的已达千余种,从微生物到鲸类都有,最重要的有海洋微生物、各种藻类、腔肠动物、海绵动物、软体动物、棘皮动物、被囊动物以及各种鱼类等。其中一些食用价值低的生物类群,其药用价值往往更高。据研究,已知有 230 种藻类含有各种维生素,246 种海洋生物含有抗癌物质。20 世纪 90 年代以后,利用高新技术研制海洋新药物已成为药用海洋生物资源开发的主流。

近年来,我国正在探索利用海洋生物开发特效药,防治多发病、常见病、疑难病,特别是病毒性疾病、肿瘤、心脑血管疾病以及艾滋病等。利用海洋生物生产营养保健食品是海洋开发的一个重要方向。因为这类食品不仅营养丰富,而且可调节人体生理机能,促进新陈代谢,增强免疫力等。特别是海洋微藻食品,前景最为诱人。

二、海底矿产资源开发

海洋矿产资源属于海洋不可再生资源,广义上讲,应包括海底矿产资源和海水中的矿产资源两大部分;但一般理解的海洋矿产资源仅指海底矿产资源。

海底矿产资源是现代和地质历史时期地质作用的结果,既有现代发生的沉积成矿作用,包括经由机械分选、化学沉积、生物和生物化学沉淀、热液作用、成岩和溶滤等富集成矿,也有在不同地质历史时期由内生和外生成矿作用形成的各种金属、非金属和可燃性矿产资源。尽管海底矿产资源种类繁多,下面介绍几种公认重要的海底矿产资源,包括滨海砂矿、油气、天然气水合物、大洋多金属结核、富钴结壳和热液多金属硫化物。

（一）滨海砂矿

滨海砂矿是指在海滨地带由河流、波浪、潮汐和海流作用使重矿物碎屑聚集而形成的次生富集矿床。它既包括现处在海滨地带的砂矿，又包括在地质时期形成于海滨，后因海面上升或海岸下降而处在海面以下的砂矿。它主要由金红石、锆石、独居石、石榴石、矽线石、钛铁矿、铌铁矿、钽铁矿、磁铁矿、磷钇矿、砂锡矿、铬铁矿、金砂、铂砂、琥珀砂、金刚石和石英砂等矿种组成。滨海砂矿具有分布广、矿种多、储量大、开采方便和易于选矿等特点，开发投资相对较少。

滨海砂矿是某些重金属、贵金属、稀有金属、稀土金属、放射性元素和贵重非金属的重要来源。各矿种本身以及它们所含的各种元素，广泛应用于冶金、机械、电气、化工、建材、医药、陶瓷、航空和兵器工业、航天、精密仪器和核工业等尖端技术 20 余个工业和科技领域。随着工业和科学技术的发展，滨海砂矿将发挥更大的作用。

中国是世界上滨海砂矿种类较多的国家之一，但具有工业开采价值的矿种只有 13 种。滨海砂矿主要可分为 8 个成矿带，如海南岛东部海滨带、粤西南海滨带、雷州半岛东部海滨带、粤闽海滨带、山东半岛海滨带、辽东半岛海滨带、广西海滨带和台湾北部及西部海滨带等。特别是广东滨海砂矿资源非常丰富，其储量在全国居首位。辽东半岛沿岸储藏大量的金红石、锆英石、玻璃石英和金刚石等。中国滨海砂矿类型以海积砂矿为主，其次为混合堆积砂矿。多数矿床以共生、伴生矿的形式存在。海积砂矿中的砂堤砂矿是主要含矿矿体，也是主要开采的对象。不少矿产的含量都在中国工业品位线上，适合开采。

（二）海底油气资源

石油和天然气既是一种重要的矿产资源和能源，又是一种重要的战略物资。它不仅在工农业和人民生活等方面起着重要作用，而且在军事上也很重要。以石油为原料的产品更是名目繁多。石油主要被用作燃油和汽油，利用石油还可以制造酒精、蜡烛、塑料、合成纤维、化肥、合成洗涤剂、电影胶卷、人造橡胶和润滑油等，所以它被称为"工业的血液"。据估计，全世界石油资源的极限储量约 1×10^{12} t，可采储量 3000×10^8 t，其中海上可采储量约 1350×10^8 t。世界天然气储量为 $(255 \sim 280) \times 10^{12}$ m^3，海洋储量占 140×10^{12} m^3。全世界已有 100 多个国家和地区从事海上石油开发，至今已发现 2000 多个海底油气田。世界海上油气资源储量主要集中在波斯湾、北海、几内亚湾、马拉开波湖、墨西哥湾、加利福尼亚沿岸海域等几个地区。这些地区的油气资源总储量占全部海上探明储量的 80%。未探明的油气区主要集中在北极地区、南极地区、非洲、南美洲和澳大利亚周围海域。

从各大洋的石油资源分布来看，印度洋的波斯湾是世界石油储量最为丰富的地区，已探明的储量几乎占世界的 1/2。该地区也是海上采油最多的地区，已发现十几个大油田。大西洋加勒比海的帕里亚湾、委内瑞拉湾等海域是另一个油气资源丰富的地区，探明储量在 50×10^8 t 以上。墨西哥湾的油气探明储量也达 10×10^8 t。大西洋北欧西侧的北海是世界上最大的海洋油气产地之一，已探明的石油可采储量超过 30×10^8 t。西非岸外的几内亚湾已经发现了 19 个油气田，主要分布在达荷美—卡奔达浅海区。太平洋海域的澳大利亚岸外、菲律宾及印度尼西亚的浅海区以及我国的各海区也都是重要的海洋石油产地。

目前海上的石油开采主要集中在水深 100m 以内的浅海区，海上石油勘探 90% 以上的钻井均集中在水深 200m 以内的大陆架区。水深大于 200m 的探井目前只有 900 多口。而大于 200m 的海区油气沉积盆地面积约 $3500 \times 10^4 km^2$，占海区油气沉积盆地总面积的 70%。据专家估计，深水区的石油资源甚至比浅水区的储量还要多 1 倍。因此，随着海上石油资源勘探技术的进步与新油区的不断发现，海洋石油资源开发在世界石油资源开发中地位将进一步提高，不难看出海洋将成为世界石油资源的主要供给区。

我国海域的油气资源相当丰富。它包括两大部分：一部分是近海大陆架上的油气资源，另一部分是深海区的油气资源。经调查我国海域共发现 19 个中新生代沉积盆地，总面积为 130 多万 km^2，其中近海大陆架上已发现的含油气沉积盆地为 10 个，面积为 $89.4 \times 10^4 km^2$；深海区已发现的含油气沉积盆地为 9 个，面积为 40 多万 km^2。据 2005 年我国近海第三轮油气资源评价，近海石油总资源量为 $246 \times 10^8 t$，天然气总资源量为 $15.8 \times 10^{12} m^3$。我国管辖海域内的深海油气资源主要分布在南海和东海的冲绳海槽，深海区的石油资源量约为 $243 \times 10^8 t$，天然气资源量约为 $8.3 \times 10^{12} m^3$。

（三）天然气水合物（可燃冰）

天然气水合物又称笼形包合物，俗称可燃冰。它是在一定条件（温度、压力、气体饱和度、水的盐度、pH 值等）下由水和天然气组成的类似冰的、非化学计量的笼形结晶化合物，遇火即可燃烧，其化学式可用 $M \cdot nH_2O$ 来表示，M 代表水合物中的气体（天然气）分子数，n 为水分子数。天然气水合物是最近十几年才被人们认识的海底矿产资源，具有分布范围广、规模大、埋藏深度浅、高效、洁净等特点，可能成为 21 世纪的重要能源。全球天然气水合物的储量巨大，其含碳总量大约是地球上全部化石燃料（煤、石油、天然气等）含碳总量的 2 倍。据测算，仅我国南海的可燃冰资源量就达 $700 \times 10^8 t$ 油当量，约相当于我国目前陆上油气资源量总数的 1/2。在世界油气资源逐渐枯竭的情况下，可燃冰的发现又为人类带来新的希望。

（四）大洋多金属结核

大洋多金属结核曾被称为锰结核、铁锰结核等，是一种铁和锰的氧化物集合体，颜色常为黑色和黑褐色。结核的形态多样，有球状、椭球状、马铃薯状、葡萄状、扁平状、炉渣状等，个体大小不一，从几微米到几十厘米都有，重量最大的有几十千克。大洋多金属结核因富集锰、铁、铜、钴和镍等金属元素而具有商业开发价值。多金属结核广泛分布于水深 2000～6000m 的深水大洋底的表层，而产于水深 4000～6000m 海底的多金属结核品质最佳。

海底多金属结核的资源储量估计在 $30 \times 10^{12} t$ 以上，主要分布于太平洋，其次是印度洋和大西洋。近赤道带和南半球的三条纬度带（15°S～20°S、30°S～40°S 和 50°S～60°S）内的多金属结核最富集。

（五）富钴结壳

富钴结壳又称钴结壳、铁锰结壳，是指生长在海底岩石或岩屑表面的皮壳状铁锰氧化物和氢氧化物结合体，因富含钴被称为富钴结壳，表面呈肾状、鲕状或瘤状，颜色为黑色、黑褐色，断面构造呈层纹状或树枝状。富钴结壳遍布于全球海洋中，集中分布于海山、海脊和海台的顶部和斜坡上。

（六）热液多金属硫化物

热液多金属硫化物是由海底热液活动所形成的、以金属硫化物为主要矿物的海底多金属矿产资源，富含铁、铜、锌和铅等金属元素。主要矿物包括黄铁矿、黄铜矿、闪锌矿、方铅矿等硫化物类，钠水锰矿、钙锰矿、针铁矿及赤铁矿等铁锰氧化物和氢氧化物类。热液多金属硫化物主要分布在大洋中脊、岛弧和弧后盆地的张性裂谷带，常与岩浆活动或热液活动相伴生；最初发现于红海，后来在东太平洋海隆、大西洋中脊、印度洋中脊，以及西太平洋的弧后盆地（例如冲绳海槽、马里亚纳海盆、劳海盆、斐济海盆等）都有发现。

三、海洋化学资源开发

海洋化学资源包括海水水资源和海水化学资源。

（一）海水水资源的开发利用

海水资源的利用包括海水直接利用和海水淡化利用两个方面。

1. 海水直接利用

海水直接利用是指用海水直接代替淡水作为工业用水（主要用于冷却、水淬、洗涤、净化、除尘）、农业用水（主要用于海水养殖和海水灌溉）、商业和城市生活用水（主要用于冲厕、洗刷、消防、浴池、游泳等），缓解沿海地区淡水资源的短缺矛盾。

目前，工业用水主要是冷却用水，其利用的社会效益和经济效益已为人们所普遍认同。许多沿海国家工业用水中的 40％～50％ 是海水，而且其规模和用途还在不断扩大。如美国早在 20 世纪 70 年代初，工业冷却用水的 20％ 来源于海水，20 世纪 90 年代发展到 60％；日本工业冷却用水的 40％～50％ 直接使用海水，到 1995 年，日本仅电力工业直接利用海水就达 $1200 \times 10^8 m^3$；西欧六国 21 世纪初海水年用量就超过 $2500 \times 10^8 m^3$；俄罗斯沿海地区电站总用水量的 50％ 也来源于海水。我国沿海城市如大连、天津、青岛等的发电厂也大量利用海水作为冷却水。

在农业利用方面，利用海水直接养殖水产比较广泛，而海水直接灌溉则依然是当今国际上一个前沿的研究领域。科学家们一方面在寻找既适于海水灌溉，又有经济意义的天然作物；另一方面又在利用耐盐植物的基因，培育一些经济和生态效益好的耐盐农作物。这些耐盐的农作物的推广不仅在沿海耕作业省去兴修水利之苦，并且也不再因淡水短缺而影响农业生产，更可喜的是，地球上荒废着的大量盐碱地可以得到利用，为人类提供新的土地资源。

海水直接利用的另一个有潜力的领域就是用作城市厕所冲洗用水。统计显示，冲厕用水一般占城市生活用水的 40％ 左右，而城市生活用水通常是整个城市用水的 20％，因此差不多 10％ 的城市用水是用来冲厕的。如果能在滨海城市中充分利用海水冲厕，则节约的淡水量将会是十分可观的。

2. 海水淡化利用

海水淡化指运用物理、化学等方法，从海水中直接提取淡水或去除海水中的盐分以获得淡水的技术及其工艺过程。20 世纪 50 年代以后，海水淡化技术随着水资源危机的加剧得到了加速发展。截至 2017 年年底，全球已有 160 多个国家和地区在利用海水淡化技术，已建成和在建的海水淡化工厂接近 2 万个，大多分布在中东、加勒比海和地中海等沿岸国家，每天生产的淡水总量约 10432 万 m^3。其中，中东地区因水资源严重匮乏，同时又是石油资源富集地区，经济实力雄厚，对海水淡化技术和装置有迫切需求，该地区成为目前世界海水淡化装置的主要分布地区，沙特成为全球第一大海水淡化生产国，其海水淡化量占全球海水淡化量的 20%。海水淡化出现最早的美国，海水淡化的产量约占全球的 15%，佛罗里达州是主要海水淡化产地，沿加利福尼亚海岸也有一些海水淡化工厂。实际上，海水淡化提供的淡水还不足人类淡水需求量的 0.5%，世界上 1/2 以上的海水淡化工厂采用的是海水蒸馏法，其余的大多采用的是海水膜过滤法。

全世界已建成的大型海水淡化厂主要有三种类型：第一类是在沿海干旱地区，如中东目前干旱缺水的科威特、沙特阿拉伯等建厂，那里的降雨量极少，沿岸有大面积的海域，他们利用当地廉价的石油燃料蒸馏海水，以解决缺水问题；第二类是在淡水供应困难的岛屿和矿区建厂，如美国佛罗里达州南部海面上的基韦斯特，北距大陆 200km，即使通过管道输水，水费也很高昂，故采用淡化的方法就地解决；第三类是在沿海城市建厂，那里人口聚集、工厂集中，耗水量大，如美国加利福尼亚的圣迭戈。

（二）海水中的化学资源开发

海水是个聚宝盆，海洋水中含有 80 多种元素，各类溶解盐约 48000×10^{12} t，其中仅氯化钠就有 40000×10^{12} t，镁 1800×10^{12} t，溴 95×10^{12} t，钾 500×10^{12} t，碘 930×10^8 t，铀 45×10^8 t，还含有 200×10^4 t 的重水。按单位体积计，在每立方千米的海水中，约有 0.27×10^8 t 氯化钠，320×10^4 t 的氯化镁，220×10^4 t 的碳酸镁和 120×10^4 t 的硫酸镁。如果能把海洋中的全部矿物提炼出来，可以装满从地球摆到太阳那么长的一列火车。但是，目前人类对海洋化学资源的开发仅限于少数岩类和化合物，且开发数量亦是极其有限的。

从海水中提取的氯化钠叫海盐，也叫食盐。海水制盐已有 4000 多年的历史了，我国是最早生产海盐的国家。海盐不仅是人类日常生活的必需品，也是基本化工原料之一，有"化工之母"之称，广泛应用于许多工业、农业部门。人们利用海盐为原料生产出上万种不同用途的产品，如烧碱、氯气、氢气和金属钠等。凡是用到氯和钠的产品几乎都离不开海盐。现在凡拥有海岸的国家几乎都能生产海盐，其中以工业规模生产海盐的国家达 60 多个。全世界每年的海盐生产量约 0.5×10^8 t，我国是世界上海盐产量最大的国家，约占世界海盐总产量的 1/4。其他产盐大国还有澳大利亚、墨西哥、印度、巴西、日本、法国、意大利和西班牙等。

溴被广泛应用于医药、化工、农业和国防等领域。地球上 99% 的溴存在于海水之中，因此它是名副其实的"海洋元素"。目前世界溴的生产水平在 $30 \times 10^4 \sim 40 \times 10^4$ t 之间，1/3 是从海水中提炼的。美国是世界最大的溴生产国，约占世界总产量的一半，其次是俄罗斯、以色列、英国、法国、日本等国。

镁也是一种具有广泛用途的元素。目前全世界大约有 20 个大型海水提镁厂，主要分布在美国南圣弗朗西斯科湾、得克萨斯和加利福尼亚，以及英国的哈尔普文，日本等。现在全世界镁及镁矿的年产量为 760×10^4 t，其中约 1/3 是从海水中提炼的。

钾是重要的化肥及工业原料。多年来，世界上的钾盐主要来自古海洋遗留下来的可溶性钾盐矿钾石盐。但可溶性钾盐在地表上的分布极不均匀，90% 以上集中在俄罗斯和加拿大，因此许多国家均寄希望于从海水中提取钾。但由于从海水中提取钾的成本远较陆地开采钾矿高，因此发展缓慢。

铀是原子能工业的重要原料，但铀在陆地上的储量并不多。据估计，陆地上有开采价值的铀的储量约 200×10^4 t，按目前的开发速度，很快就会被消耗殆尽。而海洋中铀的蕴藏量比陆地上多 2000 倍。因此，海水有可能成为原子能时代的核燃料仓库。从海水中提炼铀已受到世界各国的关注，小规模试验早已成功。如日本早在 1986 年就建成 10kg 级的海水提铀试验场，并在 2000 年建造年产铀量 1000t 的提铀工厂。

海水中具有工业价值的元素远不止上述几种，海水中的各种化学资源有的正在以工业规模进行提炼和开发，有的则处在研究开发过程中。从海水中提取这些化学资源的方法主要有三种：一是从苦卤水中提取；二是直接从海水中提取；三是从淡化浓缩水中提取。目前，海水资源的综合开发利用已经成为一个发展趋势。它的基本设计是：原子能发电，废热用于海水淡化，再从淡化排出的浓海水中分离提取各种物质。这种综合利用方式不仅能节约开发过程中的能源消费，增加了开发过程中产品输出，还能提高生产效率并降低成本。它在技术上合理，经济上可行，已受到越来越多的国家的重视。

四、海洋动力资源开发

为了区别于海洋石油和天然气等海底化石能源，将海水本身所蕴藏的能量，包括潮汐能、波浪能、海流和潮流能、海洋温差能、海洋盐差能等称为海洋动力资源或海洋能资源。由于陆上常规能源日见短缺，而且燃料带来严重的环境污染，因此，各国普遍重视可再生性海洋动力资源的开发，研究海洋能转换的方式方法和设备装置。虽然这些动力资源的能流密度小，开发的技术难度大，费用高，但是，随着科学技术的进展，海洋动力资源必将成为实用的占有重要地位的新能源。根据联合国教科文组织的估计，全世界海洋能总功率为 766 亿 kW，技术允许利用功率为 64 亿 kW，是目前世界发电总容量的 2 倍，并且具有不耗燃料，不污染环境，不占用土地等优点。

（一）潮汐能

潮汐发电是利用涨落潮差的势能，通过水库控制落差推动水轮发电机组发电。世界潮汐能的理论蕴藏量的估计数字相差很大，一般认为达到 30×10^8 kW 以上。潮汐能与潮差平方成正比。大洋的潮差往往小于 1m，而在狭窄的海峡、海湾、河口、浅海区，潮差很大。如英吉利海峡的潮差可达 14m，潮汐能达 2×10^7 kW。

潮汐能是人类最早利用的一种海洋能。据记载，早在 1000 多年前的唐朝，我国就有了利用潮汐涨落磨五谷的潮水磨。除了我国外，也有不少其他国家的沿海居民利用潮汐能从事锯木、粉碎岩石、吊装货物等多项生产活动。据史料记载，通过修建水库和河道来利用潮汐能的设计在 15 世纪前后就已出现，而现代化的潮汐能开发方式——潮汐发电是从 19 世纪末开始发展起来的。

早在 12 世纪就有利用潮汐能推磨的记载。近 30 年来，国外已建成若干潮汐发电站。法国朗斯潮汐电站 1967 年建成，总装机容量 24×10^4 kW，年发电量 5.44 亿 kW·h。苏联基斯洛亚湾潮汐电站 1968 年建成，装机容量 800kW。加拿大、英国、美国、韩国、印度、澳大利亚等国，也有许多建设和计划中的项目。

我国潮汐能的理论蕴藏量约 1.9×10^8 kW，可开发的总装机容量 36×10^6 kW，年发电量约 900 亿 kW·h。以东海浙江、福建沿海潮汐能最丰富，约占全国的 90%。浙江乐清湾江厦潮汐试验电站 1972 年开始建设，1980 年建成发电，总装机容量 3000kW，年均发电量 1070 万 kW·h，仅次于法国朗斯潮汐电站。1978 年建成了山东的沙口潮汐电站，总容量 960kW，年发电量 230 万 kW·h。据调查，杭州湾、长江北口、乐清湾均可建造大型潮汐发电站。

（二）波浪能

波浪发电是利用波浪运动或水压推动涡轮发电机组发电。它可利用波浪的垂直运动、水平运动，波浪的动压和静压，波浪的水质点运动等。海洋波能通常按稳定风速和风区长度进行推算。全世界波能理论蕴藏量约 30×10^8 kW。由于风区的分布不均匀，波能的分布也很不均匀。在北太平洋和北大西洋盆地东部的 $30°N \sim 40°N$ 中纬度西风带海域，存在 2 个波能峰值区，可达 $80 \sim 90$ kW/m。同样，在 $40°S \sim 50°S$ 的西风带海域，也是波能峰值区，可达 200kW/m。

我国沿岸波能的理论蕴藏量约 1.5×10^8 kW，可开发的总装机容量为（$3000 \sim 3500$）$\times 10^4$ kW。波浪能的地理分布，渤海和黄海沿岸年平均波能在 1.3kW/m 以下，东海在 4.9kW/m 以上，南海在 2.9kW/m 以下。从季节变化来看，秋、冬季波能大，春、夏季小。外海波能比近岸大。

1975 年，我国成功研制空气浮筒小型波浪发电机；1982 年，研制成航标灯用的发电装置，最大功率 60W；1983 年，研制无阀式空气涡轮机 10W 级波能发电装置，翌年在南海试验成功。此后，我国波浪发电的研究进展较快，许多单位在从事波能发电装置的研制工作。

（三）海流和潮流能

海流发电与一般的水力发电相似，是利用海流推动水轮发电机发电。据估计，世界大洋海流的理论蕴藏量超过 1 亿 kW。可利用强海流功率在 500×10^4 kW 以上。强海流主要分布于各大洋西部边界，如黑潮和墨西哥湾流。

北太平洋西部的黑潮海流，宽 100n mile，平均厚度 400m，最厚处达 700m，平均流速 $1 \sim 4$kn(1kn$=1$n mile/h$=1.852$km/h)，其流量相当于世界河流总流量的 20 倍。据推算，宽 16n mile、厚 300m、流速 2kn 的黑潮，输出功率可达 1000×10^4 kW，蕴藏量 900×10^8 kW·h/a，可利用能量 40×10^4 kW。

近年发现了海洋中尺度涡，如前所述，它集中了世界大洋海流能量的 90%。

潮流发电与海流发电相似，它是利用潮流驱动涡轮机带动发电机发电。潮流发电装置有的设置在河口，有的安置在海底附近，有的安装在船上。潮流发电船锚泊在潮流较大的海域，船体两侧或船尾安装涡轮机，靠潮流驱动，去带动发电机发电。据推算，流速 4kn、每平方米潮流可发电 2×10^4 kW·h/a。

我国海流能的理论蕴藏量为 $5 \times 10^7 \sim 1 \times 10^8$ kW。潮流能蕴藏量为 12×10^6 kW。1978 年开始在舟山进行潮流发电试验，取得 5.7kW 的电力。1984 年，60W 潮流发电机样机通过了鉴定。目前继续进行着有关的试验研究。

（四）海洋温差能

海洋接收的太阳辐射能大多以热能的形式贮存于海水中。海洋表层因吸收大量的太阳辐射，温度较高，随着海水深度增加，水温逐渐降低。海水导热率低，表层的热能难以传到深层，表层海水与深层海水之间的温度差在热带和亚热带海区高达 20～25℃。海洋热能发电就是利用这一温差所具有的能量来发电，又称海洋温差发电。据估算，世界海洋热能的理论蕴藏量约 $500×10^8$ kW，可利用的约 $20×10^8$ kW。从海洋热能的地理分布来看，30°S～30°N 之间的低纬度区最为丰富，全世界有近百个国家和地区能获得月平均温差在 20℃ 以上的海洋热能资源。

我国热能资源以地处热带和亚热带的南海海域最为丰富。表层水温 20～28℃，500～1000m 深处可取得 5℃ 的冷却水。岛屿礁石星罗棋布，设置电站方便。据估算，我国温差能源的理论蕴藏量约 $5×10^8$ kW。

（五）海洋盐度差能

海水与淡水交汇处存在盐度差，利用它们混合时产生的盐度差能进行发电，称为盐度差发电或浓度差发电。世界盐度差能蕴藏量的估算值从 $10×10^8$ kW 到 $300×10^8$ kW，相差很大。其地理分布集中在世界各大河口，如巴西的亚马孙河、孟加拉国的恒河、美国的密西西比河、阿根廷的拉纳河、刚果的刚果河等。我国长江口和珠江口的径流量大，盐度差能约占全国蕴藏量的一半。

五、海洋空间资源开发

海洋拥有广阔的空间，它的面积为陆地面积的 2.5 倍。在发展海洋运输业中，人类克服了海洋空间对陆地空间的阻碍，是人类利用海洋空间的巨大进步。随着现代科学技术的发展，特别是海洋土木工程、建筑工程技术的进步，建筑材料性能的不断改进，人类获得了继续进军海洋的技术支持。

现代海洋空间开发是指为了发展生产和改善生活的需要，把海上、海中、海底和海岸带的空间用作交通、生产、储藏、军事和娱乐场所的海洋开发活动。海洋空间利用的有利条件是地价便宜，无须搬迁人口，这在地价昂贵的发达国家或发展中国家的发达地区尤为重要。海底隐蔽性好，可用于建造军事基地；海水中温度比较稳定，适合于建造海底食品仓库，还可以储藏危险品等。因此海洋空间开发具有广阔前景。现就海洋空间开发的主要领域作具体阐述。

（一）海洋运输空间开发

海洋运输空间开发的传统领域是建造海港和开凿沟通海洋运输的运河。21 世纪初，全球共有大、中、小型海港 9800 多个，其中大型海港 3000 多个。最著名的两条人工运河，一条是在苏伊士地峡开凿的苏伊士运河，长 173km，它把地中海和红海连起来，使大西洋到印度洋的距离比绕道好望角缩短了 8000km；另一条是在南北美洲之间开凿的巴拿马运河，长 81.6km，它沟通了大西洋与太平洋航运，比绕道南美洲缩短航程 10000km。

20 世纪后半叶，海洋航运空间开发开始向多功能、立体化方向发展。从海底隧道到跨海大桥，到海上机场以及海底光缆的建设等，已将目前人类所掌握的各种运输方式拓展到海洋空间上。目前，全世界建成和计划建设的海底隧道共 20 多条，主要集中在日本、美国和西欧国家。日本的青函隧道是世界上著名的海底隧道，全长 53.85km，于 1987 年正式通车。另一条著名的海底隧道是连接英、法两国的英吉利（多佛尔）海峡隧道，全长约 53km，于 1993 年正式通车。

　　跨海大桥是跨越海湾、海峡、深海、入海口或其他海洋水域的桥梁，一般有较长跨度和线路，短则几千米、长则几十千米；由于大桥深入海洋环境，自然条件复杂恶劣，所以跨海大桥能体现桥梁工程的顶级技术。随着中国综合国力提高，经济水平和科学技术不断提升，社会交流越来越频繁，越来越多跨海大桥相继建成或开工，跨海大桥的规模、形式也变得复杂多样，如杭州湾大桥、港珠澳大桥、青岛胶州湾大桥、海口如意岛跨海大桥等。

　　海上机场是指建在海上供飞机起飞、降落和停放的场地，有固定式和漂浮式两种类型。世界第一个海上机场是日本长崎海上机场。目前世界上已有 10 多个海上机场，包括我国的香港新机场、澳门机场和海南三亚的凤凰机场。目前世界最大的海上机场是日本大阪的关西国际机场。

　　海底光缆，又称海底通信电缆，是指绝缘材料包裹的导线，铺设在海底。海底光缆主要分为两种：海底通信电缆和海底电力电缆。前者主要用于传输通信数据；后者主要负责水下传输电力。随着光纤通信技术的发展，在长距离传输中拥有速度优势的光纤逐渐取代原海缆中的铜质导线，即海底光缆。1850 年，人们在加莱（法国）和多弗（英国）之间铺设了世界上第一条海底电缆，1858 年 8 月由塞勒斯·韦斯特·菲尔德创立的一家英国私人公司在爱尔兰（欧洲）与纽芬兰（北美洲）之间铺设了第一条洲际海底通信电缆。中国大陆的第一条海底电缆是在 1988 年完成的，在福州川石岛与台湾（淡水）之间，长177n mile。1988 年，美国与英国、法国之间铺设了世界第一条跨大西洋海底光缆（TAT－8）系统，全长 6700km，含有 3 对光纤，每对的传输速率为 280Mb/s，中继站距离为 67km。这标志着海底光缆时代的到来。全球目前正在运营的海缆约 436 条，总长度超过 130 万km，约 99％的跨境数字通信，包括电话、短信、电子邮件、视频通过海缆传输。因此，海缆堪称全球"海底信息生命线"和国际互联网"中枢神经"。

　　（二）海洋生活与生产空间开发

　　20 世纪后半叶，海洋空间开发开始走向多功能、综合化开发方式。海上空间的开发不再仅限于航运空间的开发，而是加强了生产和生活空间的综合开发，包括海上城市、海上工厂以及海上娱乐设施的建设等。从 20 世纪 60 年代开始，日本就开始建设人工岛，目前日本是世界上人工岛建设最多的国家。人工岛除了用作建码头和海上机场等运输设施外，还广泛用于工业、商业、科研、居住、娱乐等，这就是海上城市。如日本的神户人工岛就兼有港口、生产和生活设施，是具有海上城市功能的人工建筑群。日本国土面积小，人口密度大，因此对于日本来说向海上拓展、发展海上城市显得更加紧迫，并且日本做得也最有成效，如东京的迪士尼乐园就是填海造陆修建的。世界上还有许多国家的沿海城市通过填海造城的方式，来扩大城区范围，如印度的孟买市通过填海造陆增加了超过200km² 的城市土地。

　　利用海上空间进行海洋资源开发，从事海上生产性活动，在近年来也得到了充分的发展。这种海上工厂具有不占陆地面积、工厂主体小、距离原料近、方便运输以及便于建造与管理等优点。目前世界上正在兴建的海上工厂主要有发电厂、液化天然气、炼油厂、海水淡化厂、造纸厂和垃圾处理厂等。

　　在海上进行的娱乐性开发活动更是不胜枚举。从海滨游览胜地开发到海洋公园以及海底观光旅游开发等，充分利用了海洋对人类的综合性服务功能。

（三）储藏和倾废空间开发

海洋储藏基地是指在海中储藏石油、矿石、粮食、核燃料等物资的设施。目前兴建的各种设施中以储藏石油的居多，如挪威在北海油田建造了一个储油 $16 \times 10^4 \mathrm{m}^3$ 的世界最大储油罐。此外，美国正在建造世界上最大的聚苯乙烯混凝土制液化气贮藏基地。日本正在研究海水储煤的方法及液化石油气技术，并提出了建造海底仓库的方案。

海洋不仅提供了浩大的空间资源，同时还有很大的环境自净能力。海洋倾废就是利用海洋所具有的这两方面特点来处理各种垃圾。美国是最早利用海洋来处理垃圾的国家。美国在 1973 年就规划了 118 处海洋倾废场，其中 3 处为有毒倾废区，每年向海洋中倾倒垃圾 6700 多万吨。目前，世界很多国家采用了海洋倾废，倾倒的废物已从疏浚物、下水道污泥发展到各种工业垃圾、城市生活垃圾、核废料等，在不少海区已造成了不同程度的海洋污染。此问题已引起国际社会的普遍关注。目前，联合国有关国际组织以及一些国家正在制定有关海洋倾废的法律，并加强了管理措施。

除了上述的海洋空间开发形式之外，用于军事目的的海洋空间开发也很重要。现代海底军事基地一般指建于海底的导弹和卫星发射基地、反潜基地、作战指挥中心和水下武器试验场等。海底军事基地具有得天独厚的隐蔽性。由于现代卫星遥感技术的发展，陆地上的军事基地很难逃脱卫星的"眼睛"。但由于电磁波在水下的传播衰减，卫星遥感很难到达深水区域。

参 考 文 献

[1] 崔清晨. 海洋资源 [M]. 北京：商务印书馆，1981.

[2] 崔旺来，钟海玥. 海洋资源管理 [M]. 青岛：中国海洋大学出版社，2017.

[3] 全永波，陈莉莉. 海洋管理通论 [M]. 北京：海洋出版社，2018.

[4] 朱晓东，李杨帆，吴小根，等. 海洋资源概论 [M]. 北京：高等教育出版社，2005.

[5] 刘承初. 海洋生物资源利用 [M]. 北京：化学工业出版社，2006.

[6] 谢立勇. 农业自然资源导论 [M]. 北京：中国农业大学出版社，2019.

[7] 郭琨，艾万铸. 海洋工作者手册：第 1 卷 海洋科技 [M]. 北京：海洋出版社，2016.

[8] 赵进平. 海洋科学概论 [M]. 青岛：中国海洋大学出版社，2016.

[9] 唐逸民. 海洋学 [M]. 北京：中国农业出版社，1999.

第七章 海 洋 灾 害

第一节 海 洋 灾 害 概 述

一、海洋灾害的概念

灾原指自然发生的火灾。《左传·宣公十六年》中有这样一段话："凡火，人火曰火，天火曰灾。"后来泛指各种自然灾害如水灾、旱灾、火灾、虫灾、风灾等。"天灾人祸"是古人对灾害的概括，"天灾"涵盖各种自然灾害，"人祸"即各种人为灾害。表明中国古代已把灾害分为自然灾害和人为灾害两大类，而自然灾害则构成灾害的主体部分。故人们说灾害时常常指自然灾害。当人类社会发展到工业化时代之时，却出现了重大工业灾害、环境公害、交通事故、放射性事故等人为灾害，并且日益突出。这样一来，灾害的内涵与外延均被加深和拓宽。

由于研究领域或思考角度的不同，灾害（disaster，catastrophe，calamity）的定义多种多样，迄今为止还没有一个规范性解释。灾害通常定义为：由自然变异、人为因素或自然变异与人为因素相结合所引发的对人类生命、财产和人类生存发展环境造成危害，并超过地区承灾能力，进而丧失当地全部或部分功能的各类事件与现象。按其发生的主导因素分为自然灾害（natural disaster）与人为灾害（man‐induced disaster）两大类。通常把以自然变异为主因产生的灾害称为自然灾害，如地震、风暴潮；将以人为影响为主因产生的灾害则称为人为灾害，如人为火灾、生产事故、交通事故、生活事故、环境污染等。

任何灾害都有两个基本要素，即导致灾害发生的各种诱因和承受灾害的各种客体。前者称为致灾因子（hazard‐formative factor），后者称为承灾体（hazard‐affected body）。自然灾害和人为灾害的承灾体都是人类和人类社会，但是致灾因子分别以自然因素和人文因素为主。灾害是致灾因子（灾源）与承灾体的对立统一体。只有当致灾因子异变强度超过承灾体的承受力，打破承灾体内有序结构，出现灾情时，方能称为灾害。例如，洪水和区域积水是洪涝灾害的直接原因和致灾因子，为洪涝致灾提供了必要条件之一，有水方能成灾。但其本身是一种自然现象，无所谓灾害问题。自从地球上有了人类和人类社会以后，改变了洪水和区域积水的纯自然性质，赋予它们以社会性和社会经济性，即发生了利害关系。可见，洪涝灾害是由致灾因子（洪水和区域积水）作用于承灾体（人类和人类生态经济系统），并超过人们正常的抗御能力形成的。又如，崩塌、滑坡、泥石流等，它们本身是部分坡地物质在给定的条件下，以这几种运动方式进行的自然运动，在人类出现之前的地质时期以及人类尚未涉足的荒野地区的地貌发育过程中，始终存在着这几种运动方式进行的部分坡地物质的自然运动，只有当它们摧残了其物质运动所及范围内的人员、城镇村舍、农田、道路桥梁和其他工程设施等，给人类社会造成了一定的损害，才分别形成崩塌灾害、滑坡灾害、泥石流灾害。可见，灾害的本质是给人类造成损害（生命伤亡、物质财富的毁损、精神上的损害）的自然或人为事件与现象。

海洋灾害（marine disasters）顾名思义是指海洋环境发生异常或激烈变化，导致在海上或海岸发生的灾害。

二、海洋灾害分类及成因

海洋灾害主要对海上及海岸造成危害，有些还危及自岸向陆地广大纵深地区，威胁着沿海城镇人民生命财产的安全和经济建设。根据海洋灾害的形成机制和危害程度，通常将风暴潮灾害、海浪灾害、海冰灾害、海雾灾害、飓风灾害、地震海啸灾害及赤潮、溢油灾害等划分为突发性海洋灾害；海岸侵蚀、海湾淤积、海咸水入侵沿海地下含水层、海平面上升、沿海土地盐渍化等划分为缓发性海洋灾害。

海洋灾害可根据成因分为海洋自然灾害和海洋人为灾害。海洋自然灾害是指以自然变异为主因导致海洋水体和海洋环境的异常而引起的灾害，如风暴潮灾害、海浪灾害、海冰灾害、海雾灾害、飓风灾害、地震海啸灾害、海岸侵蚀灾害等。人类活动导致海洋环境条件改变所发生的灾害称为人为海洋灾害，包括海水入侵、溢油、赤潮及海洋污染事件等。

引发海洋灾害的主要原因大致有四个方面：①受大气强烈扰动产生的海洋灾害，如台风、巨浪等；②受海水扰动或状态的骤变而引发的海洋灾害，如风暴潮、海冰等灾害，这类灾害的特点是地域性强；③海底地震、火山喷发，及其伴生之海底塌陷、海底裂缝、海底滑坡等岩石圈运动引发的海洋灾害，如海啸灾害等，这类灾害突发性强，现在尚不能准确预测和预报，一旦遭受海啸侵袭，损失都比较严重；④由人类活动引发的海洋灾害，如赤潮、海洋污染等，这类灾害随着人类社会经济的发展，在某种程度上有加重的趋势，不仅表现在灾害的频数上，更突出地表现在危害性方面。赤潮是近几十年来开始增多的海洋灾害，发生的范围不断扩大，危害程度也越来越重，已成为当今困扰沿海国家的一种较普遍的灾害。海洋污染灾害是由于人类过多地排放有害和有毒的物质入海造成的。这些物质很难在短期内净化，有的沉入海底，有的被海洋流带到别处，有的被海洋生物吸收，转而对人体健康造成威胁，特别是石油、重金属和放射性物质的污染，其危害最严重。

海洋灾害主要威胁海上及海岸，有些危及广大纵深地区的城乡经济及人民生命财产的安全。例如，风暴潮所导致的海侵，即海水上陆，在我国少则几公里，多则 $20 \sim 30km$，甚至达 $70km$。一次海潮所淹没的县多达 7 个，数万乃至十多万人丧生，几十万人受灾。至于海潮溯江河而上，与洪水顶托，则可能导致沿江河更大范围的潮水水患灾害。

许多海洋灾害还会在受灾地区引起一系列次生灾害和衍生灾害。如风暴潮、风暴巨浪引起海岸侵蚀、沿岸土地盐渍化及海咸水浸染加剧等。

我国海岸线漫长，濒临的太平洋又是产生海洋灾害最严重、最频繁的大洋。加之我国约有70%以上的大城市，一半以上的人口和近60%的国民经济，都集中在最易遭受海洋灾害袭击的东部经济带和沿海地区。因此，海洋灾害在我国自然灾害总损失中占有很大比例。近年来，这个比例已经占到全国自然灾害总损失的10%以上，一次灾害可能造成多达百亿元的经济损失。

第二节 风 暴 潮 灾 害

一、风暴潮概念

风暴潮指由强烈大气扰动，如热带气旋（台风、飓风）、温带气旋（寒潮）等引起的海面异常升降现象，又称"风暴增水""风暴海啸""气象海啸"等。风暴潮会使受到影响的海区的潮位大大地超过正常潮位。如果风暴潮恰好与影响海区天文潮位高潮相重叠，就会使水位暴涨，海水涌进内陆，造成巨大破坏。如 1953 年 2 月发生在荷兰沿岸的强大风暴潮，使水位高出正常潮位 3m 多。洪水冲毁了防护堤，淹没土地 80 万英亩，导致 2000余人死亡。又如 1970 年 11 月 12—13 日发生在孟加拉湾沿岸地区的一次风暴潮，曾导致30 余万人死亡和 100 多万人无家可归。

风暴潮的空间范围一般为几十千米至上千千米，时间尺度或周期为数小时到 100h，介于地震海啸和低频天文潮波之间。但有时风暴潮影响区域随大气扰动因子的移动而移动，因而有时一次风暴潮过程可影响 1000～2000km 的海岸区域，影响时间多达数天之久。

风暴潮一般以诱发它的天气系统来命名，如由 1980 年第 7 号强台风（国际上称为 Joe台风）引起的风暴潮，称为 8007 台风风暴潮或 Joe 风暴潮；由 1969 年登陆北美的 Camille 飓风引起的风暴潮，称为 Camille 风暴潮等。温带风暴潮大多以发生日期命名，如2003 年 10 月 11 日发生的温带风暴潮称为 "03.10.11" 温带风暴潮，2007 年 3 月 3 日发生的温带风暴潮称为 "07.03.03" 温带风暴潮。

二、风暴潮的分类

风暴潮的成因主要是大风引起的增水和天文大潮高潮的叠加结果。根据风暴潮性质，可将其分为由温带气旋引起的温带风暴潮和由台风引起的台风风暴潮。温带风暴潮多发生于春秋季节，夏季也时有发生。其特点是：增水过程比较平缓，增水高度低于台风风暴潮，主要发生在中纬度沿海地区，以欧洲北海沿岸、美国东海岸以及我国北方海区沿岸为多。台风风暴潮多见于夏秋季节。其特点是：来势猛、速度快、强度大、破坏力强。凡是有台风影响的海洋国家、沿海地区均有台风风暴潮发生。

风暴潮的突出特点是出现海面异常升高。因此标示风暴潮强度的基本指标是增水位。据此把风暴潮分为 4 个等级：风暴增水，增水值小于 1m；弱风暴潮，增水值 1～2m；强风暴潮，增水值 2～3m；特强风暴潮，增水值大于 3m。

三、风暴潮的分布

根据统计，全球有 8 个热带气旋（台风或飓风）多发区：西北太平洋、东北太平洋、北大西洋、孟加拉湾、阿拉伯海、南太平洋、西南印度洋和东南印度洋。其中，西北太平洋居首位，世界台风总数的 1/3 发生在这一海区，这里不仅台风多，而且强度大。因而，位于该海区沿岸的中国、菲律宾、越南、日本等国家，遭受台风及风暴潮袭击的机会也最多。受温带风暴潮影响严重的地区，大都在 20°N 以北的沿海一带，以南的地方一般不会出现温带风暴潮或受其影响很小。

根据最近 50 年的统计，孟加拉国、日本、美国和荷兰是最易发生风暴潮灾害的国家，特别是孟加拉国沿海地区，极易受风暴潮的袭击，几乎每 2 年就发生 1 次较大的潮灾，每 10 年出现 1 次特大潮灾。日本是在太平洋西北部的岛国，也是风暴潮灾害多发的国家之一。美国地处中纬度，也是一个多风暴潮的国家。飓风和温带气旋引起的风暴潮都能光顾到它的沿海地带。特大飓风暴潮大约 4 年 1 次，每次的损失数亿美元。荷兰是世界上著名的低洼泽国，大小河流纵横交错。首都阿姆斯特丹市由 100 多个小岛组成，市内水渠交汇，地势低平，海拔只有几米高，加之荷兰沿岸潮差较大，很容易发生风暴潮灾害。

四、风暴潮的危害

风暴潮灾主要是由气象因素引起，它不仅在发生时造成沿海居民巨大的生命财产损失，还给沿海的滩涂开发和海水养殖带来严重的破坏，并可能在风暴潮灾过后伴随着瘟疫流行、土地盐碱化，使粮食失收、果树枯死、耕地退化，并污染沿海地区的淡水资源，而使人畜饮水出现危机，生存受到威胁。沿海某些海岸也因风暴潮多年冲刷而遭到侵蚀。这种潮灾带来的次生灾害，几年内也难消除。2005 年 8 月 29 日，"卡特里娜"飓风及引发的风暴潮袭击了世界上最富有、科技最发达的美国。在路易斯安那州、密西西比州、阿拉巴马州和佛罗里达州的滨岸地区掀起 5～9m 高的风暴潮。在密西西比州的比罗西市发生了高达 10m 高的风暴潮，这是美国历史上曾经发生的最高的风暴潮。如此强烈的风暴潮，海水淹没了地势低于海平面的新奥尔良等地，大批房屋建筑被淹，导致墨西哥湾沿岸的石油工业陷入瘫痪，能源设施破坏严重，由此引发全国汽油价格飙升，创历史新高。"卡特里娜"飓风造成的经济损失总计可能高达 2000 亿美元，成为美国史上破坏最大的飓风。这也是自 1928 年"奥奇丘比"（Okeechobee）飓风以来，死亡人数最多的美国飓风，至少有 1836 人丧生。

风暴潮能否成灾，主要取决于其最大风暴潮位是否与天文潮高潮相叠，尤其是与天文大潮的高潮相叠，当然，也决定于受灾地区的地理位置、海岸形状、岸上及海底地形，尤其是滨海地区的社会及经济（承灾体）情况。如果最大风暴潮位恰与天文大潮的高潮相叠，则会导致发生特大潮灾，如 9216 号台风风暴潮。1992 年 8 月 28 日—9 月 1 日，受第 16 号强热带风暴和天文大潮的共同影响，我国东部沿海发生了自 1949 年以来影响范围最广、损失非常严重的一次风暴潮灾害，受灾人口达 2000 多万人，死亡 194 人，毁坏海堤 1170km，受灾农田 193.3 万 hm^2，成灾 33.3 万 hm^2，直接经济损失 90 多亿元。

2007 年 3 月 4—5 日，受强冷空气和温带气旋的共同影响，渤海湾、莱州湾出现自 1969 年以来最强的一次温带风暴潮灾害，这次风暴潮造成山东省 3 人死亡，7 人失踪，受灾人口达 64.15 万人。风暴潮损坏船只 2100 余艘，使 600 多间房屋倒塌，农作物受灾面积 $35.71 \times 10^3 hm^2$，直接经济损失达 19.65 亿元。

如果风暴潮位非常高，虽然未遇天文大潮或高潮，也会造成严重潮灾。8007 号台风风暴潮就属于这种情况。当时正逢天文潮平潮，由于出现了 5.94m 的特高风暴潮位，仍造成了严重风暴潮灾害。

随着社会的发展和客观的需要，我国对风暴潮灾的防范工作也日益重视和加强。目前在沿海已建立了由 280 多个海洋站、验潮站组成的监测网络，配备比较先进的仪器和计算机设备，利用电话、无线电、电视和基层广播网等传媒手段，进行灾害信息的传输。随着沿海经济发展的需要，抗御潮灾已是未来发展的一项重要战略任务。

五、我国的风暴潮

在我国，几乎一年四季均有风暴潮灾发生，并遍及整个中国沿海，其影响时间之长，地域之广，危害之重，均为西北太平洋沿岸国家之首。

中国历史上最早的潮灾记录要追溯到公元前 48 年，在《中国历代灾害性海潮史料》（1984）中，统计了中国历史上从公元前 48—1946 年这一漫长岁月中各个朝代风暴潮灾发生的次数，共计 576 次。随着年代的延伸，风暴潮灾的记载也日趋详细，一次潮灾的死亡人数由"风潮大作溺死人畜无算"，到给出具体死亡人数。从这些详细的记载中，不难看出每次死于风暴潮灾的，少则数百、数千人，多则万人乃至十万人之巨。从史料中可看出我国历史上风暴潮灾之严重。

1949—1999 年的 51 年间，中国发生最大增水 1m 以上的台风风暴潮高达 288 次，年均 5.65 次；最大增水 2m 以上的严重台风风暴潮 52 次，年均 1.02 次；最大增水 3m 以上的特大风暴潮 10 次，年均约 0.2 次。造成显著灾害损失的共计 128 次，年均 2.51 次，是由 128 个台风和少数强热带风暴、热带风暴引起的风暴潮造成的。这 128 个台风风暴潮，在中国沿海省（自治区、直辖市）共造成 18 次特大风暴潮灾害。进入 20 世纪 90 年代，台风风暴潮灾害越发严重。

就风暴潮灾害影响的空间范围而言，中国风暴潮灾的分布几乎遍布各滨海地区，其中渤黄海沿岸主要以温带风暴潮灾为主，偶有台风风暴潮灾发生，东南沿海则主要是台风风暴潮灾。风暴潮灾的多发区为以下 5 个岸段[24]：渤海湾至莱州湾沿岸（以温带风暴潮灾为主）、江苏南部沿海到浙江北部（主要是长江口、杭州湾）、浙江温州到福建闽江口、广东汕头到珠江口、雷州半岛东岸到海南省东北部。从风暴潮综合危险度讲，最严重的是台湾、浙江、广东，其次为广西、福建，以下依次为江苏、山东。福建主要受太平洋台风影响，但由于台湾省在地形上起到一个屏障作用，故遭受台风灾害的风险性要小一些。

以下是近几年发生的主要台风风暴潮灾害事件。

1. 0908 "莫拉克"台风风暴潮灾害

台风"莫拉克"于 2009 年 8 月 9 日 16 时 20 分在福建省霞浦县北壁乡登陆。受风暴潮和近岸浪的共同影响，福建、浙江和江苏直接经济损失 32.65 亿元。沿海最大风暴增水为 232cm，发生在福建省连江县琯头站；浙江、福建两省沿海共有 16 个验潮站的增水超过 100cm，其中浙江省 8 个，福建省 8 个；沿海共有 11 个验潮站的最高潮位达到或超过当地警戒潮位，其中福建省长乐市白岩潭站最高潮位超过当地警戒潮位达 88cm。

此次风暴潮福建省受灾人口 165 万人，农田受淹 66060hm²，海洋水产养殖受损 7460hm²，其中池塘养殖受损 4600hm²，网箱损坏 62654 个；防波堤损坏 9.2km，护岸受损 17.92km，码头毁坏 1167 个；船只损毁 1152 艘。长乐市外文武海堤外堤受损约 35m，防浪墙被摧毁，约 10m 宽的堤顶被巨浪击碎。宁德市霞浦县牙城镇洪山海堤损坏，堤内 1200 亩滩涂养殖受损（图 7-1）。全省直接经济损失 19.83 亿元。

2. 1003 "灿都"台风风暴潮灾害

台风"灿都"于 2010 年 7 月 22 日 13 时 45 分在广东省吴川市五阳镇登陆。沿海监测到最大风暴增水为 196cm，发生在广东省水东站；增水超过 100cm 的还有广东省北津站，为 101cm，其最高潮位接近当地警戒潮位。广东省受灾人口 236.3 万人，死亡（含失踪）5 人，房屋损毁 1.20 万间，水产养殖损失 28.81×10³hm²，防波堤受损 106.37km，护岸 673 个，因灾造成直接经济损失 30.62 亿元。广西受灾人口 84.24 万人，淹没农田 38.41×10³hm²，水产养殖损失 0.84×10³hm²，防波堤损毁 7.92km，护岸损毁 7 个，因灾造成直接经济损失 1.53 亿元。

3. 1117 "纳沙" 台风风暴潮灾害

强台风 "纳沙" 于 2011 年 9 月 29 日 14

图 7-1 福建省宁德市霞浦县三沙镇遭受
0908 "莫拉克" 台风风暴潮袭击

时 30 分在海南省文昌市翁田镇登陆。受风暴潮和近岸浪的共同影响，广东省、海南省和广西壮族自治区受灾严重，直接经济损失 31.06 亿元。沿海最大风暴增水发生在广东省湛江市南渡站，为 399cm，增水超过 300cm 的还有湛江站，增水超过 100cm 的有广东省三灶、闸坡和海南省秀英等站；共有 5 个验潮站的最高潮位超过当地警戒潮位，其中南渡站和秀英站分别超过当地警戒潮位 53cm 和 52cm。广东省受灾人口 77.92 万人，房屋损毁 602 间；水产养殖受损 17.40×10³hm²，网箱损坏 30811 个；防波堤损毁 2.15km；船只损毁 303 艘；因灾直接经济损失 12.63 亿元。海南省水产养殖受损 1.57×10³hm²，网箱损坏 17624 个；防波堤损毁 3.03km，道路损毁 0.73km；船只损毁 1181 艘；因灾直接经济损失 17.28 亿元。海南省海口市东海岸部分防风林遭受风暴潮袭击，大片的木麻黄被连根拔起，其中桂林洋农场长 6.8km 的防护林带中有 6km 受损，海水内侵约 20m。海口市东营镇、演丰镇和文昌市翁田镇等村庄所处地势较低，部分养殖池塘和渔船受损。广西壮族自治区水产养殖受损 4.44×10³hm²，防波堤损毁 22.75km，护岸损坏 49 个，因灾直接经济损失 1.15 亿元。

4. 1319 "天兔" 台风风暴潮灾害

2013 年 9 月 22 日 19 时 40 分前后，台风 "天兔" 在广东省汕尾市附近沿海登陆，受风暴潮和近岸浪的共同影响，福建和广东两省因灾直接经济损失合计 64.93 亿元。沿海最大风暴增水 201cm，发生在广东省海门站。增水超过 100cm 的还有福建省东山站（103cm）和厦门站（102cm），广东省遮浪站（163cm）、汕头站（160cm）、汕尾站（150cm）、惠州站（137cm）和南澳站（125cm）。福建省东山站最高潮位超过当地红色警戒潮位 14cm（图 7-2）。广东省汕尾站和盐田站最高潮位分别超过当地警戒潮位 39cm 和 10cm。

图 7-2 受 1319 "天兔" 台风风暴潮影响福建省
漳州市东山县宫前渔港防波堤损毁

5. 1409 "威马逊" 台风风暴潮灾害

超强台风 "威马逊" 是 1949 年以来登陆我国的最强台风，2014 年 7 月 18 日 15 时

30 分在海南省文昌市翁田镇沿海登陆，登陆时中心气压 910hPa，最大风速 60m/s；18 日 19 时 30 分在广东省湛江市徐闻县龙塘镇沿海再次登陆；19 日 7 时 10 分在广西防城港市光坡镇沿海第三次登陆。受风暴潮和近岸浪的共同影响，广东、广西和海南三地因灾直接经济损失合计 80.80 亿元。沿海风暴潮最大风暴增水 392cm，发生在广东省南渡站。广东省南渡站和湛江站最高潮位分别超过当地警戒潮位 49cm 和 8cm。海南省秀英站最高潮位超过当地警戒潮位 53cm。

6. 1415"海鸥"台风风暴潮灾害

2014 年 9 月 16 日 9 时 40 分台风"海鸥"在海南省文昌市翁田镇沿海登陆，12 时 45 分"海鸥"在广东湛江市徐闻县南部沿海地区再次登陆。受风暴潮和近岸浪的共同影响，广东、广西和海南三地因灾直接经济损失合计 42.75 亿元。沿海最大风暴增水 495cm，发生在广东省南渡站。增水超过 200cm 的还有广东省湛江站（433cm）、硇洲站（388cm）、水东站（298cm）、北津站（238cm）、闸坡站（222cm）。广东省盐田站、黄埔站、三灶站、北津站、湛江站、南渡站 6 个潮（水）位站的最高潮位超过当地警戒潮位，其中，南渡站最高潮位超过当地警戒潮位 159cm。海南省秀英站出现了破历史纪录的高潮位，超过当地警戒潮位 147cm。

六、风暴潮预警级别

风暴潮预警级别分为 Ⅰ、Ⅱ、Ⅲ、Ⅳ 四级警报，颜色依次为红色、橙色、黄色和蓝色，分别表示特别严重、严重、较重、一般。

1. 风暴潮 Ⅰ 级紧急警报（红色）

受热带气旋（包括台风、强热带风暴、热带风暴、热带低压，下同）影响，或受温带天气系统影响，预计未来沿岸受影响区域内有一个或一个以上有代表性的验潮站将出现达到或超过当地警戒潮位 80cm 以上的高潮位时，至少提前 6h 发布风暴潮紧急警报。

2. 风暴潮 Ⅱ 级紧急警报（橙色）

受热带气旋影响，或受温带天气系统影响，预计未来沿岸受影响区域内有一个或一个以上有代表性的验潮站将出现达到或超过当地警戒潮位 30cm 以上 80cm 以下的高潮位时，至少提前 6h 发布风暴潮 Ⅱ 级紧急警报。

3. 风暴潮 Ⅲ 级警报（黄色）

受热带气旋影响，或受温带天气系统影响，预计未来沿岸受影响区域内有一个或一个以上有代表性的验潮站将出现达到或超过当地警戒潮位 30cm 以内的高潮位时，前者至少提前 12h 发布风暴潮警报，后者至少提前 6h 发布风暴潮警报。

4. 风暴潮 Ⅳ 级预报（蓝色）

受热带气旋或受温带天气系统影响，预计在预报时效内，沿岸受影响区域内有一个或一个以上有代表性的验潮站将出现低于当地警戒潮位 30cm 的高潮位时，发布风暴潮预报。

另外，预计未来 24h 内热带气旋将登陆我国沿海地区，或在离岸 100km 以内（指热带气旋中心位置），即使受影响区域内有代表性的验潮站的高潮位低于蓝色警戒潮位，也应发布风暴潮蓝色警报。

第三节　灾害性海浪

一、灾害性海浪概念

海浪是海面的波动现象，通常指由风产生的海面波动，其周期为 0.5～25s，波长为几十厘米至几百米，一般波高为几厘米至 20m，在罕见的情况下波高可达 30m 以上。

海浪包括风浪、涌浪和近岸浪三种。平常说的"无风不起浪"，是指在风的直接作用下形成的海面波动，称为风浪，风浪大时波峰附近有浪花和大片泡沫，波峰线短。"无风三尺浪"则是指在风停以后或风速风向突变后海面保存下来的波浪和传出风区的波浪，称为涌浪。涌浪具有较规则的外形，排列整齐，波面较平滑，波峰线长，一般涌浪周期较风浪的长。涌浪周期越长，传播得就越快、越远，由于长周期的涌浪传播速度比台风、温带气旋等天气系统的移动速度快，因此涌浪往往能成为一种预警信号。近岸浪则是指外海的风浪或涌浪传到海岸附近，受地形和水深作用而改变波动性质的海浪。当波浪传到浅水区或近岸区域后，由于受地形和海底摩擦阻力影响，波浪将发生一系列的变化。深度变浅的结果，不仅波长缩短，波速也变小，使波向线（波浪传播方向）发生转折，出现折射现象。由于能量集中于更小水体中，波高将增大，波面变陡，再加上受海底摩擦阻力影响，波峰处传播速度比波谷快，使波浪的前坡陡于后坡，波峰赶上波谷，导致波峰前倾，甚至倒卷和破碎，形成破碎浪。在陡立的海岸，将形成拍岸浪。

按照诱发海浪的大气扰动特征来分类，由热带气旋引起的海浪称为台风浪；由温带气旋引起的海浪称为气旋浪；由冷空气引起的海浪称为冷空气浪。

广义上的海浪还包括天体引力、海底地震、火山爆发、塌陷滑坡、大气压力变化和海水密度分布不均等外力和内力作用下，形成的海啸、风暴潮和海洋内波等。它们都会引起海水的巨大波动，这是真正意义上的海上无风也起浪。海浪是海面起伏形状的传播，是水质点离开平衡位置，做周期性振动，并按一定方向传播而形成的一种波动，水质点的振动能形成动能，海浪起伏能产生势能，这两种能的累计数量是惊人的。

不同强度的海浪对人类威胁程度不同。由强烈大气扰动，如热带气旋（台风、飓风）、温带气旋和强冷空气大风等引起的海浪，在海上常能掀翻船只，破坏海上工程和海岸工程，给海上航行、海上施工、海上军事行动、渔业捕捞、滨海养殖等造成危害，将其称为灾害性海浪。但在实际上，很难规定什么样的海浪属于灾害性海浪。对于抗风抗浪能力极差的小型渔船、小型游艇等，波高 2～3m 的海浪就对其构成威胁；而对于千吨以上的海轮这样的海浪，不危险。结合我国的实际情况，对于波高 3m 以上的海浪在近岸海域活动的多数船舶已感到有相当的危险。对于适合近、中海活动的船舶，波高大于 6m 甚至波高 4～5m 的巨浪也已对其构成威胁。而对于在大洋航行的巨轮，则只有波高 7～8m 的狂浪和波高超过 9m 的狂涛才是危险的。所以，通常灾害性海浪是指海上波高达 4m 以上的海浪。而波高 6m 以上的海浪对航行在海洋上的绝大多数船只已构成威胁。

二、海浪强度等级

标志海浪强度的要素主要有波高、波周期、波长、波速。在国际上采用波级表示海浪强度。目前波级种类不尽一致，常用的波级表除国际通用波级表外，还有蒲福波级表、道氏波级表、美制波级表。我国于 1986 年 7 月 1 日起采用国际通用波级表划分波浪等级，见表 7-1。按照波级表标准，灾害性海浪属于 6～9 波级的巨浪、狂浪、狂涛、怒涛。中国灾害性海浪主要分布在南海、东海，其次分布在黄海和台湾海峡。

表 7-1　　　　　　　　　　　国 际 通 用 波 级 表

波级	波高区间/m	波高中值/m	风浪名称	涌浪名称	蒲福风级
0	0	0	无浪	无涌	<1
1	<0.1	—	微浪	小涌	1～2
2	0.1～0.4	0.3	小浪	中涌	3～4
3	0.5～1.2	0.8	轻浪	中涌	4～5
4	1.3～2.4	2.0	中浪	中涌	5～6
5	2.5～3.9	3.0	大浪	大涌	6～7
6	4.0～5.9	5.0	巨浪	大涌	8～9
7	6.0～8.9	7.5	狂浪	巨涌	10～11
8	9.0～13.9	11.5	狂涛	巨涌	12
9	>14.0	—	怒涛	巨涌	>12

风浪的大小不仅取决于风速（风力大小），而且还与风作用的时间（风时）、风作用的海区范围（风区）以及海区的形态特征有关，是各影响因素综合作用的结果。一般风力越大，风区越宽广，风时越长，水深越深，风浪就越大。一般地讲，中、高纬海区多风浪。最大风浪带发生在南半球的西风带，因为这里西风强劲而稳定，三大洋又连成一片，故有"咆哮四十"之称。

三、我国海浪灾害分布

（一）近年我国沿海波高超过 4m 的灾害性海浪情况

中国海位于欧亚大陆东南岸，并与太平洋相通，冬季受从西伯利亚、蒙古等地南下的寒潮、冷空气影响，春秋季受温带气旋影响，夏季受台风影响。因此我国是世界上海浪灾害最频繁的地区之一。

1. 2009 年我国海浪灾害情况

2009 年我国近海海域共发生灾害性海浪过程 32 次，其中台风浪 12 次，冷空气浪和气旋浪 20 次。海浪灾害造成直接经济损失 8.03 亿元，死亡（含失踪）38 人。

海浪灾害造成的直接经济损失多于 2008 年，死亡（含失踪）人数少于 2008 年。受台风浪的影响，台湾海峡及南海沿岸海域遭受的直接经济损失较大，占全部损失的 70% 以上。沿海各省（自治区、直辖市）海浪灾害损失见表 7-2。

表 7-2　　2009 年沿海各省（自治区、直辖市）海浪灾害损失统计（来源：国家海洋局）

省（自治区、直辖市）	死亡（含失踪）人数	海水养殖受损面积/10^3hm²	海岸工程受损长度/km	船只沉损/艘	直接经济损失/万元
辽宁省	0	1.2	10.45	0	18000
江苏省	8	2.6	0	10	1572.20

续表

省（自治区、直辖市）	死亡（含失踪）人数	海水养殖受损面积 /10³hm²	海岸工程受损长度 /km	船只沉损 /艘	直接经济损失 /万元
上海市	4	0	0	7	256
浙江省	16	0	0	7	291.1
福建省	1	12.68	4.09	256	33600
广东省	2	0	12.6	3	10163
海南省	7	0	0	54	16448
合计	38	16.48	27.14	337	80330.30

0903 号热带风暴"莲花"于 2009 年 6 月 18 日 14 时在南海生成，台湾海峡 21 日 13 时至 22 日 11 时出现了 4.0～6.0m 的巨浪和狂浪；东海南部出现了 4.0～5.5m 的巨浪。福建省崇武站 22 日 11 时观测到 3.5m 的大浪，广东省东部、福建省和浙江省南部沿海多个海洋站观测到 2.0～2.5m 的中到大浪。受其影响，福建沿海海域共损失各类渔船 256 艘，死亡 1 人，海水养殖损失 12680hm²，防波堤损毁 1.76km，护岸损毁 2.18km。因灾造成直接经济损失 3.36 亿元。

2. 2010 年我国海浪灾害情况

2010 年我国近海海域共发生灾害性海浪过程 35 次，其中台风浪 12 次，冷空气浪和气旋浪 23 次。海浪灾害造成直接经济损失 1.73 亿元，死亡（含失踪）132 人。

2010 年海浪灾害主要发生在海南省，直接经济损失为 1.27 亿元，约占全部直接经济损失的 73%；海浪灾害造成人员死亡（含失踪）最多的省份为江苏省，共计 53 人。沿海各省（自治区、直辖市）海浪灾害损失见表 7-3。

表 7-3　　2010 年沿海各省（自治区、直辖市）海浪灾害损失统计（来源：国家海洋局）

省（自治区、直辖市）	死亡（含失踪）人数	海水养殖受损面积 /10³hm²	海岸工程受损长度 /km	船只沉损 /艘	直接经济损失 /万元
河北省	7	0	0	1	775
山东省	0	0.008	0.04	0	200
江苏省	53	0	0	13	1186
浙江省	39	0	0	18	1902
广东省	16	0	0	6	540.50
海南省	17	0	2.10	327	12676
合计	132	0.008	2.14	365	17279.50

3. 2011 年我国海浪灾害情况

2011 年我国近海海域共发生灾害性海浪过程 37 次，其中台风浪 14 次，冷空气浪和气旋浪 23 次。海浪灾害造成直接经济损失 4.42 亿元，死亡（含失踪）68 人。

2011 年海浪灾害直接经济损失主要发生在浙江省，为 3.99 亿元，约占全部直接经济损失的 90.3%；海浪灾害造成人员死亡（含失踪）最多的省份为浙江、福建、广东，分别为 14 人、14 人和 13 人。沿海各省（自治区、直辖市）海浪灾害损失见表 7-4。

表7-4　　2011年沿海各省（自治区、直辖市）海浪灾害损失统计（来源：国家海洋局）

省（自治区、直辖市）	死亡（含失踪）人数	海水养殖受损面积 /10^3hm^2	海岸工程受损长度 /km	船只沉损 /艘	直接经济损失 /万元
河北省	7	0.001	0	1	246
山东省	0	0	0.01	0	361
上海市	11	0	0	9	1815
浙江省	14	1.84	0	6	39878
福建省	14	0	0	10	765
广东省	13	0	0	3	188
海南省	9	0	0.06	18	913
合计	68	1.841	0.07	47	44166

4. 2012年我国海浪灾害情况

2012年，我国近海共发生灾害性海浪过程41次，其中台风浪18次，冷空气浪和气旋浪23次。因灾直接经济损失6.96亿元，死亡（含失踪）59人。

2012年，海浪灾害造成的直接经济损失偏重，为前5年平均值（3.18亿元）的2.19倍；死亡（含失踪）人数比前5年平均值（95人）有所下降。海浪灾害直接经济损失主要发生在辽宁省和山东省，分别为4.48亿元和1.49亿元，占海浪灾害全部直接经济损失的86%。2012年沿海各省（自治区、直辖市）海浪灾害损失统计见表7-5。

表7-5　　　　　2012年沿海各省（自治区、直辖市）海浪灾害损失统计

省（自治区、直辖市）	死亡（含失踪）人数	海水养殖受损面积 /10^3hm^2	海岸工程受损长度 /km	船只沉损 /艘	直接经济损失 /万元
辽宁省	0	—	2.61	163	44753.5
山东省	0	0.54	—	531	14900.0
江苏省	0	0	0	86	932.0
浙江省	13	0	0	8	562.5
福建省	11	0	0	2	105.0
广东省	12	0	0	2	81.6
海南省	23	1.75	0.46	23	8281.8
合计	59	2.29	3.07	815	69616.4

5. 2013年我国海浪灾害情况

2013年，我国近海共出现43次有效波高4m以上的灾害性海浪过程，其中台风浪20次，冷空气浪和气旋浪23次。因灾直接经济损失6.30亿元，死亡（含失踪）121人。

2013年，海浪灾害造成的直接经济损失偏重，为近5年平均值（5.49亿元）的1.15倍；死亡（含失踪）人数为近5年平均值（84人）的1.44倍。海浪灾害直接经济损失最重的是海南省，为5.89亿元，占海浪灾害全部直接经济损失的93%。2013年沿海各省（自治区、直辖市）海浪灾害损失统计见表7-6。

表 7 - 6 2013 年沿海各省（自治区、直辖市）海浪灾害损失统计

省（自治区、直辖市）	死亡（含失踪）人数	海水养殖受损面积 /10³ hm²	海岸工程受损长度 /km	船只沉损 /艘	直接经济损失 /万元
江苏省	10	0.66	0	2	1225.0
浙江省	20	0	0	7	631.0
福建省	13	0	0	9	230.0
广东省	65	0	0	9	2031.0
海南省	13	413.78	2.11	598	58888.5
合计	121	414.44	2.11	625	63005.5

2013 年 9 月 28—30 日，受第 21 号强台风"蝴蝶"影响，中沙群岛、西沙群岛、海南岛以南海域出现了 6～9m 的狂浪到狂涛，受其影响，广东、海南两省 4 艘渔船沉没，死亡（含失踪）63 人，直接经济损失合计 0.66 亿元。

2013 年 11 月 9—11 日，受第 30 号超强台风"海燕"和冷空气的共同影响，我国南海海域出现了 6～9m 的狂浪到狂涛，受其影响，海南省毁坏渔船 152 艘，损坏渔船 326 艘，死亡（含失踪）2 人，直接经济损失 4.60 亿元。

（二）我国沿海波高超过 4m 的灾害性海浪分布

从中国近海和邻近海域的海浪空间分布特征来看，各海域之间有着明显的差异。

1. 渤海灾害性海浪分布

渤海是我国的浅水内海，平均水深 26m，风区较短，灾害性海浪出现的频率较低，平均每年出现灾害性海浪约 9d，主要是寒潮、温带气旋引起的，出现时间在当年 10 月至次年 4 月。灾害性海浪出现频率最高的月份是 11 月，约 2.1d；出现频率最低的月份是 6—7 月，约 0.1d。灾害性海浪出现天数多的年份可达 25d（如 2003 年），而少的年份仅 1d（如 1988 年）。至于渤海海峡，因水较深，且当吹偏东风或偏西风时，有足够长的风区，加上狭管效应，风浪易于成长，曾出现过 13.6m 的最大浪高。

2. 黄海灾害性海浪分布

黄海的灾害性海浪次数较多，平均每年出现 34d，以寒潮、温带气旋引起的灾害性海浪为主，出现时间在当年 10 月至次年 3 月。出现频率最高的月份为 1 月，约 5.4d；最低的月份为 5 月，约 0.7d。灾害性海浪出现天数多的年份可以达到 72d（如 1980 年），而最少的年份仅 8d（1995 年）。

3. 东海灾害性海浪分布

东海的灾害性海浪次数更多，平均每年出现 80d，出现频率最高的月份是 12 月，约 11d；最低的月份是 5 月，约 1.3d。灾害性海浪出现天数多的年份可以达到 116d（如 2000 年），而最少的年份仅 51d（1995 年）。

4. 台湾海峡灾害性海浪分布

台湾海峡的灾害性海浪平均每年出现 64d，出现时间在当年 10 月至次年 2 月。出现频率最高的月份为 12 月，约 12.4d；最低的月份为 5 月，约 0.4d。灾害性海浪出现天数最多的年份可以达到 106d（如 2005 年），而最少的年份仅 33d（2002 年）。

5. 南海灾害性海浪分布

南海面积广阔，水深浪大，也具有大洋海浪的特征。南海也是中国近海灾害性海浪出现频率最高的海区，平均每年出现 95d。出现频率最高的月份为 12 月，约 16.5d；最低的月份为 4 月，约 1.7d。灾害性海浪出现天数最多的年份可以达到 125d（如 1989 年），而最少的年份也有 58d（2002 年）。该海区也是受台风浪影响严重的海区之一。

四、海浪灾害警报发布标准

1. 海浪灾害蓝色警报

受热带气旋或温带天气系统影响，预计未来 24h 受影响近岸海域出现 2.5～3.5m（不含）有效波高时，应发布海浪蓝色警报。

2. 海浪灾害黄色警报

受热带气旋或温带天气系统影响，预计未来 24h 受影响近岸海域出现 3.5～4.5m（不含）有效波高，或者近海预报海域出现 6.0～9.0m（不含）有效波高时，应发布海浪黄色警报。

3. 海浪灾害橙色警报

受热带气旋或温带天气系统影响，预计未来 24h 受影响近岸海域出现 4.5～6.0m（不含）有效波高，或者近海预报海域出现 9.0～14.0m（不含）有效波时，应发布海浪橙色警报。

4. 海浪灾害红色警报

受热带气旋或温带天气系统影响，预计未来 24h 受影响近岸海域出现达到或超过 6.0m 有效波高，或者近海预报海域出现达到或超过 14.0m 有效波高时，应发布海浪红色警报。

第四节 海 啸 灾 害

一、海啸的概念

海啸是指海底地震、火山爆发、海底滑坡和塌陷所产生的具有超大波长和周期的海洋巨浪，能造成近岸海面大幅度涨落。水下核爆炸可以形成人造海啸。海啸的波速高达 700～800km/h，在几小时内就能横过大洋；波长可达数百千米，可以传播几千千米而能量损失很小；在茫茫的大洋里波高不足 1m，不会造成灾害，但当到达海岸浅水地带时，波速减小、波长减短而波高急剧增加，可达数十米，形成含有巨大能量的"水墙"，瞬时侵入滨海陆地，吞噬近岸良田和城镇村庄，造成危害，使人们生命财产遭受毁灭性灾难。海啸的英文词"tsunami"来自日文，是港湾中的波的意思。

大部分海啸都产生于深海地震。深海发生地震时，海底发生激烈的上下方向的位移，某些部位出现猛然的上升或者下沉，其上方的海水产生了巨大的波动，原生的海啸于是就产生了。地震几分钟后，原生的海啸分裂成为两个波，一个向深海传播，一个向附近的海岸传播。向海岸传播的海啸，受到岸边的海底地形等影响，在岸边与海底发生相互作用，速度减慢，波长变小，振幅变得很大（可达几十米），在岸边造成很大的破坏。

海啸与一般的海浪不一样，海浪一般在海面附近起伏，涉及的深度不大，而深海地震引起的海啸则是从深海海底到海面的整个水体的波动，其中包含的能量惊人。

二、地震海啸产生的条件

海啸是一种具有强大破坏力、灾难性的海浪，通常由震源在海底下 50km 以内、里氏震级 6.5 以上的海底地震引起。海啸的产生需要满足三个条件：深海、大地震和开阔并逐渐变浅的海岸条件。

1. 深海

地震释放的能量要变为巨大水体的波动能量，地震必须发生在深海，只有在深海海底上面才有巨大的水体。浅海地震产生不了海啸。尤其是横跨大洋的大海啸，发生海底地震的海区水深一般都在 1000m 以上。

2. 大地震

海啸浪高是海啸最重要的特征。我们经常将在海岸上观测到的海啸浪高的对数作为海啸大小的度量，叫作海啸等级（magnitude）。如果用 H（单位为 m）代表海啸的浪高，则海啸的等级 m 为

$$m = \log_2 H \qquad (7-1)$$

各种不同震级的地震产生的海啸浪高见表 7-7。

表 7-7　　　　　　　　地震震级、海啸等级和海啸浪高的关系

地震震级	6	6.5	7	7.5	8	8.5	8.75
海啸等级	−2	−1	0	1	2	4	5
海啸浪高/m	<0.3	0.5~0.7	1.0~1.5	2~3	4~6	16~24	>24

由表 7.7 可知，只有 7 级以上的大地震才能产生海啸灾害，小地震产生的海啸形不成灾害。太平洋海啸预警中心发布海啸警报的必要条件：海底地震的震源深度小于 60km，同时地震的震级大于 7.8 级。值得注意的是，并不是所有的深海大地震都产生海啸，只有那些海底发生激烈的上下方向位移的地震才产生海啸。

3. 开阔并逐渐变浅的海岸条件

尽管海啸是由海底的地震和火山喷发引起的。但海啸的大小并不完全由地震和火山的大小决定。海啸的大小是由多个因素决定的，例如产生海啸的地震和火山的大小、传播的距离、海岸线的形状和岸边的海底地形等等。海啸要在陆地海岸带造成灾害，该海岸必须开阔，具备逐渐变浅的条件。

海啸的产生是一个比较复杂的问题，即使具备了上述三个条件也只有一部分地震（占海底地震总数的 1/5~1/4）能产生海啸，多数人认为只有伴随有海底强烈垂直运动的地震才能产生海啸。

三、海啸的类型

海啸通常按成因可分为三类：地震海啸、火山海啸、滑坡海啸。地震海啸是海底发生地震时，海底地形急剧升降变动引起海水强烈扰动。其机制有两种形式："下降型"海啸和"隆起型"海啸。相对受灾现场讲，海啸可分为近海海啸和远洋海啸两类。

1. 近海海啸（本地海啸）

海底地震发生在离海岸几十千米或一二百千米以内，海啸波到达沿岸的时间很短，只

有几分钟或几十分钟，海啸预警时间很短或根本无预警时间，因而往往造成极为严重的灾害，如 1755 年里斯本地震海啸。

2. 远洋海啸

远洋海啸指从远洋甚至横跨大洋传播过来的海啸，又称遥海啸。海啸波属于海洋长波，波长可达几百千米，周期为几个小时，这种长波在传播过程中能量衰减很少，能够传播几千千米以外并造成巨大危害。但由于海啸波到达沿岸的时间较长，有几小时或十几小时，早期海啸预警系统能够有效减轻远洋海啸灾害。如 2004 年年底发生在印尼的大海啸就波及几千千米以外的斯里兰卡，1960 年智利海啸也曾使数千千米之外的夏威夷、日本都遭受到严重灾害。

上述分类是相对的。如 2004 年 12 月 26 日，印度尼西亚苏门答腊附近海域发生 9 级地震，引发巨大海啸。这对于印度尼西亚本身是本地海啸，但对于其他国家和地区则是远洋海啸。

四、海啸的特点

1. 海啸波波长非常长

海啸最大的特点是具有超长波长，其波长一般为几十千米至几百千米，周期为 2～200min，最常见的是 2～40min，可以传播几千千米而能量损失很小。在茫茫的大洋里波高不足 1m，这种波陡（波高与波长之比）极小的洋波不会被正在航行的船只所感觉到和观测到。因此，海啸不会在深海大洋上造成灾害。

2. 能量大

地震使海底发生激烈的上下方向的位移，某些部位出现猛然的上升或者下沉，使其上方的巨大海水水体产生波动，原生的海啸于是就产生了。我们可以用该水体势能的变化来估计海啸的能量。海啸的能量相当地震波的能量的 1/10 左右。海啸的能量是巨大的。2004 年印度洋海啸产生的能量大约相当于 3 座 100 万 kW 的发电厂一年发电的能量。

3. 传播速度快

海啸波的传播速度与海区水深有关，由下式确定：

$$v=\sqrt{gH} \qquad\qquad (7-2)$$

式中：v 为海啸波速度；g 为重力加速度；H 为海区水深。

太平洋平均水深 5500m，如取 H 为 5500m，则 $v=232$m/s，即约 835km/h，相当于跨洋喷气飞机的速度。如果以近岸 H 为 100m，则 $v=31.3$m/s，即约 112.7km/h，相当于高速公路汽车的速度。可见，波长极长、速度极快的海啸波，一旦从深海到达了岸边，由于深度急剧变浅，前进受到了阻挡，波高骤增，可达 20～30m，其全部的巨大能量，将变为巨大的破坏力量，摧毁一切可以摧毁的东西，造成巨大的灾难。

4. 海啸与海浪和风暴潮的不同

（1）成因不同。风暴潮是由海面大气运动引起的，而海啸是海底升降运动造成的，前者主要是海水表面的运动，而后者是海水的整体运动。

（2）波长不同。海啸的波长长达几百千米，而风暴潮的波长不到 1km。与海水的平均深度相比，海啸波长要大得多，水深数千米的海洋，对于波长几百千米的海啸，犹如一池浅水，所以海啸波是一种"浅水波"。而风暴潮波长比海水的深度小得多，所以是一种"深水波"。

（3）传播速度不同。海啸传播速度快，可达 700～900km/h，而水面波传播速度较慢，风暴潮要快一点，但最快的台风速度也只有 200km/h 左右，比起海啸还是要慢许多。

（4）激发的难易程度不同。海浪或风暴潮很容易被风或风暴所激发，而海啸是由海底地震产生的，只有少数的大地震，在极其特殊的条件下才能激发起灾难性的大海啸。

五、海啸灾害

（一）全球历史上重大海啸事件

地球上 2/3 的面积是海洋，海洋中最大的是太平洋，它几乎占地球面积的 1/3。太平洋的周围是地球上构造运动最活跃的地带，产生大量的地震、火山，因此，太平洋是最容易发生海啸的地方，人们对海啸的研究，对海啸灾害的预警系统都集中在太平洋。

在人类的灾害史上，海啸从来就是一种巨大的自然灾害（表 7-8）。海啸携带着巨大的能量，以极大速度冲向陆地几米甚至几十米的巨浪，它在滨海区域的表现形式是海面陡涨，骤然形成"水墙"，伴随着隆隆巨响，瞬时侵入滨海陆地，吞没良田和城镇村庄，然后海水又骤然退去，或先退后涨，有时反复多次，有巨大的破坏力。1946 年，3700km 外的阿拉斯加的阿留申群岛发生地震，海啸传到夏威夷，破坏极大，159 人死亡。历史记载破坏最大的海啸发生在 1755 年，葡萄牙近海发生大地震，5m 浪高的海啸席卷里斯本，25 万居民中，死亡人数为 6 万。这次海啸也使西班牙、摩洛哥、法国、英国、德国等国的沿海地区遭受灾祸，巨波还横扫大西洋到达美洲和西印度群岛。

表 7-8　　　　　　　　　历史上部分破坏巨大的海啸

日　　　期	发源地	浪高 /m	产生原因	备　　　注
1755 年 11 月 1 日	大西洋东部	5～10	地震	摧毁里斯本，死亡 6 万～10 万人
1868 年 8 月 13 日	秘鲁—智利	>10	地震	破坏夏威夷、新西兰
1883 年 8 月 27 日	印度尼西亚喀拉喀托（Krakatau）	40	海底火山喷发	3.6 万人死亡
1896 年 6 月 15 日	日本本州	24	地震	2.6 万人死亡
1933 年 3 月 2 日	日本本州	>20	地震	3000 人死亡
1946 年 4 月 1 日	阿留申群岛	>10	地震	159 人死亡，损失 2500 万美元
1960 年 5 月 13 日	智利	>10	地震	智利：909 人死亡，834 人失踪。日本：120 人死亡。夏威夷：61 人死亡
1964 年 3 月 28 日	美国阿拉斯加	6	地震	阿拉斯加州死亡 119 人，损失 1 亿美元
1992 年 9 月 2 日	尼加拉瓜	10	地震	170 人死亡，500 人受伤，1.3 万人无家可归
1992 年 12 月 2 日	印度尼西亚	26	地震	137 人死亡
1993 年 7 月 12 日	日本	11	地震	200 人死亡
1998 年 7 月 17 日	巴布亚新几内亚	12	海底大滑坡	1000 余人死亡，2000 余人失踪
2004 年 12 月 26 日	印度尼西亚	>10	地震	死亡人数超过 28.3 万
2011 年 3 月 11 日	日本	>10	地震	根据日本警察厅的数据，东日本大地震已造成 15985 人遇难，2539 人下落不明

1. 1755 年里斯本地震海啸灾害

1755 年里斯本大地震（简称里斯本地震）发生于 1755 年 11 月 1 日早上 9 时 40 分。这是人类史上破坏性最大和死伤人数最多的地震之一，死亡人数高达 6 万～10 万。大地震及随之而来的火灾和海啸，使里斯本 85% 的建筑物被毁，其中包括一些著名景点、教堂、图书馆和很多 16 世纪葡萄牙的特色建筑物，如刚建成的凤凰歌剧院（Phoenix Opera）、利庇喇宫（Paço da Ribeira）、里斯本大教堂（Lisbon Cathedral/Sé de Lisboa）和嘉模修院（Convento do Carmo）等，而即使在地震中没有即时倒塌的建筑物最终也挨不过火灾而被摧毁。

现在的地质学家估计这次地震的规模达到里氏震级 8.4～8.7 级之间，震中位于圣维森特角之西南偏西方约 200km 的大西洋中，它是由于非洲板块和欧亚板块的相互碰撞产生的。它造成的影响首次被大范围地进行科学化的研究，标志着现代地震学的诞生。这次事件也被启蒙运动的哲学家广泛讨论，启发了神义论和崇高哲学的发展。

2. 1883 年印度尼西亚地震海啸灾害

1883 年 8 月 27 日，喀拉喀托火山大爆发，将 20km³ 的岩浆喷到苏门答腊和爪哇之间的巽他海峡，当火山喷发到最高潮时，岩浆喷口倒塌，引发了一次大海啸，海浪高达 40 余米，造成 3.6 万人遇难。

3. 1908 年意大利地震海啸灾害

1908 年 12 月 28 日，意大利墨西拿发生 7.1 级地震。它摧毁了墨西拿 91% 的建筑物和建筑物，造成 75000 人死亡。它被认为是欧洲最具破坏性的地震。

地震之后发生了巨大的海啸，双重灾难几乎摧毁了墨西拿和附近的城市。估计海啸波浪高 13m，撞在西西里北部和卡拉布里亚南部的海岸。海啸发生后，港口充满了船只残骸和被淹死的人畜尸体。

4. 1960 年智利大地震及海啸

1960 年 5 月 21 日—6 月 22 日一个月的时间里，在智利发生了人类科学观测史上记录到震级最大的震群型地震，在南北 1400km 长的狭窄地带，连续发生了数百次地震，其中超过 8 级的 3 次，超过 7 级的 10 次，最大主震为 9.5 级（矩震级 MW）或 8.5 级（面波震级 MS），为世界地震史所罕见。这次地震导致数万人死亡和失踪，200 万人无家可归，并引发了世界上影响范围最大、也是最严重的一次地震海啸。地震期间，6 座死火山重新喷发，3 座新火山出现。

5. 1998 年巴布亚新几内亚地震海啸灾害

1998 年 7 月 17 日，南太平洋岛国巴布亚新几内亚发生里氏 7.1 级地震并引发海啸，造成 1000 余人死亡，2000 余人失踪，6000 多人无家可归。

6. 2004 年印度尼西亚地震海啸灾害

2004 年 12 月 26 日 8 时 58 分，印度尼西亚苏门答腊岛附近海域发生里氏 9.0 级深海大地震，震源深度 28.6km，震中坐标北纬 3.9°，东经 95.9°，震中处水深 1500m 以上，震中为无人居住的海洋，故地震本身造成的死人不多。但地震产生的海啸，袭击了几百米至几千千米外的不设防的海岸带，人口密集，故灾害严重。这次印度洋地震引发的海啸波及东南亚和南亚诸多国家和几个非洲国家，在印度尼西亚、斯里兰卡、印度、泰国、马尔代夫、马来西亚、孟加拉国、缅甸等国造成了巨大的人员伤亡，死亡人数超过28.3万，这是南亚40年来最大的灾难。海啸灾难之后，灾区又面临痢疾、瘟疫等流行病，救治伤员，解决吃住，家园重建等重大问题，如果没有处理好，死亡人数比海啸本身造成的还要多。

这次地震是近50年来全世界发生的特大地震，是印度洋地区历史上发生的震级最大的地震，而且符合深海、大地震、断层上下错动等产生海啸的条件，因此产生了巨大的海啸。

7. 2011年日本地震海啸灾害

2011年3月11日14时46分（北京时间13时46分）在日本东北部太平洋海域（日本称此处为"三陆冲"）发生了日本有地震记录以来最强烈的地震，地震的矩震级MW达到9.0级（美国地质调查局数据为MW9.1），震中位于北纬38.1°，东经142.6°，震源深度约10km，属浅源地震。此次地震引发的巨大海啸对日本东北部岩手县、宫城县、福岛县等地造成毁灭性破坏，并引发福岛第一核电站核泄漏。海啸造成日本死亡1.5万多人，数千人失踪。

（二）中国的海啸灾害

海啸是太平洋及地中海沿岸许多国家滨海地区最猛烈的海洋自然灾害之一。实际上，全球海洋都有海啸发生，只是其他地区危害相对较轻或频发程度不高。日本是发生海啸极多的国家，称海啸为"津波"，意思是涌入海湾或海港的破坏性巨浪。我国历史文献中关于海啸的记载，可以追溯到两千多年前的西汉年间，即发生于渤海莱州湾的海啸。以后的海啸记载表明，我国沿海从北到南均有海啸发生，但我国尤其是大陆沿海，并不是海啸灾害非常严重的地区。

中国的近海，渤海平均深度为20m，黄海为40m，东海为340m，它们的深度都不大，只有南海平均深度为1200m。因此，大部分海域地震产生地震海啸的可能性比较小，只是在南海和东海的个别地方发生特大地震，才有可能产生海啸。

亚洲东部有一系列的岛弧，从北往南有堪察加半岛、千岛群岛、日本列岛、琉球群岛，直到菲律宾。这一系列的天然岛弧屏蔽了中国的大部分海岸线；另一方面，中国的海域大部是浅水大陆架地带，向外延伸远，海底地形平缓而开阔。因此，中国受太平洋方向来的海啸袭击的可能性不大。1960年，智利发生9.5级大地震，产生地震海啸，对菲律宾、日本等地造成巨大的灾害，但传到中国的东海，在上海附近的吴淞验潮站，浪高只有15～20cm，没有造成灾害。2004年印度尼西亚地震海啸，海南岛的三亚验潮站记录的海啸浪高只有8cm。

（三）海啸早期预警系统

海啸是向外传播的，因此，知道了海中发生地震的地点，或知道了某处实际测得了海啸的发生，则可以利用海啸需要传播时间，及时向其他地方发出海啸警报。例如，智利附近地震产生的海啸向外传播，海啸传到夏威夷需要12h，传到日本则需要22h。

建立海啸预警系统的科学依据有两个：一是地震波比海啸波速度快，地震波大约每小时传播3万km，海啸波每小时几百千米；二是海啸波在海洋中传播时，其波长很长，会引起海水水面大面积升高，通过在大洋中建立的一系列观测海面的验潮站观测，就能知道海啸发生情况。

值得指出的是，海啸的产生是个复杂的问题，有的地震会造成海啸，而大部分海洋中的地震不产生海啸，因此，经常发生虚报的情况。例如，1948年，檀香山受到了警报，采取了紧急行动，全部居民撤离了沿岸，结果，根本没有海啸发生，为紧急行动付出了3000万美元的代价。前几年，在海啸警报中，虚报的比例大约有75%。近几年，随着对历史资料的深入分析和数值模拟技术的发展，虚报比例有所下降。

第五节 海 冰 灾 害

海冰是由海水冻结而成的咸水冰，但也包括流入海洋的河冰、湖冰和冰川冰等（图7-3）。大陆冰川或陆架冰滑入海洋后断裂而成的巨大冰块中，露出海面的高度在5m以上者称为冰山，高度大者可达几十米，长度一般为几百米至几十千米。海冰，特别是冰山对海上交通运输、生产作业、海上设施及海岸工程等造成的严重影响和损害，称为海冰灾害。海冰是极地海域和某些高纬度区域最突出的海洋灾害之一。

图7-3 海冰

一、海水结冰过程

海冰形成的必要条件是，海水温度降至冰点并继续失热、相对冰点稍有过冷却现象并有凝结核存在。

海水因含有大量盐分，在冻结过程、温度、速度等方面有别于淡水。随着盐度的增加，海水的最大密度温度及冰点温度呈线性递减（图3-4），而前者的递减速率大于后者。在盐度为 $24.695×10^{-3}$ 时，冰点温度和最大密度温度相同，均为 $-1.332℃$。

当盐度小于 $24.695×10^{-3}$ 时，最大密度温度高于冰点温度，低盐海水结冰过程同淡水类似，即当温度低于最大密度温度，达冰点时海水在相对平静的状态下结冰。

当海水盐度大于 $24.695×10^{-3}$ 时，最大密度温度低于冰点温度，其结冰过程非常困难缓慢。一方面，盐度大于 $24.695×10^{-3}$ 时，海水的最大密度温度低于冰点温度，随着海面温度的不断下降，表层海水密度总是不断增大，必然导致表层海水下沉而形成对流。

这种对流过程将一直持续到结冰时为止，这种对流作用可达到很大的深度乃至海底。由于对流，下层海水热量向上输送，使海水的冷却速率减慢，因此海水结冰非常困难。只有相当深的一层海水充分冷却后才开始结冰。另一方面，海水结冰时，要不断地析出盐分，使表层海水盐度增加，密度增大，因而表层水继续下沉，加强了海水的对流（助长对流）；同时，盐度值的增加，又使冰点温度进一步下降，所以结冰就更困难、更缓慢。所以海水结冰可以从海面至对流可达深度内同时开始。也正因为如此，海冰一旦形成，便会浮上海面，形成很厚的冰层。

海水结冰，是其中的水冻结，而将其中的盐分排挤出来，部分来不及流走的盐分以卤汁的形式被包围在冰晶之间的空隙里形成"盐泡"。此外，海水结冰时，还将来不及逸出的气体包围在冰晶之间，形成"气泡"。因此，海冰实际上是淡水冰晶、卤汁和气泡的混合物。

另外，在研究海冰时还需要了解以下概念：

冰期：海水结冰、海冰增长、海冰融消所经历的天数称为"冰期"。

初冰日：秋末冬初海面第一次出现海冰的日期称为"初冰日"。

封冻日：进入隆冬，海面出现厚度在 10cm 以上的海冰，浮冰密集度大于 7 成或出现固定冰的日期称为"封冻日"。

解冻日：冬末春初冻冰开始融化，浮冰密集度小于 7 成或固定冰开始解体的日期称为"解冻日"。

终冰日：春季海冰融化最后消失的日期称为"终冰日"。

结冰期：从初冰日到封冻日海冰生成、增长、发展的物理过程称为"结冰期"。

严重冰期（盛冰期）：从封冻日到解冻日海冰增长发展最严重（最盛）的物理过程称为"严重冰期"。

融冰期：从解冻日到终冰日海冰融化、消失的物理过程称为"融冰期"。

有冰期：从初冰日到终冰日海冰从形成、增长、融消所经历的物理过程称为"有冰期"。

二、海冰的分类

1. 按结冰过程的发展阶段分

（1）初生冰。初生冰是最初形成的海冰，都是针状或薄片状的细小冰晶；大量冰晶凝结，聚集形成黏糊状或海绵状冰，在温度接近冰点的海面上降雪，可不融化而直接形成黏糊状冰。在波动的海面上，结冰过程比较缓慢，但形成的冰比较坚韧，冻结成所谓莲叶冰。

（2）尼罗冰。初生冰继续增长，冻结成厚度在 10cm 左右有弹性的薄冰层，在外力的作用下，易弯曲，易被折碎成长方形冰块。

（3）饼状冰。破碎的薄冰片在外力的作用下互相碰撞、挤压，边缘上升，形成直径为 30cm～3m，厚度在 10cm 左右的圆形冰盘；在平静的海面上，也可由初生冰直接形成。

（4）初期冰。初期冰是由尼罗冰或冰状饼直接冻结一起而形成厚 10～30cm 的冰层，多呈灰白色。

（5）一年冰。一年冰是由初期冰发展而成的厚冰，厚度为 30cm～3m。时间不超过一个冬季。

(6) 老年冰。老年冰是至少经过一个夏季而未融化的冰。其特征是表面比一年冰平滑。

2. 按海冰的运动状态分类

(1) 固定冰。与海岸、岛屿或海底冻结在一起的冰。当潮位变化时,固定冰能随之发生升降运动。其宽度可从海岸向外延伸数米甚至数百千米。海面以上高于 2m 的固定冰称为冰架;而附在海岸上狭窄的固定冰带,不能随潮汐升降,是固定冰流走的残留部分,称为冰脚。搁浅冰也是固定冰的一种。

(2) 流(浮)冰。自由浮在海面上,能随风、流漂移的冰称为流冰。它可由大小不一、厚度各异的冰块形成,但大陆冰川或冰架断裂后滑入海洋且高出海面 5m 以上的巨大冰体——冰山,不在其列。

流冰面积小于海面 1/10~1/8 者,可以自由航行的海区称为开阔水面;当没有流冰,即使出现冰山也称为无冰区;密度 4/10~6/10 者称为稀疏流冰,流冰一般不连接;密度在 7/10 以上称为密集(接)流冰。在某些条件下,例如流冰搁浅相互挤压可形成冰脊或冰丘,有时高达 20 余米。

三、海冰的分布

海冰和冰山是高纬海区特有的海洋水文现象。北冰洋终年被海冰覆盖,覆冰面积在 3—4 月最大,约占北半球面积的 5%;在 8—9 月最小,约为最大覆冰面积的 3/4;多年冰的厚度一般为 3~4m。流冰主要绕洋盆边缘流动,其冰界线的平均位置约在 58°N。格陵兰是北半球主要的冰山发源地,每年约有 7500 座冰山由此进入海洋,仅随拉布拉多寒流进入大西洋的就有 388 座/年,其中约 5%到达 48°N,0.5%可达 42°N。冰山的平均界限为 40°N。个别冰山曾穿过湾流抵 31°N 海域。在北冰洋边缘的附属海,以及白令海、鄂霍次克海、日本海、波罗的海以及中国的渤海和黄海每年冬季都有海冰出现。

南极大陆是世界上最大的天然冰库,周围海域终年被冰覆盖,暖季(3—4 月)覆冰面积为 (2~4)×10⁶km²,寒季(9 月)达 (18~20)×10⁶km²。南极大陆周围为固定冰架,一年冰的厚度多为 1~2m;在南太平洋和印度洋流冰界分别在 50°S~55°S 和 45°S~55°S 之间,南大西洋则更偏北,在 43°S~55°S 之间。南大洋海域经常有 22 万座冰山在海上游弋,曾观测到长 335km,宽 97km 的大冰山。南大洋中冰山的平均寿命为 13 年,是北半球冰山平均寿命的 4 倍多。

冰山和流冰的漂移方向主要受风和海流共同制约。无风时,其漂移方向与速率大致与海流相同;单纯由风引起的漂移速度为风速的 1/50~1/40,方向则偏风矢量之左(南半球)或右方(北半球);在强潮流区,主要受潮流制约。

我国海冰灾害主要发生于渤海、黄海北部和辽东半岛沿岸海域,以及山东半岛部分海湾。各海域的盛冰期一般为 1 月下旬至 2 月上旬。海冰可以推倒海上平台,破坏海洋工程设施和船舶,阻碍航行,影响渔业和航运。

四、海冰灾害的危害作用

海冰密度略小于海水密度,所以冰块一般都浮于海面。形状规则的海冰露出水面的高度为总厚度的 1/10~1/7,尖顶冰露出的高度达总厚度的 1/4~1/3。海冰对海洋水文要素的垂直分布、海水运动、海洋热状况及大洋底层水的形成有重要影响，对航运、建港也构成一定威胁。

漂浮在海洋上的巨大冰块和冰山受风和洋流作用而进行运动，其推力与冰块的大小和流速有关。根据 1971 年冬位于我国渤海湾新"海二井"平台的观测结果计算得出，一块 $6km^2$、高度为 1.5m 的大冰块，在流速不太大的情况下，其推力可达 4000t，足以推倒石油平台等海上工程建筑物。

海冰的抗压强度主要取决于海冰的盐度、温度和冰龄。通常新冰比老冰的抗压强度大，低盐度的海冰比高盐度的海冰抗压强度大，所以海冰不如淡水冰坚硬，在一般情况下海冰坚固程度约为淡水冰的 75%，人在 5cm 厚的河冰上面可以安全行走，而在海冰上面安全行走则需有 7cm 的厚度。当然，冰的温度越低，抗压强度也越大。1969 年渤海特大冰封时期，为解救船只，空军曾在 60cm 厚的堆积冰层上投放了 30kg 炸药包，最终没能炸破冰层。

海冰对港口和海上船舶的威胁，除上述推压力外，还有海冰胀压力造成的破坏。经计算，海冰温度每降低 1.5℃，1000m 长的海冰就能膨胀出 0.45m，这种胀压力可以使冰中的船只变形受损；此外，还有海冰的竖向力，冻结在海上建筑物的海冰，受潮汐升降引起的竖向力，往往会对建筑物基础造成破坏。

海冰运动时的推力和撞击力都是巨大的，1912 年 4 月"泰坦尼克"号客轮撞击冰山，遭遇灭顶之灾，是 20 世纪海冰造成的最大灾难之一。我国 1969 年渤海特大冰封期间，流冰摧毁了由 15 根 2.2cm 厚锰钢板制作的直径 0.8m、长 41m、打入海底 28m 深的空心圆筒桩柱全钢结构的"海二井"石油平台，另一个重 500t 的"海一井"平台支座拉筋全部被海冰割断，可见海冰的破坏力给船舶、海洋工程建筑物带来的危害是多么严重。

我国结冰海区的海冰灾害大致可归结为：①海冰封锁港口、航道，使港口不能正常使用，大量增加使用破冰船破冰引航的经费；②推倒海上石油平台，破坏海洋工程设施、航道设施，或撞坏船舶造成重大海难；③阻碍船舶航行，碰坏螺旋桨或船体，使之失去航行能力；④使渔业休渔期延长和破坏海水养殖设施、场地等。

五、减轻海冰灾害的措施

1. 海冰监测

自然资源部利用多种技术开展立体海冰观测，密切关注冰情演变，全方位采集海冰以及大气和海洋实时观测资料。依托卫星遥感、飞机航测、雷达、船舶和海洋站监测渤海冰情变化的同时，还组织渤海沿岸和环绕渤海海域的破冰船海冰调查。

2. 海冰预报

国家海洋环境预报中心自 1969 年开始研究并发布我国渤海、黄海区的海冰预报。50 多年来，海冰预报为海上航运、海洋石油、海洋水产养殖和捕捞等部门提供安全生产保障，在防灾减灾工作中发挥了重要作用。目前，可根据大气环流形势、气温、冷空气活动、海水温度和盐度、海流等相关气象、水文资料，采用经验统计方法和数值预报方法制作海冰预报。

3. 建立或完善海冰灾害应急预案

应当建立或完善适应于实际情况的海冰应急预案。预案应包括应急组织体系、预防与预警机制、应急快速响应程序、救灾程序、后期处理、应急保障措施以及通信联络等具体内容。各级海洋行政主管部门和地方政府要责权分明，密切配合。

由国家海洋局组织专家编制完成的《风暴潮、海啸、海冰灾害应急预案》和《赤潮灾害应急预案》，于 2005 年 12 月 7 日通过了国务院的审议，并被确定为《国家突发公共事件总体应急预案》的部门预案之一。11 月 15 日，国家海洋局正式印发并实施了这两个预案。

第六节 海洋环境污染

海洋面积辽阔，储水量巨大，因而长期以来是地球上最稳定的生态系统。但是，随着全球社会经济的发展，人口的不断增长，在生产和生活过程中产生的废弃物也越来越多。这些废弃物的绝大部分最终直接或间接地进入海洋。一旦海洋中污染物含量超过海洋的本底含量和自净能力，致使海洋环境质量降低，危害人类的生存、发展和生物的正常生长，便会造成严重的海洋污染与生态破坏灾害。

一、海洋环境污染的概念

海洋环境污染通常是指人类直接或间接把物质或能量引入海洋环境，包括河口湾，以致造成或可能造成损害生物资源和海洋生物、危害人体健康、妨碍包括捕鱼和海洋的其他正当用途在内的各种海洋活动、损坏海水使用质量和减损环境优美等有害影响。《中华人民共和国海洋环境保护法》第一百二十条第一款规定：海洋环境污染损害，是指直接或者间接地把物质或者能量引入海洋环境，产生损害海洋生物资源、危害人体健康、妨害渔业和海上其他合法活动、损害海水使用素质和减损环境质量等有害影响。

第二次世界大战之后，随着现代海洋开发活动的大量开展，海洋污染事件，如海洋溢油、核废料污染等频频发生。同时，不断发展的陆地农业和工业生产活动产生了大量的污染物，并通过河流、直排口和大气沉降等方式进入海洋，从而改变了海湾、河口与近海的物质循环，进而产生了富营养化、重金属污染等海洋环境问题。支撑现代文明的化石燃料燃烧产生了大量 CO_2，其大气浓度已从工业革命前的不足 300ppm，增加到现在的 390～400ppm，被认为是当今气候变暖的最重要原因。与此同时，CO_2 在海洋中的溶解，产生了全球性的海洋酸化现象。过度的海水养殖、围填海、海底挖沙、油气开采、军事活动等对脆弱的海洋生境也产生了明显破坏，有些甚至是不可恢复的。有些海域因污染严重，处置措施不到位，还造成了公害事件，如轰动世界的"八大公害"之一——日本水俣湾汞污染事件，使人类健康受到严重损害，并发展成为水俣病。

海洋污染已成为当今全球环境问题之一。人类活动产生的污染物进入海洋的途径有以下三种：①陆上和地面水体的污染物通过河川流入大海；②进入大气中的污染物，通过降雨或与海洋表面的接触进入海洋；③污染物直接向海中排放、投弃或泄漏。目前世界上的海洋污染状况，就海域来看，最严重的是波罗的海、地中海、日本的濑户内海、东京湾、墨西哥湾等。在这些海域里，海洋生物大量减少，鱼贝类濒临绝迹。我国近海海域近年来的污染状况也在日益严重，其中又以渤海的污染最甚。

二、海洋环境污染的特点

海洋环境污染的主要特点包括以下几方面。

1. 污染源广

海洋污染不仅来源于人类的海洋活动，而且陆地所产生的污染物也通过江河径流、大气扩散和雨雪等降水形式，最终都汇入海洋。因此，有人称海洋为一切污染物的"垃圾桶"。

2. 持续性强

海洋是地球上地势最低的区域，是陆地径流的最终汇聚地，不可能像大气和河流那样，通过一次暴雨或一个汛期，使污染物转移或消除；一旦污染物进入海洋后，很难再转移出去，不能溶解和不易分解的物质在海洋中越积越多，往往通过生物的浓缩作用和食物链传递，对人类造成潜在威胁。

3. 扩散范围广

全球海洋是相互连通的一个整体，一个海域出现的污染，往往会扩散到周边海域，甚至扩大到邻近大洋，有的后期效应还会波及全球。比如海洋遭受石油污染后，海面会被大面积的油膜所覆盖，阻碍了海洋和大气间的正常交换，有可能导致全球或局部地区的气候异常。此外石油进入海洋，经过种种物理化学变化，最后形成黑色的沥青球，可以长期漂浮在海上，通过风浪、洋流、潮流等扩散传播，在世界大洋一些非污染海域里也能发现这种漂浮的沥青球。

4. 防治难、危害大

海洋污染有很长的积累过程，不易及时发现，一旦形成污染，需要长期治理才能消除影响，且治理费用较大，造成的危害会波及各个方面，特别是对人体产生的毒害更是难以彻底清除干净。20世纪50年代中期，震惊中外的日本水俣病，是由汞这种重金属直接对海洋环境污染造成的公害病，通过几十年的治理，直到现在也没有完全消除其影响。

三、海洋污染物

海洋污染物主要是指经由人类活动而直接或间接进入海洋环境，并能产生有害影响的物质或能量。人们在海上和沿海地区排污会污染海洋，而投弃在内陆地区的污染物也能通过大气的搬运、河流的携带而进入海洋。海洋中累积的人为污染物不仅种类多、数量大，而且危害深远。自然界如火山喷发、自然油溢也会造成海洋污染，但比人为的污染物影响小。陆源污染是海洋环境污染最主要的污染源。

海洋污染物按其性质可分为化学污染物、物理污染物和生物污染物。化学污染物又可以分为无机污染物和有机污染物；物理污染物又可分为热污染物和放射性污染物等；生物污染物又可分为病原体、变应原污染物等。

根据污染物的性质，以及对海洋环境造成危害的方式，可以把海洋污染物的种类分为以下几类，即固体废弃物、悬浮质、大肠菌群、热废水、酸碱、有机物和营养盐、重金属、石油、有机有毒物、放射性物质和海洋噪声等。

1. 固体废弃物污染

固体废弃物是指海洋环境中固态和半固态的废弃物质。固体废弃物俗称海洋垃圾，主要来自人类的工业发展、日常生活和其他活动。海洋垃圾影响海洋景观，威胁航行安全，造成水体污染,危害海洋生态系统。海洋垃圾根据所在位置,可分为海面漂浮垃圾、海滩垃圾和海底垃圾。海洋垃圾的主要类型包括塑料、金属、橡胶、玻璃、织物、纸和木制品等。

2016 年,我国海洋垃圾主要类型中,塑料类垃圾比例最高,占海面漂浮垃圾的 84%,占海滩垃圾的 68%,占海底垃圾的 64%。全球每年排入海洋的塑料类垃圾约为 800 万 t,其中,我国排放量占全球的 28%,这主要是由于我国人口数量众多,垃圾处理设施相对落后。

塑料垃圾在水流和波浪的作用下,会分解成更小的碎片。这些碎片容易被鱼、海鸟、海龟等生物误食,如 90% 的海鸟吃过塑料垃圾。海洋生物长期吞食塑料垃圾,会导致胃部肿胀,最终死亡。据研究表明,每年约有 1500 万个海洋生物因误食塑料垃圾而死亡,且呈现出不断恶化的趋势。许多海洋垃圾通过大洋环流聚集在北太平洋的东部和西部,统称为太平洋垃圾带。东垃圾带位于美国夏威夷群岛和加利福尼亚州之间,面积是英国的 6 倍,西垃圾带位于日本以东到夏威夷群岛以西的海域。太平洋垃圾带是世界上最大的垃圾场,聚集着千万吨的垃圾,其中绝大部分是塑料制品。在过去 60 年间,垃圾带的面积一直在逐渐扩大,如果再不采取有效措施,海洋将无法负荷。

为了治理海洋垃圾,荷兰人斯拉特设计了一个叫"海洋清理"的塑料收集平台。"海洋清理"是世界上第一个海洋清洁系统,与过去用拖网来清理海洋垃圾的方式不同,"海洋清理"是一个固定不动的 V 形漂流障碍物,当海面垃圾被洋流带到此处时,就会自动聚集。"海洋清理"项目通过斯拉特的演讲,获得了广泛关注和资金支持,计划在 10 年内清除太平洋垃圾带中 42% 的垃圾。

2. 悬浮质污染

悬浮质是指悬浮在水中的无机和有机颗粒物质。无机颗粒物质包括石英、长石、碳酸盐和黏土等;有机颗粒物质包括生物残骸、排泄物和分解物等。悬浮质主要来源于土壤流失、河流输入和海洋倾倒等。

悬浮质污染影响水质外观,妨碍水中植物的光合作用,减少氧气的溶入,对海洋生物不利。如果悬浮颗粒上吸附一些有毒有害的物质,则更是有害。水中悬浮质含量是了解海岸信息的重要依据,也是衡量水污染程度的重要指标之一。

悬浮质含量通常用浊度来表征。浊度是指水中悬浮质对光线透过的阻碍程度。浊度等于悬浮质质量除以水的体积。例如,1L 水中含有 1mg 的 SiO_2,所产生的浑浊程度为 1mg/L,即 1 度。浊度越低,水体越清澈;浊度越高,水体越浑浊。

3. 大肠菌群污染

大肠菌群和粪大肠菌群是卫生学和流行病学上的重要指标,用于评价水体受生活污水的影响程度。粪大肠菌群是大肠菌群中的一种,大肠菌群多数寄生在温血动物肠道内,在肠道内进行大量繁殖,并随粪便排出体外。大肠菌群数量的高低,表明了人、畜粪便污染的程度,也反映了对人体健康的危害性大小。例如,波罗的海中大肠杆菌、沙门病毒、腺苷病毒等曾经含量很高,使得斯德哥尔摩等地的居民染上相关的传染病。

4. 热废水污染

热废水污染是指工厂排放的废水温度过高(长期超过正常水温 4℃)造成的水体热污

染。热废水的来源包括发电厂、核电站和钢铁厂的冷却系统排出的热水，以及石油、化工、造纸等工厂排出的生产性废水。美国每天所排放的冷却用水达 4.5 亿 m^3，接近美国用水量的 1/3，热废水含热量约 2500 亿 kcal[●]，足够 2.5 亿 m^3 的水温度升高 10℃。热废水的危害主要有海水温度升高，水中的溶解氧减少，植物、动物难以生存，破坏海洋生态平衡等。

5. 酸碱污染

自然界中的海水通常呈弱碱性，pH 值在 7.5～8.2 的范围变动，酸碱程度主要取决于二氧化碳的平衡。我国的海水水质标准规定，pH 值为 6.8～8.8，同时不超出该海域正常变动范围的 0.5，否则为劣Ⅳ类水质。

酸碱污染是指酸性或碱性废水进入海洋环境，改变水体的 pH 值。酸性废水的 pH 值小于 6，主要来自冶金、金属加工、石油化工、化纤和电镀等企业排放的废水。酸性废水具有较强的腐蚀性，危害海洋生态环境，并能对船舶、桥梁和水上建筑物造成损害；碱性废水的 pH 值大于 9，主要来自造纸、制革、炼油、石油化工和化纤等行业排放的废水，通常含有大量的有机物和营养盐。

6. 有机物和营养盐污染

海洋有机物和营养盐污染是指排入海洋中过量的有机物和营养盐造成的污染。海洋环境中的有机物和营养盐污染会引起水体的富营养化。水体富营养化是由于人类活动，氮、磷等营养物质进入水体，藻类及其他浮游生物迅速繁殖，浮游生物死后分解，消耗大量氧气，导致水体溶解氧的含量下降，水质恶化，鱼类及其他生物死亡。

富营养化的来源包括工业废水、生活污水、农田化肥、家畜饲养和海水养殖等。富营养化主要发生在沿岸、海湾和河流入海口等受人类活动影响较强的地区。海洋中的赤潮和江河湖泊中的水华都是水体富营养化导致的结果。水体富营养化的指标包括无机氮、活性磷酸盐、生化需氧量和化学耗氧量。

无机氮是指未与碳结合的含氮物质，是与海洋植物生长密切相关的营养物质。无机氮主要以亚硝酸根（NO_2^-）、硝酸根（NO_3^-）和氨氮（NH_3 和 NH_4^+）等几种形式存在于海水中。海水中无机氮含量越高，富营养化越严重。

磷也是与海洋植物生长密切相关的营养元素，磷在水中主要以活性磷酸盐形式存在，包括磷酸根（PO_4^{3-}）、磷酸一氢根（HPO_4^{2-}）和磷酸二氢根（$H_2PO_4^-$）等。沿岸河口水域活性磷酸盐含量高，远离陆地的大洋活性磷酸盐含量低。活性磷酸盐含量越高，说明水体富营养化越严重。

生化需氧量是"生物化学需氧量（biochemical oxygen demand）"的简称，常记为 BOD，表示水中有机污染物经微生物分解所需的氧量，以 mg/L 为单位。微生物的活动与温度有关，测定 BOD 时，一般以 20℃ 作为标准温度。在这样的温度条件下，一般生活污水中的污染物完成分解过程需要 20d 左右。为了省时，一般以 5d 作为标准测定时间，测得的 BOD 称为五日生化需氧量（BOD_5）。BOD 间接反映了水中可被微生物分解的有机物总量，其值越高，水中需氧有机物越多，水质越差。

[●]　1kcal＝4.1868kJ。

化学需氧量（chemical oxygen demand，COD）是指用化学氧化剂氧化水中有机污染物时所需的氧量。目前常用的氧化剂为重铬酸钾和高锰酸钾。由于水中各种有机物进行化学反应的难易程度不同，COD 只是表示在规定条件下可被氧化物质的耗氧量总和。如果废水中有机质的组分相对稳定，那么 COD 与 BOD 之间应有一定的比例关系。

7. 重金属污染

重金属一般是指比重大于 5 的金属，也有的认为是密度大于 $4.5g/cm^3$ 的金属。在环境污染方面，重金属主要是指汞、镉、铅、铬及类金属砷等生物毒性显著的重元素，也指具有一定毒性的一般金属，如锌、铜、钴、镍、锡等。对人体毒害最大的有 5 种：铅、汞、砷、镉、铬。从毒性及对生物体的危害看，重金属污染表现出 3 个特点：一是天然水中只要有微量重金属即可产生毒性效应；二是水体中的某些重金属可在微生物的作用下转化为毒性更大的金属化合物，如汞可以转化为甲基汞；三是重金属可以通过食物链的生物放大作用，逐级在高级的生物体内成千万倍地富集。

海洋中的重金属既有天然来源，也有人为来源。天然来源包括地壳岩石风化、海底火山喷发和陆地水土流失等；人为来源包括工业污水、矿山废水、重金属农药、化石燃料的燃烧等。重金属污染通过食物链在海洋生物体内富集，严重威胁人类饮食安全。

重金属主要通过食物进入人体，不易排泄，能在人体的一定部位积累，使人慢性中毒，极难治疗。如，甲基汞极易在脑中积累，其次是肝肾。无机汞极易在肾中积累。镉主要积累在肾脏和骨骼中，从而导致贫血、代谢不正常、高血压等慢性病。镉若与氰、铬等同时存在，毒性更大。此外，铅能引起贫血、肾炎，破坏神经系统和影响骨骼等。

1956 年，日本熊本县的水俣病是最早出现的、由于工业废水排放而造成的公害病。日本水俣病事件的起因是氮肥厂和醋酸厂常年向水俣湾排放未经任何处理的废水，废水中含有大量的汞。汞在水中被海洋生物食用后，转化成剧毒的甲基汞，这种剧毒物质只要有耳挖勺的一半大小就可以致人死亡。水俣湾里的鱼虾由此被污染了，这些被污染的鱼虾通过食物链又进入了动物和人类的体内。甲基汞被肠胃吸收后，侵害人类的脑部和身体其他部分，进入脑部的甲基汞会使脑萎缩，破坏掌握身体平衡的小脑和知觉系统。据统计，有数十万人食用了水俣湾中被甲基汞污染的鱼虾。水俣病危害了当地人的健康和家庭幸福，使很多人身心受到摧残，至少 1700 多人中毒丧生。

为了恢复水俣湾的生态环境，日本政府在 14 年内先后投入 485 亿日元以清除水俣湾全部含汞底泥，同时，将湾内被污染的鱼虾统统捕获填埋。水俣湾的鱼虾不能再捕捞食用，当地渔民的生活失去了依赖，很多家庭陷入贫困。第二次世界大战后，日本经济虽然获得长足的发展，但环境破坏和贻害无穷的公害病，使日本政府和企业付出了极其昂贵的代价。

8. 石油污染

海洋石油污染是指石油及其炼制品在开采、炼制、贮运和使用过程中进入海洋环境而造成的污染。石油污染是海洋中最严重、最普遍的污染现象之一。石油污染会破坏海产养殖、盐田生产和滨海旅游区等产业。海面上的油膜会阻碍大气与海水之间的气体交换，影响海洋植物的光合作用。海兽皮毛和海鸟羽毛被石油沾污后，会丧失保温能力，使海兽或海鸟失去游泳或飞翔的能力。石油中所含的苯和甲苯等有毒化合物泄漏入海洋后，会进入食物链，对海洋生物造成巨大危害。

石油污染的主要来源有沿岸工矿企业的废水排放，港口、油库设施的泄漏，船舶在航行中漏油，海难事故，海底石油开采及油井喷油，以及拆船工业的油扩散等。据统计，全世界每年由沿海工矿企业排入海洋的石油约有 $500 \times 10^4 t$；因海底石油及油井事故流入海洋的石油有 $100 \times 10^4 t$；由船舶压舱水和洗舱水排入海洋的石油有 $80 \times 10^4 t$；由船舶事故排出的石油有 $50 \times 10^4 t$；经由大气输入全球海洋中的石油估计每年有 $5 \times 10^4 \sim 50 \times 10^4 t$，其中机动车辆的排污是大气中石油成分的主要来源；世界各国沿海城市随污水进入海洋的石油每年约有 $75 \times 10^4 t$，此外，由城市地表径流携带入海的有 $12 \times 10^4 t$，炼油工业污水排海 $10 \times 10^4 t$，三者共计近百万吨；由河流将内陆地区人为活动产生的油污染物携带入海是海洋环境中石油的另一重要来源，估计全世界主要河流通过这一途径入海的石油约有 $4 \times 10^4 t$；由城市石油污泥倾倒入海带入海洋中的石油约有 $2 \times 10^4 t$。

9. 有机有毒物污染

有机有毒物是指污染海洋环境并造成人体中毒的有机物。随着现代石油化学工业的高速发展，很多自然界没有的、难分解的、有剧毒的有机化合物被生产出来，包括有机磷农药、有机氯农药和多氯联苯等。它们在水中的含量虽然不高，但毒性大，化学性质稳定，残留时间长。有机有毒物的主要危害是易被海洋生物富集，毒害海洋生物，进而通过食物链毒害人类。

有机磷农药的组成成分中含有有机磷元素，主要用于防治植物病、虫、害。目前，广泛应用的杀虫剂如对硫磷、敌敌畏、敌百虫和乐果等，都属于有机磷农药。有机磷农药品种多、药效高、用途广，具有很强的杀虫、杀菌力。但是，过量使用农药会造成残留农药流入地下水和河流，污染海洋环境。有机磷农药的毒性强、危害大，能从口、鼻、皮肤等部位进入体内，导致神经系统损害为主的一系列伤害。

有机氯农药的组成成分中含有有机氯元素，主要品种有滴滴涕和六六六等，能够有效防治植物病、虫、害。有机氯农药是目前生产量最大、使用面积最广的一类有机合成农药。有机氯农药污染能够长期残留，并不断迁移，在北极和南极地区都监测出了不同程度的滴滴涕和六六六。

多氯联苯又称氯化联苯，是一类人工合成的有机物，性质极为稳定，抗高温，抗氧化，抗强酸强碱，具有良好的绝缘性。多氯联苯被广泛用于电容器、变压器、可塑剂、润滑油、木材防腐剂、油墨和防火材料等方面。但是，多氯联苯能够致癌，容易累积在脂肪组织，造成脑部、皮肤及内脏的疾病，并影响神经、生殖及免疫系统。多氯联苯在工业上的广泛使用，已造成全球性环境污染问题。联合国的《关于持久性有机污染物的斯德哥尔摩公约》规定，多氯联苯是全球禁止生产，且要最终消除的 12 种持久性有机污染物之一。

10. 海洋核污染（放射性污染）

核污染是指大量放射性物质外逸进入环境造成的放射污染，其危害来源于放射性核素发出的 α、β 和 γ 射线对人体或其他生物的辐射损伤，所以又称为放射性污染。一方面，海洋的核污染能够导致一些海洋动物死亡，还有其他一些动物遭受到基因损伤；另一方面，海洋动物摄入受到核辐射的植物和小型猎物，海洋食物链将受到污染，部分放射性核素具有生物富集效应，从藻类到鱼类，放射性核素被逐渐富集和放大；因此，可能对海洋生态系统和人体健康产生潜在威胁。

放射性元素主要包括钴－60（^{60}Co）、锶－90（^{90}Sr）、碘－131（^{131}I）和铯－137（^{137}Cs）等。钴－60是金属元素钴的放射性同位素，"60"表示相对原子质量，其半衰期为5.27年。钴－60会严重损害人体血液内的细胞组织，引起血液系统疾病。锶－90是元素锶的一种放射性同位素，一般来自核爆炸或核燃料产物，半衰期为28年。锶－90容易积存在人体骨骼中，增加罹患骨癌或白血病的风险。碘－131是核裂变产生的人工放射性元素，半衰期为8.3d。碘－131过量摄入会在甲状腺内聚集，引发甲状腺疾病甚至甲状腺癌。铯－137是核裂变的副产品之一，半衰期长达30年，不易消除。铯－137会损害造血系统和神经系统，并增加患癌概率。

海洋的核污染最早来源于核试验。在许多人看来，海洋荒无人烟，是开展核试验的最佳场所。美国14个核试验场中就有8个设在了海岛和海洋，仅1948—1958年间，美国在南太平洋的一个试验场便进行了43次核试验。另一方面，20世纪50—60年代，第二次世界大战时期军备竞赛发展起来的核技术，被逐渐用在了建造核电站、核潜艇等方面，由此产生的核废料与核泄漏也造成了海洋的核污染。当时许多国家，像美国、英国、法国、苏联等，都曾将核废料倾注到不同的海区，海洋环境保护的先驱之一法国人雅克·库斯托，也是"水肺"（自携式水下呼吸系统）的发明人，早在1960年就曾向法国总统戴高乐进言，要禁止往地中海倾倒放射性工业废料。1985年，他进行了一次"重新发现世界"的远航，发现海洋污染十分严重，而对海洋环境造成破坏的，就是人类的不当行为。因此他悲愤地说，人类背叛了海洋，不再是大海的朋友。

核事故也能够引发严重的海洋污染。苏联切尔诺贝利核电站泄漏酿成了重大核事故，美国三英里岛核电站事故以及日本福岛核事故都对海洋环境造成了严重的污染。2011年3月11日，即日本东北部海域发生里氏9.0级地震的第二天，福岛核电站的核反应堆开始发生爆炸，核反应堆的爆炸导致大量放射性物质向福岛周边海域泄漏，爆炸发生20d后，在周边海域监测到的放射性污染物超过本地标准水平的400倍，且受影响海域范围在持续增加。

11. 海洋噪声污染

海洋噪声一般是指海洋中嘈杂、刺耳的声音，主要参数为频率和声压级。频率对应音调的高低，单位为赫兹（Hz）。频率越高的声音，感觉越尖锐、刺耳，时间长了会导致海洋生物听力下降，甚至失聪。声压级能够表示噪声的强弱，单位为分贝（dB），分贝越高，感觉越响，对海洋生物的危害越大。

海洋噪声分为两种类型：一是由自然因素造成的，如海浪、洋流和各种海洋生物产生的声音等；二是人为制造的，如船舶、声呐、水下工程作业等形成的声音。一般将人为因素形成的声音称为海洋噪声污染。海洋中常见的人为噪声主要分为船舶噪声、声呐噪声和水下工程噪声三类。

（1）船舶噪声。船舶噪声是船只自身引起的噪声，跟船只的大小、功能和发动机的功率有很大关系。船舶噪声的大小在150～200dB之间，随着海上船舶航运密度的增加，每年以0.5dB的速度增加。船舶噪声的频率在5～500Hz的范围内，高于100Hz的噪声会对海洋哺乳动物和某些鱼类造成威胁。

（2）声呐噪声。声呐是利用声波来发现水下目标物理性质和位置的设备。为了探测和研究海洋，声呐设备的使用越来越多。但是这种看不见的声波，能够干扰海洋生物的生活，甚至危及它们的生存。鲸鱼和海豚等哺乳动物依赖声音进行交流、觅食和躲避天敌。声呐噪声会损坏它们的听觉器官，让它们失去方向感，甚至搁浅死亡。中频声呐试验导致的鲸鱼搁浅死亡事件屡见不鲜。2004年7月，美军开启声呐测试后不久，夏威夷沿岸的浅水中就有200头鲸鱼搁浅；2005年年初，由于美军声呐试验，37头鲸鱼搁浅在北卡罗来纳州的外滩；2009年3月，美国"无暇号"打开声呐工作后不久，就有一条座头鲸迷航搁浅。目前科学界对于军用声呐可以大范围伤害、杀死海洋哺乳动物这一点，已经没有争议。

（3）水下工程噪声。随着社会经济的飞速发展以及陆上资源的短缺，水下工程如跨海大桥、海底隧道、港口码头、海上石油天然气开采平台和海上风电场等的数量越来越多。水下工程作业要进行水下的爆破、打桩、钻孔和疏浚等操作，会造成严重的噪声污染。水下工程噪声属于中低频噪声，打桩和水下爆破的噪声较大，钻孔和疏浚的噪声相对较小。

四、防止、减少和控制海洋环境污染的措施

《联合国海洋法公约》于1982年12月10日在牙买加的蒙特哥湾召开的第三次联合国海洋法会议最后会议上通过，1994年生效，已获150多个国家批准。《联合国海洋法公约》第Ⅻ部分"海洋环境的保护和保全"就是防治海洋污染的各项原则、规章，并列出了几种不同形式的污染：陆地来源污染（第207条）、海底活动造成的污染（第208条、209条）、倾倒造成的污染（第210条）、来自船舶的污染和来自大气的污染（第211条）。无论是何种形式的污染，《联合国海洋法公约》都要求各国制定法律和规章，以防止、减少和控制污染。

根据《联合国海洋法公约》第194条，防止、减少和控制海洋环境污染的措施如下：

（1）各国应在适当情形下个别或联合地采取一切符合本公约的必要措施，防止、减少和控制任何来源的海洋环境污染，为此目的，按照其能力使用其所掌握的最切实可行的方法，并应在这方面尽力协调它们的政策。

（2）各国应采取一切必要措施，确保在其管辖或控制下的活动的进行不致使其他国家及其环境遭受污染的损害，并确保在其管辖或控制范围内事件或活动所造成的污染不致扩大到其按照本公约行使主权权利的区域之外。

（3）依据本部分采取的措施，应针对海洋环境的一切污染来源。这些措施，除其他外，应包括旨在最大可能范围内尽量减少下列污染的措施：①从陆上来源、从大气层或通过大气层或由于倾倒而放出的有毒、有害或有碍健康的物质，特别是持久不变的物质；②来自船只的污染，特别是为了防止意外事件和处理紧急情况，保证海上操作安全，防止故意和无意的排放，以及规定船只的设计、建造、装备、操作和人员配备的措施；③来自用于勘探或开发海床和底土的自然资源的设施和装置的污染，特别是为了防止意外事件和处理紧急情况，保证海上操作安全，以及规定这些设施或装置的设计、建造、装备、操作和人员配备的措施；④来自在海洋环境内操作的其他设施和装置的污染，特别是为了防止意外事件和处理紧急情况，保证海上操作安全，以及规定这些设施或装置的设计、建造、装备、操作和人员配备的措施。

（4）各国采取措施防止、减少或控制海洋环境的污染时，不应对其他国家依照本公约行使其权利并履行其义务所进行的活动有不当的干扰。

（5）按照本部分采取的措施，应包括为保护和保全稀有或脆弱的生态系统，以及衰竭、受威胁或有灭绝危险的物种和其他形式的海洋生物的生存环境，而有必要的措施。

《中华人民共和国海洋环境保护法》于 1982 年 8 月 23 日第五届全国人民代表大会常务委员会第二十四次会议通过，1999 年 12 月 25 日第九届全国人民代表大会常务委员会第十三次会议第一次修订，再历经 2013 年、2016 年、2017 年三次修正，2023 年 10 月 24 日第十四届全国人民代表大会常务委员会第六次会议第二次修订，本法共 9 章 124 条。

第七节 赤 潮 灾 害

一、赤潮的概念

赤潮是在特定的环境条件下，海水中某些微小浮游植物、原生动物或细菌爆发性增殖或高度聚集而引起水体变色的一种有害生态现象。赤潮是一个历史沿用名，它并不一定都是红色。赤潮发生的原因、种类和数量不同，水体会呈现不同的颜色，有红颜色或砖红颜色、绿色、黄色、棕色等。值得指出的是，某些赤潮生物（如膝沟藻、裸甲藻、梨甲藻等）引起的赤潮有时并不引起海水呈现任何特别的颜色。赤潮不仅给水体生态环境造成危害，也给渔业资源和生产造成重大经济损失，而且还给旅游业和人类带来了危害，已成为全球性的海洋灾害之一。美国、日本、中国、加拿大、法国、瑞典、挪威、菲律宾、印度、印度尼西亚、马来西亚、韩国等 30 多个国家和地区赤潮发生都很频繁。

判断观测海域是否发生赤潮，通常有两个判别要素，两个要素同时成立方可视为赤潮，二者缺一不可：一是海水改变颜色；二是海水颜色的改变是由高度密集的赤潮生物引起的。赤潮海域海水颜色一般不均匀，颜色改变的水体呈条带状、块状或不规则形状分布在海面。

二、赤潮分类

世界沿海国家所发生的赤潮多种多样，按不同的分类依据赤潮可分为多种类型。如依据引发赤潮的生物种类多少，可将赤潮分为单相型赤潮（由一种赤潮生物引发）、双相型赤潮（由两种赤潮生物引发）和复合型赤潮（由两种以上赤潮生物引发）；依据赤潮生物的来源可将赤潮分为外来型赤潮和原发型赤潮；为便于公众实施应急防治措施，依据是否有赤潮毒素可将赤潮分为有毒赤潮和无毒赤潮两类。

（一）根据赤潮生物毒性分类

根据赤潮生物毒性可将赤潮分为有毒赤潮和无毒赤潮两类。有些赤潮生物体内含有某种赤潮毒素或能分泌出赤潮毒素，这类有毒赤潮生物引发的赤潮为有毒赤潮。有毒赤潮一旦形成，可对赤潮海域的生态系统、海洋渔业、海洋环境以及人体健康造成不同程度的危害。

无毒赤潮是指能够引起水体变色但本身不具毒性或不会分泌毒素的海洋生物所形成的赤潮。无毒赤潮对海洋生态、海洋渔业不产生毒害作用，但也会产生不同程度的危害。

（二）根据赤潮生物的来源分类

根据赤潮生物来源，分为外来型赤潮和原发型赤潮。

外来型赤潮是属外源性的，即赤潮并非在原海域形成的，而是在其他水域形成后，由于外力（如风、浪、流等）的作用而被带到该海区。这类赤潮往往来去匆匆，持续时间短暂，或者还具有"路过性"的特点。

原发型赤潮是在某一海域具备了发生赤潮的各种理、化条件时，某种赤潮生物就地爆发性增殖所形成的赤潮。此类赤潮地域性明显，通常也可持续较长时间，如果环境条件没有明显改变，甚至可以反复出现。

三、赤潮成因

赤潮是一种复杂的生态异常现象，发生的原因也比较复杂。关于赤潮发生的机理至今尚无定论。

1. 海水富营养化是赤潮发生的物质基础和首要条件

随着现代化工、农业生产的迅猛发展，沿海地区人口的增多，大量工农业废水和生活污水排入海洋，其中相当一部分未经处理就直接排入海洋，导致近海、港湾富营养化程度日趋严重。海域中氮、磷等营养盐类，铁、锰等微量元素以及有机化合物的含量大大增加，促进赤潮生物的大量繁殖。

有许多迹象表明，富营养化的海域不一定就会发生赤潮。随着研究工作的不断深入，科学家们发现，赤潮的发生除有丰富的氮、磷、硅和碳外，还必须有某些特殊的微量物质参与。这些特殊的微量物质被称作诱发因素，已经知道的诱发因素有维生素 B_{12} 等维生素类，微量重金属铁、锰，以及动物组织和脱氧核糖核酸、嘧啶、嘌呤、植物荷尔蒙等。

2. 海水养殖的自身污染亦是诱发赤潮的因素之一

随着沿海养殖业的大发展，尤其是对虾养殖业的蓬勃发展，也产生了严重的自身污染问题。在对虾养殖中，人工投喂大量配合饲料和鲜活饵料。由于养殖技术陈旧和不完善，往往投饵量偏大，池内残存饵料增多，严重污染了养殖水质。另一方面，由于虾池每天需要排换水，所以每天都有大量污水排入海中，这些带有大量残饵、粪便的水中含有氨氮、尿素、尿酸及其他形式的含氮化合物，加快了海水的富营养化，这样为赤潮生物提供了适宜的生物环境，使其增殖加快，特别是在高温、闷热、无风的条件下最易发生赤潮。由此可见，海水养殖业的自身污染也使赤潮发生的频率增加。

3. 水文气象和海水理化因子的变化是赤潮发生的重要原因

海水的温度是赤潮发生的重要环境因子，20～30℃是赤潮发生的适宜温度范围。海水的化学因子如盐度变化也是促使生物因子——赤潮生物大量繁殖的原因之一，海水盐度在15～21.6时，容易形成温跃层和盐跃层。温跃层、盐跃层的存在为赤潮生物的聚集提供了条件，易诱发赤潮。

由于径流、涌升流、水团或海流的交汇作用，海底层营养盐上升到海水上层，造成沿海水域高度富营养化。营养盐类含量急剧上升，引起硅藻的大量繁殖。这些硅藻过剩，特别是骨条硅藻的密集常常引起赤潮。这些硅藻类又为夜光藻提供了丰富的饵料，促使夜光藻急剧增殖，从而又形成粉红色的夜光藻赤潮。监测资料表明，在赤潮发生时，水域多处于干旱少雨，天气闷热，水温偏高，风力较弱，或者潮流缓慢等环境。

四、赤潮危害

1. 对海洋生态平衡的破坏

海洋是一种生物与环境、生物与生物之间相互依存、相互制约的复杂生态系统。系统中的物质循环、能量流动都是相对稳定、动态平衡的。当赤潮发生时这种平衡遭到干扰和破坏。在植物性赤潮发生初期，由于植物的光合作用，水体会出现高叶绿素 a、高溶解氧、高化学耗氧量。这种环境因素的改变，致使一些海洋生物不能正常生长、发育、繁殖，导致一些生物逃避甚至死亡，破坏了原有的生态平衡。

2. 对海洋渔业和水产资源的破坏

赤潮破坏鱼、虾、贝类等资源的主要原因是：破坏渔场的饵料基础，造成渔业减产；赤潮生物的异常发展繁殖，可引起鱼、虾、贝等经济生物瓣机械堵塞，造成这些生物窒息而死；赤潮后期，赤潮生物大量死亡，在细菌分解作用下，可造成环境严重缺氧或者产生硫化氢等有害物质，使海洋生物缺氧或中毒死亡；有些赤潮生物的体内或代谢产物中含有生物毒素，能直接毒死鱼、虾、贝类等生物。

3. 对人类健康的危害

有些赤潮生物分泌赤潮毒素，当鱼、贝类处于有毒赤潮区域内时，摄食这些有毒生物，虽不能被毒死，但生物毒素可在其体内积累，含量大大超过食用时人体可接受的水平。这些鱼虾、贝类如果不慎被人食用，会引起人体中毒，严重时可导致死亡。

由赤潮引发的赤潮毒素统称为贝毒，确定有 10 余种贝毒的毒素比眼镜蛇毒素高 80 倍，比一般的麻醉剂，如普鲁卡因、可卡因还强 10 万多倍。贝毒中毒症状为：初期唇舌麻木，发展到四肢麻木，并伴有头晕、恶心、胸闷、站立不稳、腹痛、呕吐等，严重者出现昏迷，呼吸困难。赤潮毒素引起人体中毒事件在世界沿海地区时有发生。据统计，全世界因赤潮毒素的贝类中毒事件 300 多起，死亡 300 多人。

至 2008 年为止，世界上已有 30 多个国家和地区不同程度地受到过赤潮的危害，日本是受害最严重的国家之一。近十几年来，由于海洋污染日益加剧，中国赤潮灾害也有加重的趋势，由分散的少数海域，发展到成片海域，一些重要的养殖基地受害尤重。对赤潮的发生、危害予以研究和防治，涉及生物海洋学、化学海洋学、物理海洋学和环境海洋学等多门学科，是一项复杂的系统工程。

五、赤潮的预防

为保护海洋资源环境，保证海水养殖业的发展，维护人类的健康，减少或避免赤潮灾害，结合实际情况，对预防赤潮灾害采取相应的措施及对策。

1. 控制污水入海量，防止海水富营养化

海水富营养化是形成赤潮的物质基础。携带大量无机物的工业废水及生活污水排放入海是引起海域富营养化的主要原因。我国沿海地区是经济发展的重要基地，人口密集，工农业生产较发达，然而也导致大量的工业废水和生活污水排入海中。据统计，占全国面积不足 5% 的沿海地区每年向海洋排放的工业废水和生活污水近 70 亿 t。随着沿海地区经济的进一步发展，污水入海量还会增加。因此，必须采取有效措施，严格控制工业废水和生活污水向海洋超标排放。按照国家制定的海水标准和海洋环境保护法的要求，对排放入海的工业废水和生活污水要进行严格处理。

控制工业废水和生活污水向海洋超标排放，减轻海洋负载，提高海洋的自净能力，应采取如下措施：①实行排放总量和浓度控制相结合的方法，控制陆源污染物向海洋超标排放，特别要严格控制含大量有机物和富营养盐污水的入海量；②在工业集中和人口密集区域以及排放污水量大的工矿企业，建立污水处理装置，严格按污水排放标准向海洋排放污水；③克服污水集中向海洋排放，尤其是经较长时间干旱的纳污河流，在径流突然增大的情况下，采取分期分批排放，减少海水瞬时负荷量。

2. 建立海洋环境监视网络，加强赤潮监视

我国海域辽阔，海岸线漫长，仅凭国家和有关部门力量对海洋进行全国监视是很难做到的。有必要把目前各主管海洋环境的单位、沿海广大居民、渔业捕捞船、海上生产部门和社会各方面力量组织起来，开展专业和群众相结合的海洋监视活动，扩大监视海洋的覆盖面，及时获取赤潮和与赤潮有密切关系的污染信息。监视网络组织部门可根据工作计划，组织各方面的力量对赤潮进行全面监视。特别是要对赤潮多发区、近岸水域、海水养殖区和江河入海口水域进行严密监视，及时获取赤潮信息。一旦发现赤潮和赤潮征兆，监视网络机构可及时通知有关部门，有组织有计划地进行跟踪监视监测，提出治理措施，千方百计减少赤潮的危害。

3. 加强海洋环境的监测，开展赤潮的预报服务

为使赤潮灾害控制在最小限度，减少损失，必须积极开展赤潮预报服务。众所周知，赤潮发生涉及生物、化学、水文、气象以及海洋地质等众多因素，目前还没有较完善的预报模式适应于预报服务。因此，应加强赤潮预报模式的研究，了解赤潮的发生、发展和消衰机理。为全面了解赤潮的发生机制，应该对海洋环境和生态进行全面监测，尤其是赤潮的多发区、海洋污染较严重的海域，要增加监测频率和密度。当有赤潮发生时，应对赤潮进行跟踪监视监测，及时获取资料。在获得大量资料的基础上，对赤潮的形成机制进行研究分析，提出预报模式，开展赤潮预报服务。加强海洋环境和生态监测，一是为研究和预报赤潮的形成机制提供资料；二是为开展赤潮治理工作提供实时资料；三是以便更好地提出预防对策和措施。

4. 科学合理地开发利用海洋

调查资料表明，近几年赤潮多发生于沿岸排污口、海洋环境条件较差、潮流较弱、水体交换能力较弱的海区，而海洋环境状况的恶化，又是沿岸工业、海岸工程、盐业、养殖业和海洋油气开发等行业没有统筹安排、布局不合理造成的。为避免和减少赤潮灾害的发生，应开展海洋功能区规划工作，从全局出发，科学指导海洋开发和利用。对重点海域要作出开发规划，减少盲目性，做到积极保护，科学管理，全面规划，综合开发。另外，海水养殖业应积极推广科学养殖技术，加强养殖业的科学管理，控制养殖废水的排放，保持养殖水质处于良好状态。

5. 搞好社会教育和宣传

赤潮一旦发生，其后果相当严重。因此，要经常通过报刊、广播、电视、网络等各种新闻媒介，向全社会广泛开展关于赤潮的科普宣传，通过宣传教育，增强抗灾防灾的意识能力。同时也呼吁社会各方面在全面开发海洋的同时，高度重视海洋环境的保护，提高全民保护海洋的意识。只有保护好海洋，才能不断向海洋索取财富，反之，将会带来不可估量的损失。

第八节　海平面上升

一、海平面及其变化概念

（一）海平面

海平面（sea level）是地球海面的平均高度，指在某一时刻假设没有潮汐、波浪、海涌或其他扰动因素引起的海面波动，海洋所能保持的水平面。基于人类对海水表面位置的传统观念，为了确定大地测量高程的零点，人们假定在一定长的时间周期内，海水表面的平均高程是静止不动的。这个海水表面的平均高程就是平均海平面，它可以作为大地测量的基准面。陆地上各个点同这个基准面的相对高程，就是各个点的绝对高程，又叫海拔高程。根据各个点的海拔高程可以编绘地形图，平均海平面成为地形图上的零点高程。未受扰动的海平面称为大地水准面。它代表在各种不同时空尺度范围内，由内外压力所决定的一个等势面，这种内外压力共同作用的结果，导致海平面不是水平的。Carey 指出，从全球范围来看，大地水准面是个南北不对称的扁椭球体，其表面有几个显著的凹陷和凸起。例如，印度洋中心海平面和东太平洋的海平面高度相差 100 多米（每千米相差约 15mm）。引起大地水准面变化的因素为岩石圈荷重的变化、区域水平衡的变化，和洋盆的形状、构造变化等。

我国海平面起算点（或者叫高程零点），设在山东省青岛市海军一号码头上的验潮站内。青岛地处我国地理纬度的中段，为花岗岩地区，地壳比较稳定。海军一号码头验潮站，验潮时间长，资料连续而丰富，因此通过科学的方法计算出日平均海平面、月平均海平面、多年平均海平面，是相对稳定可靠的，当然这个测算过程是比较复杂的。经过国家权威部门的确认，我国高程零点——黄海平均海平面，在 1954 年就确定下来，并投入使用。在黄海平均海平面确定的同时，还在青岛观象山上，设置了水准测点，这个水准测点高出黄海平均海平面 72.289m，是用特殊材料做成的，因此极为稳定。在青岛市区又建立若干副点，组成水准测点网，中国的高程测量起算零点就这样建立起来了。在观察海平面的变化时，高程零点起着非常重要的作用，它能非常准确客观描绘出大自然的细微变化。

（二）海平面变化

海平面变化是由海水总质量、海水密度和海盆形状改变引起的平均海平面高度的变化。在当今全球气候变暖背景下，极地冰川融化、上层海水变热膨胀等原因，导致全球海平面呈上升趋势。海平面上升是一种缓发性的自然灾害，已经成为海岸带的重大灾害。海平面上升将淹没滨海低地，破坏海岸带生态系统，加剧风暴潮、海岸侵蚀、洪涝、咸潮、海水入侵与土壤盐渍化等灾害，威胁沿海基础设施安全，给沿海地区经济社会发展带来多方面的不利影响。2001 年，由于海平面上升，太平洋岛国图鲁瓦举国移民新西兰，成为世界上首个因为海平面上升而全民迁移的国家。如果海平面上升 1m，全球将会有 $500 \times 10^4 km^2$ 的土地被淹没，会影响世界 10 多亿人口和 1/3 的耕地。同时，根据 IPCC 第四次评估报告的结论，即使温室气体浓度趋于稳定，人为增暖和海平面上升仍会持续数个世纪。

中国沿海地区经济发达、人口众多，是易受海平面上升影响的脆弱区。2017年，国家海洋局组织开展了海平面监测、分析预测、海平面变化影响调查及评估等业务化工作，监测和分析结果表明：1980—2017年中国沿海海平面上升速率为3.3mm/a，高于同期全球平均水平；2017年中国沿海海平面为1980年以来的第四高位；高海平面加剧了中国沿海风暴潮、洪涝、海岸侵蚀、咸潮及海水入侵等灾害，给沿海地区人民生产生活和社会经济发展造成了一定影响。

对全球海平面变化的研究，目前主要依靠验潮站或者全球海平面观测系统以及卫星高程监测。验潮数据是监测海平面变化的重要数据。目前全球分布有2000多个验潮站，其数据采集的时间序列从几十年到几百年不等。全球海平面观测系统（GLOSS）的核心工作网（GCN，也被称作GLOSS 02）由分布在全球的290个验潮站组成。这些验潮站对全球海平面变化趋势和上升速率进行监测，并为长期气候变化研究提供帮助，如为IPCC提供数据支持等。

许多学者利用验潮站观测数据计算出20世纪海平面升高范围（表7-9）。由于选取的验潮站数量和时间序列不同，结论差异很大，即使选取相同的时间段和验潮站数量，由于使用不同的模型和计算方法，得出的结果也不一样。

表7-9 利用验潮站数据对海平面上升的估算

海平面升高/(mm/a)	误差/(mm/a)	数据时段	潮站数量	研究者或研究小组
1.43	±0.14	1881—1980年	152	Bamett
2.27	±0.23	1930—1980年	152	Bamett
1.2	±0.3	1880—1982年	130	Gomitz和Lebedeff
2.4	±0.9	1920—1970年	40	Peltier和Tushingham
1.75	±0.13	1900—1979年	84	Trupin和Wahr
1.7	±0.5	NA	NA	Nakiboglu和Lanbeck
1.8	±0.1	1880—1980年	21	Douglas
1.62	±0.38	1807—1988年	213	Unal和Ghil

注 NA表示数据缺失。

二、海平面上升的原因

海平面上升从成因看可分为气候变暖引起的全球海平面上升（也称绝对海平面上升）和区域性相对海平面上升两种。前者是全球温室效应引起气温升高，海水增温引起水体热膨胀和冰川融化所致；后者除绝对海平面上升外，主要还由沿海地区地壳构造升降、地面下沉及河口水位趋势性抬升等所致。

影响海平面变化的因素有很多，主要有四大类：①气候变化引起海水数量和体积变化；②地壳运动引起洋盆容积变化；③大地水准面-海平面变化；④动力海平面变化。人类活动出现以前，海平面的变化主要受自然因素的影响；人类活动出现以后，海平面的变化就受到了人为因素的影响。特别是18世纪末工业革命后，人类大量使用化石燃料，导致向大气中排放的CO_2等温室体的数量剧增，使得全球气候变暖。年平均气温上升不仅使冰川融化，增加海水数量，而且还使海水受热膨胀，体积增加，因而使得全球性的绝对海平面上升。区域性的相对海平面上升的情况就更复杂，相对海平面上升不仅包括绝对海平面上升的因素，还与当地的地理构造和海洋气象条件等有关，例如地壳的垂直形变、地面沉降、厄尔尼诺、南方涛动和黑潮大弯曲现象、降水量和河流入海径流量等。

1. 全球气候变暖

全球性的气候变暖是海平面上升最根源的因素。

人类活动对环境以及人类生活本身最明显的影响出现在工业革命以后。现代工农业的迅速发展，使大气中二氧化碳（CO_2）以及其他微量气体（NO_2、CH_4 等）增加，产生温室效应，并引起全球气候变暖。这种气候变化的影响在广度上是全球性的，在深度上几乎影响到人类生活的各方面（水利、农业、海岸防护、城市等），故称为全球性环境灾害。近百年来大气中二氧化碳及其他微量气体的增加，几乎完全是人类燃烧化石燃料（煤、石油、天然气等）、破坏热带森林、从事农业活动等所引起的。

首先，全球气候变暖使海水受热发生膨胀，就拿 100m 厚的海水层来说，当温度为 25℃时，水温每增加 1℃，水层就将会膨胀约 0.5cm。海水的热膨胀是导致海平面上升最主要的因素。

其次，全球气候变暖导致格陵兰冰原、南极冰盖以及山地冰川的加速融化也是造成海平面上升的主要原因之一。据估计，格陵兰冰原过去十年平均每年融化的冰原约有 30300 亿 t，南极冰盖平均每年融化 11800 亿 t。由于气候原因，2003—2009 年间，许多小型陆地冰川都加速融化，尤其高山冰川的融化速度明显超过大型冰盖。

2. 区域性地面沉降

由于区域性构造运动（包括地壳均衡运动）和地面沉降（人类过量开采地下水引起）等的差异，不同岸段的海平面变化差异显著。有的地方相对海平面的上升速率远远大于全球海平面的上升速率。例如，长江三角洲位于地壳下沉带，近 2000 年来，地壳下沉速率为 1.3mm/a，加之大量开采地下水引起的地面下沉，20 世纪海平面的上升速率如下：1912—1936 年为 2.5mm/a，1952—1995 年为 3.1mm/a。1997 年，秦曾灏等提出相对海平面上升速率的预测值为 7.5～8.5mm/a。实测值和预测值（均以吴淞站为代表）都大于全球海平面上升速率。相反，也有不少地方相对海平面是下降的或海平面的上升速率小于全球海平面上升速率。

最近 100 年来，荷兰的相对海平面上升了 15～20cm，其中地面沉降是个重要因素。一方面该地区地壳最近时期以来持续下降，沉降量估计为每百年 1.5cm；另一方面荷兰位于斯堪的纳维亚第四纪大冰盖的南缘，冰盖后退融化，陆地上覆压力减小，斯堪的纳维亚陆地回弹上升，由于地壳不均衡作用，引起荷兰等边缘地区地面沉降。

地震常使沿海地区大幅度沉降。例如，1976 年 7 月唐山地震使地震断层向海一侧地面明显沉降，最大沉降量达 1.55m（宁河），天津市沿海的汉沽、塘沽和大港一带均沉降 0.2～0.5m，天津新港震后最大沉降达 1.2m。福建沿海地震常导致海岸的明显差别升降。

人们过量开采地下水、石油、天然气等资源，也会造成地面沉降及海平面上升。英国东南部由于过量开采地下水，发生大范围地面沉降，近 2000 年间沉降约 6m，每 100 年间下沉 30cm，致使海平面上升。在古罗马时代，伦敦泰晤士河上的潮汐只达到现今的伦敦桥附近，而今潮汐已达到离伦敦桥 29km 的河流上游。伦敦约有 78km² 面积的城区经常遭受高位潮汐引起的洪水袭击，如在 1736 年，西明斯特霍曾被洪水淹没深达 61m；1928 年，2m 高的海潮漫过泰晤士河河堤，淹没了伦敦市中心；1953 年，因伦敦下游防洪工程缺口，洪水又一次袭击伦敦市中心。更为严重的是，目前伦敦有 117km² 的区域、120 万居民位于 1953 年洪水潮位线以下地区，若防洪工程出现问题，比 1953 年更大的洪水将再次袭击伦敦，估计经济损失将达 20 亿～30 亿美元。近 2000 年间，随着伦敦地面发生下沉，该市已多次遭到海潮袭击。

目前世界范围内，凡由于过量开采地下水导致地面大量沉降的地方，相对海平面上升率均较大。例如曼谷由于过量开采地下水，1960—1982 年当地海平面上升约 36cm，即年平均上升 15.6mm。

2015 年，美国宇航局（NASA）发布最新预测称，鉴于目前所知，因全球变暖及冰盖和冰川融化，水量增加，导致海洋膨胀，未来海平面将会上升至少 1m 或更多。或许在不太遥远的未来，人类需要面对城市被淹没的风险。

三、海平面上升带来的危害

海平面上升对人类的生存和经济发展是一种缓发性的自然灾害。

1. 淹没土地

有专家发出警告，如果"预计"变成现实，那么到 21 世纪中叶，世界各地 70% 的现有海岸线将被海水淹没，美国 90% 的现有海岸线将化为乌有。在 22 世纪，潜水员也许会在海底领略意大利名城威尼斯的风采。

据有关研究结果表明，当海平面上升 1m 以上时，一些世界级大城市，如纽约、伦敦、威尼斯、曼谷、悉尼、上海等将面临淹没的灾难；而一些人口集中的河口三角洲地区更是最大的受害者，特别是印度和孟加拉国的恒河三角洲、越南和柬埔寨间的湄公河三角洲，以及我国的长江三角洲、珠江三角洲和黄河三角洲等。估算表明海平面上升 1m，中国沿海将有 12 万 km² 土地被淹没，7000 万人需要内迁。另外，海平面上升还可能导致一系列的灾害效应。

2. 海岸侵蚀加剧

海平面上升，加强了海洋动力作用，使海岸侵蚀加剧。海面上升使岸外滩面水深加大，波浪作用增强。据波浪理论，当海平面上升使岸外水深增大 1 倍时，波能将增加 4 倍，波能传速将增加 1.414 倍，波浪作用强度可增加 5.656 倍。波浪在向岸传播过程中破碎，形成具强烈破坏作用的激浪流，对海岸及海堤工程产生巨大的侵蚀作用。

3. 风暴潮加剧

风暴潮灾害位居海洋灾害之首。海平面上升使得平均海平面及各种特征潮位相应增高，水深增大，波浪作用增强，因此，海平面上升增加了大于某一值的风暴增水出现的频次，增加风暴潮成灾概率；同时，风暴增水与高潮位叠加，将出现更高的风暴高潮位，海平面上升使得风暴潮的强度也明显增大，加剧了风暴潮灾，从而不仅使得沿海地区受风暴潮影响的频率大大增加，同时也使得风暴潮灾向大陆纵深方向发展，并降低沿海地区的防御标准和防御能力，造成更大的灾害损失。

2003 年，我国风暴潮灾害造成直接经济损失 78 亿元，死亡、失踪 25 人。监测结果表明，2001—2003 年期间，环渤海地区及江苏、海南沿海部分地区的风暴潮灾害和海岸侵蚀呈上升和加剧趋势，这与这些地区海平面相对较高有关系。渤海湾沿岸部分地区遭受风暴潮袭击，发生海水倒灌和海水漫堤现象，受淹地区积水深度达 0.5～0.8m，损失巨大。2005 年 8 月 29 日，"卡特里娜"飓风在路易斯安那州登陆，所引发的风暴潮漫过密西西比河沿岸和庞恰特雷恩湖岸的防洪堤，致使新奥尔良 75% 的区域被洪水淹没，至少1800 人丧生。直到 2006 年 7 月，这座城市的人口仍然不到飓风前的一半。研究发现"卡特里娜"的发生与海平面上升直接相关。

4. 洪涝灾害加剧

海平面上升引起入海径流受潮流的顶托作用加强，入海河流排水能力和排水时间都大量减小，从而使得大量洪涝水量保持在闸上水体中，导致闸上水位场的变化，河渠基准面相应抬升。入海骨干河道的水位随海面上升而升高，其抬升幅度主要与距河口的距离有关。因此，海面上升后势必造成河道排水困难、低洼地排水不畅、内涝积水时间延长，导致涝灾的发生频率及严重程度增加。最近研究表明，相对海平面上升 400mm，长江三角洲及毗连地区自然排水能力将下降 20%，相对海平面分别上升 200mm、400mm、600mm，则目前珠江三角洲百年一遇的洪水将相应降至 50 年一遇、20 年一遇和 10 年一遇，也就是说洪涝灾害将分别增加 2 倍、5 倍和 10 倍。

5. 海水入侵

海平面上升引起的海水入侵主要通过三个途径：一是风暴潮时海水溢过海堤，淹没沿海陆地，潮退后滞留入渗海水蒸发，增加土壤盐分，影响农业生产；二是海平面上升使得海水侧向侵入陆地，造成土壤盐碱化或破坏淡水资源；三是海水沿着河流上溯，使河口段淡水氯度提高，影响沿河地区的工农业生产和居民生活用水，这在缺乏挡潮闸的各大河入海口的冬季河流枯水期表现得尤为严重。

四、应对海平面上升的措施

海平面上升作为一种缓发性海洋灾害，其长期的累积效应将加剧风暴潮、海岸侵蚀、海水入侵、土壤盐渍化和咸潮等海洋灾害的致灾程度，淹没滨海低地、破坏生态环境，给沿海地区的经济社会发展带来严重影响。为有效应对海平面上升，自然资源部建议沿海各地政府和相关部门，根据海平面上升评估成果对堤防加高加固；合理控制采掘行为，降低海水入侵和土壤盐渍化影响程度；加强滨海湿地、红树林、珊瑚礁等生态系统的恢复和保护，形成应对海平面上升的立体防御体系等。沿海城市应将海平面上升纳入城市发展与综合防灾减灾规划之中，从主动避让、强化防护和有效减灾 3 个方面做好相关工作。

（1）主动避让。在确定沿海城市布局和发展方向时，应考虑海平面上升的影响。在城市总体发展规划中，人口密集和产业密布用地的布局应主动避让海平面上升高风险区，应和海平面上升高风险区保持安全距离。

（2）强化防护。在沿海城市综合防灾规划中，防潮堤、防波堤和防潮闸等防护工程的规划设计应充分考虑海平面上升幅度，提高防护标准，保障防护对象的安全。在城市生态保护规划中，应加强对滨海植被、滩涂湿地和近岸沙坝岛礁等自然屏障的保护，避免破坏植被和大挖大填等开发活动。

（3）有效减灾。在市政与基础设施规划中，水、电、气、热、信息、交通等生命线系统建设和相应备用系统配套的规划设计，应将海平面上升因素作为依据之一。在沿海城市应急避难场所和救灾物资储备库的规划设计中，应充分考虑海平面上升的风险。

此外，要加大力度节能减排，大力推广核能、太阳能、风能、水能、潮汐能等的应用，减少以致最终完全杜绝化石燃料的使用，严格控制 CO_2 等温室气体排放；加强海平面变化监测能力建设，加强海平面上升及影响对策研究，建立健全全球海平面变化监测网。

参 考 文 献

[1] 许武成. 灾害地理学 [M]. 北京：科学出版社，2015.

[2] 许武成. 水文灾害 [M]. 北京：中国水利水电出版社，2018.

[3] 陈颙，史培军. 自然灾害 [M]. 北京：北京师范大学出版社，2007.

[4] 李树刚. 灾害学 [M]. 北京：煤炭工业出版社，2008.

[5] 许武成. 水资源计算与管理 [M]. 北京：科学出版社，2011.

[6] 许武成，马劲松，王文. 关于 ENSO 事件及其对中国气候影响研究的综述 [J]. 气象科学，2005，25（2）：212 - 220.

[7] 许武成，王文，马劲松，等. 1951—2007 年的 ENSO 事件及其特征值 [J]. 自然灾害学报，2009，18（4）：18 - 24.

[8] 翟盘茂，李晓燕，任福民. 厄尔尼诺 [M]. 北京：气象出版社，2003.

[9] 余志豪，杨修群，任黎秀. 厄尔尼诺 [M]. 南京：河海大学出版社，2002.

[10] 李晓燕，翟盘茂. ENSO 事件指数与指标研究 [J]. 气象学报，2000，58（1）：102 - 109.

[11] 李晓燕，翟盘茂，任福民. 气候标准值改变对 ENSO 事件划分的影响 [J]. 热带气象学报，2005，21（1）：72 - 78.

[12] 张家诚，周魁一，等. 中国气象洪涝海洋灾害 [M]. 长沙：湖南人民出版社，1998.

[13] 吕学军. 自然灾害学概论 [M]. 长春：吉林大学出版社，2010.

[14] 刘会平，潘安定. 自然灾害学导论 [M]. 广州：广东科技出版社，2007.

[15] 王静爱，史培军，王平，等. 中国自然灾害时空格局 [M]. 北京：科学出版社，2006.

[16] 丁一汇，朱定真. 中国自然灾害要览 [M]. 北京：北京大学出版社，2013.

[17] Curtis S, Adler R. ENSO indexes based on patterns of satellite - derived precipitation [J]. Journal of climate, 2000, 13: 2786 - 2793.

[18] Wolter K, Timlin M S. Measuring the strength of ENSO events: how does 1997/98 rank? [J]. Weather, 1998, 53 (9): 315 - 324.

[19] 冯士筰，李凤岐，李少菁. 海洋科学导论 [M]. 北京：高等教育出版社，1999.

[20] 杨世伦. 海岸环境和地貌过程导论 [M]. 北京：海洋出版社，2003.

[21] 赵进平. 海洋科学概论 [M]. 青岛：中国海洋大学出版社，2016.

[22] 薛桂芳. 海洋法学 [M]. 北京：海洋出版社，2018.

[23] 宋雪珑，万剑锋，崔岩. 海洋环境基础 [M]. 北京：中国轻工业出版社，2020.

[24] 国家科委全国重大自然灾害综合研究组. 中国重大自然灾害及减灾对策：总论 [M]. 北京：科学出版社，1994.

第八章 海 洋 权 益

海洋是生命的摇篮、资源的宝库、交通的命脉，是世界各个民族繁衍生息的和持续发展的重要资源，自古至今也是强权政治和霸权主义垂涎的战略要地。伴随着人类对资源需求的大幅增长，海权竞争逐渐成为焦点，中国的崛起，必然是一个呼唤海权的时代过程。

中共十八大将建设海洋强国作为重要战略部署，纳入"五位一体"和"四个全面"的国家发展战略大布局之中，提出了"坚决维护国家海洋权益"的历史性任务。中共十九大又提出"坚持陆海统筹，加快建设海洋强国"，反映出中国发展海洋事业的迫切需求，海洋战略目标更加清晰。中共二十大再次做出"加快建设海洋强国"重大部署，提出要"发展海洋经济，保护海洋生态环境，加快建设海洋强国"。

第一节 海 洋 权 益 概 述

一、海洋权益的概念

20 世纪 90 年代，我国全国人大常委会颁布了两部海洋法规：《中华人民共和国领海及毗连区法》（1992 年 2 月 25 日颁布）、《中华人民共和国专属经济区和大陆架法》（1998 年 6 月 26 日颁布），将"海洋权益"概念引进了国家的法律中。从此，海洋权益作为一个崭新的法律概念，开始为国人所认识和关注。

海洋权益是海洋权利（sea rights）和海洋利益（sea interests）的总称，是国家领土向海洋延伸形成的属于主权性质的权利和由此而衍生的部分利益。其包括沿海各国依法在管辖海域（领海及毗连区、专属经济区和大陆架内），维护国家主权和领土完整，对所属岛屿行使主权、管辖权和管制权；开发利用海洋生物资源和非生物资源；在国家管辖海域外（公海、国际海底区域）的各项自由和权利等。国家在海洋上所获得的这些权力和利益是受法律保护的。

首先，海洋权益属于国家的主权范畴，它是国家领土向海洋延伸形成的权利，或者说，国家在海洋上获得的属于领土主权性质的权利，以及由此延伸或衍生的部分权利。国家在领海区域享有完全排他性的主权权利，这和陆地领土主权性质是完全相同的。在毗连区享有的权利，也属于排他性的，主要有安全、海关、财政、卫生等管辖权。这个权利是由领海主权延伸或衍生过来的权利。在专属经济区和大陆架，享有勘探开发自然资源的主权权利，这是属于专属权利，也可以理解为仅次于主权的"准主权"。另外，还拥有对海洋污染、海洋科学研究、海上人工设施建设的管理权。这可以说是上述"准主权"的再延伸，因为沿海国家首先在专属经济区和大陆架拥有专属权利之后，才会拥有这些管辖权。

其次，海洋权益是国家在海洋上所获得的利益，或者可以通俗地说是"好处"。当然，利益或"好处"是受国家法律保护的。一般地说,海洋权益的内涵主要如下:①海洋政治权益,如海洋主权、海洋管辖权、海洋管制权等,这是海洋政治权益的核心;②海洋经济权益,主要包括开发领海、专属经济区、大陆架的资源,发展国家的海洋经济产业等;③海上安全利益,主要是使海洋成为国家安全的国防屏障,通过外交、军事等手段,防止发生海上军事冲突;④海洋科学利益,主要是使海洋成为科学实验的基地,以获得对海洋自然规律的认识等。此外,还有海洋文化利益,如海上观光旅游、举办跨海域的文化活动等。

在中国的海洋立法中,海洋权益作为一个概念,一般是指在国家管辖海域内的权利和利益。在这个意义上,海洋权益中的权利是指在国家管辖海域内的主权、主权权利、管辖权,利益则是这些权利派生的各种好处、恩惠。广义的海洋权益还应该包括公海和国际海底区域的权利和利益。

世界上的任何国家都有海洋权益,而发达国家对海洋权益则是更加重视。中国已经是融入全球体系的大国,必然有巨大的海洋权益。全面关注和维护国家的海洋权益具有重大意义。

二、海洋权益的演变

(一)20 世纪前的海洋权益

国家对海洋权利的要求始于远古,比如古罗马在强大之后曾提出海洋应归其所有的主张;威尼斯曾宣布对整个亚得里亚海拥有主权权利;热亚那认为利古里亚湾是其行使主权的海域;英国国王从 10 世纪起就自己宣称为不列颠海洋之王;丹麦与挪威联合王国企图控制整个北海等。15 世纪末至 16 世纪初,罗马教皇曾遵从当时海洋强国葡萄牙和西班牙的要求,先后发布谕旨指定大西洋的子午线为两国行使海洋权利的分界线,该线以东归葡萄牙控制,以西归西班牙控制。他们要求其他国家在海洋通行、通商或航行都需经葡萄牙、西班牙两国的许可。但是,由于当时的海洋知识水平和海洋实际利益主要局限在交通、航海、渔业和安全等方面,因此 20 世纪初之前的海洋权益具有如下的鲜明特点:

(1)在很长的历史时期,对海洋权益的追求,主要发生在少数海洋大国之间。海洋权益主要停留在对海洋的利用上,并没有把海洋区域同国家的占有联系起来。

(2)少数海洋强国海洋权利主张,多是以海外殖民掠夺、航行与商业利益等为中心进行争夺的,当时并没有与海洋的资源利益相结合。此点与后来的发展大为不同。

(3)与某些国家提出控制海洋(或整体,或一个海域)的同时,也酝酿了本质上完全相反的主张。他们认为海洋辽阔,应该成为各国都可以利用的通道,而不能被个别国家或一些国家占有,只能把沿海国家对海洋的控制管辖权限制在毗连的狭窄的沿岸水域。这就是海洋自由原则和领海概念。海洋自由原则是荷兰国际法学家格劳秀斯在《公海自由论》一书中正式提出来的。格劳秀斯认为,海洋既不能被拿起来或者被圈定,也不会因利用而消耗掉,所以海洋不应该被任何国家所占有,在海洋上航行时谁也没有权利进行管制或行使管辖权。格劳秀斯的观点,当然也是直接服务于当时荷兰的远洋航海和海外殖民主义活动的。公海自由原则提出后并未被普遍接受,直到 19 世纪才逐渐成为一条国际法的基本原则。公海自由论是对早期海洋霸权的否定,也是资本主义发展的客观需要。但是海洋自由所指的区域还是"公海"范围,而对于沿海国家邻接的沿岸水域,沿海国家应有特殊的利益。因此，在海洋自由原则形成和确立的过程中，又提出了领海概念及法律地位问题。17世纪中叶，意大利法学家在其著作中将沿岸一带海域划入沿海国家的领土之内，并称为领水，之后荷兰法学家宾刻舒克在1702年出版的《海洋领有论》一书中更加明确地提出"陆地上的控制权终止在武器力量终止之处"，不仅肯定了领海是沿海国领土的边界，由沿海国行使主权管辖，而且按当时大炮射程推定领海的宽度为3n mile（海里）。最早接受领海概念的国家是那时的海洋强国——英国，继之，法国、比利时、荷兰、德国、美国等国家也相继效法3海里规则。美国是在1794年6月5日，国会批准的一项法令中，授权联邦法院审理"在美国领水内，或在距离海岸1里格（约3海里）的范围内发生的捕船事件的诉讼案件，就这样，美国确立了领海宽度，不过杰斐逊（当时的美国总统）曾把3n mile看作须经复审方成立案的临时界限"（《美国海洋政策》，第39页）。直到19世纪末和20世纪初，虽然主要海洋国家普遍承认了3n mile领海制度，承认了沿海国可以行使与其陆地领土完全相同的管辖权利，但是为了安全或其他目的，包括防止走私、危害健康、渔业资源等管辖内容，还有不同的掌握。除此之外，有些国家还提出或实施在3n mile领海外的一定区域的某些权利，比如英国早在18世纪就通过法律，授权有关部门搜查和逮捕距岸5n mile以内的走私嫌疑者，从瘟疫区来英国的船只，在4n mile附近必须向英国发出信号等。

总之，在20世纪初之前，经过长时期的探索，逐步形成并建立了公海自由原则和领海制度。这些进展为后来国家海洋权益的发展奠定了基础。

（二）20世纪初至60年代海洋权益的演变

进入20世纪以后，海洋权益问题的内容方面大为扩展，不仅继续深化了海洋空间区域的合理权益划分，而且开始较多地注意海洋自然资源和战略上的国家利益。在20世纪的前60年海洋权益演变有以下突出事件：

（1）海洋渔业资源利益受到关注。海洋渔业资源原本被认为是用之不竭的，但是20世纪初期已经有人发现某些近海区域有衰减的迹象，因此，提出要采取措施加以防止。由此，引起了有关沿海国家的注意。美国渔业局在1921年的报告中就曾经这样提出："过去从未适当考虑过至关重要的资源养护问题，对此，尽人皆知的某些极宝贵渔业衰退应该是有效的警告。今后应当更直接、更广泛地应用科学研究成果。"这篇报告还提及全球性的水域污染问题。

基于这种背景，一些沿海国家开始关心本国渔业资源的权益问题。1907年9月南美的阿根廷宣布，距离海岸10.5n mile的海域内，渔业捕捞由阿根廷实行国家管制；1911年俄国宣布在其沿海12n mile的范围内设立渔业特区；1911年英国正式提出，对其周围狭窄的海峡拥有充分的管辖权，海峡水域的渔业资源属英国所有，具有排他的权利；同年，巴黎仲裁小组应美国政府要求，经过反复的商讨和其他外交的努力，最后裁定，要求英国、加拿大、俄国、日本和美国都要禁止本国公民在北太平洋、白令海、堪察加、鄂霍次克海和日本海进行远洋海豹狩猎，并缔结了《海豹公约》。该公约规定：除了在批准将来的猎捕权之前作出现金结算外，美国每年要将在普里比洛夫群岛猎捕物的15%的海豹皮分给加拿大和日本，俄国将其在科曼多尔群岛猎获物的15%分给加拿大和日本，日本则要把在罗本群岛及其管辖下的其他海岸区域猎获的10%分给美国、俄国和加拿大。这项公约所实行的配额平衡方法是具有创造性的，对以后的渔业资源权益处理产生了有意义的影响。1923 年 3 月美国和加拿大商定，对太平洋鳙鲽鱼资源实行禁渔期。双方议定从每年 11 月 16 日至次年 2 月 15 日为禁渔期，禁止在此期间捕捞鳙鲽鱼。1937 年美国等九个国家达成《国际捕鲸管理协定》，严禁某些鲸类的捕杀，并规定其他鲸类捕猎的个体长度条件，以及禁猎期和禁猎区等。在 20 世纪 60 年代前的海洋渔业资源权益维护中，需要特别提出的是，1945 年美国总统哈力·杜鲁门的公告，鉴于美国毗邻海域所遇到的问题，为"保护和永久保存与美国海岸毗邻的渔业资源方面的安排问题，考虑到这种局面潜在的扰乱作用，美国政府认真地研究了为在这方面制定保护措施和进行国际合作而改进管辖的可能性"，归根结底是为了美国自身利益，扩大海域的管辖范围。该公告宣布"美国政府认为，在捕捞活动现在已经或将来可能得到大规模发展和保持的、与美国海岸相邻的公海的那些区域内建立保护区是正当的。在这种捕捞活动现在已经或今后将要由美国自己的国民来发展和维持的区域内，美国认为，建立边界明确的保护区是正当的，保护区内的捕捞活动将由美国管理和控制。在这种捕捞活动现在已经或今后将由美国国民和其他国家的国民联合进行合理的发展和维持的区域内，边界明确的保护区可以按照美国和其他有关国家之间的协定建立；这种保护区内的所有捕捞活动将按照这些协定进行管理和控制。如果相应地承认美国国民在这种区域内可能存在的任何捕捞利益，那么任何国家依照上述原则在其沿岸水域建立保护区的权利将得到承认。建立这种保护区的区域的公海特点及其自由无阻通航的权利决不会因此而受到影响。"

美国《关于某些公海区内美国近岸渔业政策的美国总统公告》，即上述的 1945 年美国总统哈力·杜鲁门公告，将其渔业资源管辖权向领海之外的公海区域扩展，不论其错还是对，但它的影响是比较大的，它使国家海洋权益活动在一段禁之后得到"释放"。在美国这一行动的波及下，首先由拉丁美洲掀起了捍卫海洋权益的浪潮。由于杜鲁门公告和当时海洋渔业强国一方面确立本国邻近海域渔业资源管辖权，另一方面又把捕捞活动扩张到其他国家的近海区域，严重损害了有关国家的海洋利益，而拉美国家首当其冲。因此，厄瓜多尔、智利、秘鲁、萨尔瓦多和哥斯达黎加等国从 1947 年开始酝酿磋商，1952 年 8 月 18 日大胆宣布了 200n mile 海洋管辖权的主张。为了开发、利用和保护海洋动植物资源，这些国家实行从海岸算起 200n mile 的公海区域独占的主权权利。拉美国家 200n mile 主张，是 20 世纪以来海洋权益发展中最为重大的事件，是一次强大的冲击波。它的提出和后来的斗争，直至最终被国际社会所接受，基本上构成了接近半个世纪海洋权和海洋斗争的主线之一，也是海洋上反对霸权的中心和焦点问题，其意义是重大的，其影响是深远的。

（2）海底及其矿产资源的占有和开发逐渐成为国家的实际行动。在 20 世纪初，虽然大多数国际法专家认为领海外的海底不属任何人所有，但是有些专家却主张沿海国家可对领海外领接海域海底的自然资源享有主权权力。1923 年，塞西尔·赫斯特提出，只要能够证明定居生物的捕捞场所一向处于陆地的主权占有之下，甚至在领海范围外，那么，即可推定该捕捞区域（意指渔场）之下的海床土壤归谁所有，以及谁有权制定"有关如此占有的土壤和由此而来的财富之保护的法律"。1932 年，著名的国际法专家吉尔伯特·吉德尔也主张，海床表面具有同于上覆水域一样的法律地位。但是任何一个国家，只有长期地、一贯地使用某个沿海床，或者这种使用事实上得到他国的默许，该国才能够主张对这一海床行使管辖权利。此类观点，表明这样一种倾向，对海床及其资源，沿海国家不仅全部享有领海区域的主权管辖，而且可以延伸到领海范围之外。虽然说是有条件的，但是只要具备了或创造了必要的条件，国家即可能在领海之外实现其对海床与资源的利益。

到了 20 世纪 40 年代，由于当时海洋开发技术能力已能够达到沿岸 3n mile 外，加上其他的一些背景因素，占有并开发领海外的海床及矿产资源，已渐渐演变为国家的实际行动。1943 年美国内政部长建议总统，发起组织邻近海洋自然资源调查研究，在初步调查资源分布情况下，加快美国对海洋资源利益的占有，"或许可能独占其大陆架内已经探明的或猜测可能发现的石油储层"。经广泛议论，至 1945 年 9 月 28 日美国以总统名义发表了《美国关于大陆架的底土和海床的自然资源政策第 667 号总统公告》，即通常称之的《杜鲁门大陆架公告》。这份公告与上面提到的《关于某些公海区内美国近岸渔业政策的美国总统公告》发表于同一天，它宣示"鉴于美利坚合众国政府认为，毗邻国家对于大陆架的底土和海床的自然资源行使管辖权，是合理的、公正的，因为利用和保全这些资源的措施的实际效果取决于来自岸上的合作和保护，因为可以把大陆架看成是沿海国家的陆地延伸，因而自然地属于它，因为这些资源往往是埋藏于领土内的油田或海床向海的延伸，因为沿海国家为了自卫，不得不对其海岸外利用这些资源所进行的必要活动加以严格监视。"此公告在陈述了各种理由之后，结论是一个，即处于公海下，但毗邻美国海岸的大陆架的底土和海床的自然资源均属于美国所有，受美国的管辖和控制。

美国大陆架宣言在国际海洋法制度的发展上揭开了新的一章，其意义和影响大大超过了其对毗邻公海渔业资源的政策公告，也超过了同期其他海洋权益主张。大陆架宣言犹如在公海自由原则封锁的大堤上，开了一个宣泄口，使沿海国扩展对毗邻的公海海底及资源利益要求涌了出来。继美国，墨西哥立即宣布对水深不超过 200m 的大陆架拥有管辖权；阿根廷于 1946 年提出邻接阿根廷的陆缘海和大陆架，其主权归属阿根廷，但水域仍不影响海洋航行自由的地位；智利于 1947 年 6 月 23 日宣布更为大胆的主张，该国享有毗邻的全部大陆架（而且不论其深度如何）及其全部水域的主权，并为保留、保护、养护和利用自然资源，其主权权利可扩大到必要的最大范围，保护区将从岸边扩展到 200n mile，同样也宣布不影响公海航行自由；秘鲁、哥斯达黎加、巴拿马、危地马拉、萨尔瓦多、尼加拉瓜、洪都拉斯等拉美国家，也于 1946—1950 年间宣布了与智利、阿根廷基本类似的主张。其他，如英国（1948 年）、冰岛（1948 年）、沙特阿拉伯（1949 年）、科威特（1949 年）、卡塔尔（1949 年）、阿拉伯联合酋长国（1949 年）、巴基斯坦（1950 年）、韩国（1952 年）等也宣布了对大陆架行使控制权。

（3）国际法编纂和第一、二次海洋法会议的召开。根据国际法学家的建议，1924 年国际联盟理事会决定成立"国际法逐渐编纂专家委员会"，负责国际法的编纂工作，并确定三个基本内容，其中包括"领水"。1930 年 3 月 13 日—4 月 12 日在海牙举行了首次国际法编纂会议。该会议在海洋法制度上一致赞同两项原则，一是每个沿海国家都有权对邻接海岸的一带水域行使主权管辖；二是沿海国行使领海主权中，不得妨碍任何其他国家的船只无害通过。会议除将"领海法律地位"的 13 条草案，经临时通过载人会议"最后条款方案"外还通过了两项建议：一是外国船只在内陆水域的法律地位；二是对渔业资源的保护，要求对海洋动物区系的某些问题进行科学研究合作，并对沿海水域的幼鱼开展保护工作。不过，这次会议仍然未能就领海宽度达成一致意见。会上，海洋大国坚决维护3n mile 领海，斯堪的纳维亚四国坚持 4n mile 宽度，而西班牙、巴西等 12 国坚持或主张 6n mile，还有一些国家要求对领海外的毗连区行使特殊目的管辖权。这次会议虽然不是专门海洋法的编纂，但由于与会国家达到 47 个，有较广泛的代表性，其任务又是整个国际法的编纂，所以，会议通过的海洋法的有关领海原则，还是具有较高的权威性。会议结束时，也对以后领海法的编纂做了安排，但因世界政治形势的变化和第二次世界大战的爆发而停顿。

第二次世界大战结束后，1945 年联合国大会成立国际法委员会负责制定并编纂国际法。1949 年该委员会召开第一次会议，即决定编纂公海制度的国际法。1951 年第三次会议又决定编纂领海制度的法律，但其工作不仅包括领海、公海问题，还涉及毗连区和大陆架的法律地位问题。1954 年，美国、英国等 10 个国家向联合国大会提出"大陆架条款"建议，但大会决定不单独审议这一问题。国际法委员会把有关公海、领海、毗连区和大陆架等已有的制度和建议方案加以合并，提出一份"海洋法"议案，于 1956 年建议联合国大会召开专门的国际海洋法会议，讨论、制定国际海洋法律制度。经过准备，1958 年 2 月 24 日—4 月 27 日在日内瓦举行了第一次联合国海洋法会议。与会的国家有 86 个，在 2 个多月的时间里，会议在审议国际法委员会准备的"海洋法"议案的基础上，最后通过了《领海与毗连区公约》《公海公约》《捕鱼与养护公海生物资源养护公约》和《大陆架公约》。此次会议尽管没有能够解决领海与毗连区的宽度等问题，但是能够在一次会议上审议通过 4 项公约，这也是前所未有的。它澄清了领海基线的划法；提出了沿海国有权划定从海岸算起不超过 12n mile 的毗连区，并实施海关、财政、移民和卫生的管理；确定了在一部分公海与另一部分公海或外国领海之间供国际航行之用的海峡中，不得停止外国船只无害通过的一般原则。鉴于第一次海洋法会议遗留诸多未解决的问题，1960 年又在日内瓦召开了第二次联合国海洋法会议。会议从 3 月 17 日开始，至 4 月 26 日结束，与会国家仍为 86 个，内容主要集中在领海和渔区的宽度上，但最终因分歧较大未能达到统一，此次会议以失败而告终。

（三）20 世纪 60 年代以后海洋权益的变化

无论海洋强国的变化，还是第三世界的觉醒和投入，都说明 20 世纪 60 年代是海洋权益发展的一个转变期。

（1）国家管辖海域的扩展。20 世纪 60 年代以前，虽然有少数国家把管辖海域扩展到 200n mile 的宽度，但毕竟不多。主张领海宽度为 200n mile 的国家更是少数。绝大多数国家还是认为领海宽度应在 12n mile 以内，真正实行 12n mile 领海的国家在当时只有 14 个，基本上是第三世界国家。

第一是领海的权利主张。进入 20 世纪 60 年代，各沿海国家迅速将管辖海域向外扩展。在 1960—1970 年期间，已经没有国家提出 3n mile、4n mile 或 5n mile 的主张，却有 5 个国家提出 6n mile~11n mile 不等的领海权利主张。一些国家也放弃 6n mile 的主张而转向接受较宽的权利要求。

第二是大陆架的权利要求。自 1945 年美国总统杜鲁门大陆架宣言之后，到 20 世纪 50 年代末，有 50 个国家宣布大陆架权利主张。但在 1960 年以后的短短 10 年时间里，提出大陆架权利要求的国家迅速地上升到 100 个左右。

第三是专属经济区的管辖权。200n mile 渔业资源专属管辖权主张，在 20 世纪 60 年代以前，还只有少数国家支持；到了 70 年代，不仅大多数拉丁美洲国家和亚非国家都支持 200n mile 专属经济区主张，而且一些发达国家，也转而承认专属经济区的管辖权。如美国也来了个 180° 的大转弯，同样主张沿海国家有权管理邻接公海的生物资源。

国家对领海、大陆架和专属经济区的权利主张，在 20 世纪七八十年代得到国际社会的广泛承认，并得到国际法律制度的确认。

（2）公海权益和人类共同遗产原则。在沿海国家扩展管辖海域的同时，制定出了公海制度。首先是公海资源的法律地位问题，按照过去形成的惯例，提出了公海资源是人类共同遗产的认识。为了使公海资源国际化，避免公海资源被发达国家掠夺，或者成为各国竞相占有和利用的对象，也避免国际海底被用于军事活动等非和平目的，1967 年 8 月 17 日，马耳他大使阿维德·帕多代表该国提出"关于保留现在处于国家管辖海域范围以外的海域下的海床和洋底用作和平用途并利用其为人类谋福利的宣言和条约"的议案。最后联大第 25 届会议通过第 2749 号等决议，使国际社会正式确立了公海资源是人类共同遗产原则和公海制度框架及公海权益的处理规则。

（3）国家海域权益争端的发展。国际海域管辖范围的扩展，其后果之一就是国家间海域划界争端的增加。仅在 20 世纪 70 年代，国际法院裁决和判决的国家间的海域划界争端就有多起。例如，1969 年 2 月 20 日判决的德意志联邦共和国、丹麦和荷兰关于北海大陆架案；1977 年 6 月 30 日仲裁法庭关于英法大陆架划界分歧的裁决；1977 年 5 月 2 日对智利与阿根廷关于比格尔海峡案的裁决；1982 年 2 月 24 日关于突尼斯和利比亚之间大陆架划界的判决；以及 1984 年 10 月 12 日判决的美国和加拿大关于缅因湾的划界案。

20 世纪后 60 年以来的海洋权益的斗争情况表现出如下三个特征。第一，随着对国家海洋利益认识的深化，海洋权益受到普遍的关注，不仅发达国家如此，广大发展中国家也如此。第二，国家间海域划界分歧和争端的解决，已转向利用国际海洋法制度，通过谈判、协商来解决，如达不成协议或谅解，最终也是经国际法院，或者专门的仲裁法庭来判决或裁决。第三，国家间海域划界的原则，经众多的实践，逐渐变得丰富而具体，除了原则性较广泛的基本标准外，又建立起若干可以把握的辅助批准，并逐渐为国际社会所接受。海洋权益的斗争实践，充分反映了各沿海国家对本国海洋权益越来越重视，从当前和未来把海洋权益与国家的政治、经济和军事利益紧密地联系起来。

三、经典的海权理论

（一）马汉的"海权论"

1890 年，美国海军历史学家，海权理论的创立者马汉经典海权论著作《海权对历史的影响（1660—1783）》出版，第一次提出了完整的海权理论，标志着西方近代海权观念的确立。之后他的《海权对法国大革命和帝国的影响（1793—1812）》（1892 年）、《海权的影响与 1812 年战争的关系》（1905 年）又相继出版，构成其海权论三部曲，成为西方海权思想发展史上的巅峰之作。马汉认为使用海洋和控制海洋，无论是现在还是过去，已经成为世界历史发展的一种重要因素，应拥有并运用优势海军和其他海上力量确立对海洋的控制权力和实现国家战略目的。其最大的贡献是发现并举例证明国家权力与海洋权力彼此密切相关，阐明了海权在历史上所扮演的角色及其重要意义，提出了系统的海权思想和海军战略。马汉海权论的形成适逢美国完成自由资本主义向垄断资本主义过渡，并走向海外扩张的帝国主义时代，其理论为美国海军政策、海军战略和海上战术的制定奠定了一系列基本原则，为美国筹建大海军并一跃而成为世界海洋大国立下了汗马功劳。

马汉海权论的主要思想分两个层次。第一层次是海洋战略层面，他提出海洋霸权优于大陆霸权的观点，强调海权对历史进程和国家繁荣的影响。任何一个国家想要成为强国，就必须先控制海洋，尤其要控制具有战略意义的海峡、通道。第二个层次是具体的海军战略层面，为了争取和保持制海权，必须拥有强大的海军实力，即强大的海军舰队和商船队以及能控制战略要地的海军基地。但他的海军战略又是区别于军事战略的，海军战略是为了自身的目的，无论平时还是战时都要建立、维护和不断发展本国海权的一种战略思想。

在《海权对历史的影响（1660—1783）》一书中马汉列举了六种成就海上大国的基本海权要素：①地理位置；②自然形态；③领土范围；④人口；⑤民族特点；⑥政府的性质，包括国家机构。这六种要素是密不可分的，构成有机的整体。地理位置、自然形态和领土范围是一国扩展海上势力的基础条件。在这里他特别推崇英国的先天优势：首先，英国可以凭借岛国的地理优势全力发展海军，而不必致力于海陆兼备的同时发展，从而耗费国力；在自然形态和领土范围方面，英国拥有适度的海岸线和众多的优良港口，既有利于进行海上贸易和人员交流，又不至于难以防守。人口与海权的关系是指一国是否有足够的人力从事海上事业，也就是说能否提供充足的海员以及从事造船业和后勤保障工作的工人。而民族特点则是扩展海权的内在因素，发展海权所必需的最重要的民族特点是喜欢贸易，从事商业的习性往往必然是依靠海洋强大起来的民族的显著特点。毕竟，平时贸易是一支强大海军的基础。最后，马汉强调政府政体与统治者的性格对海权的发展有着明显的影响。也就是说，能否从体制上保障海权战略的顺利实施。首先，在和平时期，政府可以利用其政策支持民族工业的正常发展，并支持它的人民利用海洋进行冒险和满足获利的癖好，如果这种民族工业和对海洋的厚爱本来就不存在，就竭力培植它们。其次，在战争期间，将会看到政府的作用是以其最合理的方式，保持一支武装齐备的海军。这里要强调的是比海军规模更重要的是海军的组织机构。政府所起的作用是要为国家建立一支海军，这支海军，即或不能到远处去，至少也应能使自己的国家的一些主要航道保持畅通。不仅要使敌人离开我们的港口，而且要使敌人远离我们的海岸。

也有学者将马汉的海权内涵划分为两部分：一是海上军事力量；二是海上非军事力量。前者的主体是国家海军，主要是海军舰队；后者的涵盖范围则相当广泛，如国家的海上贸易、商船队、海外基地等与国家海外贸易相关的一切因素。

（二）戈尔什科夫的"国家海上威力"论

20世纪70年代，苏联的霸权扩张达到顶峰，地处大陆心脏的苏联开始将目光聚焦到了海上。1976年，苏联海军总司令戈尔什科夫元帅出版了《国家的海上威力》一书，总结了苏联海军建军30多年来的经验，提出了苏联的海洋战略，为苏联制定海军战略和国家海洋战略提供了理论支撑。该书是继马汉海权论三部曲之后，又一部论述海权的经典著作。

因为时代的不同，海洋科技逐渐兴起，海军装备也不同于20世纪初，戈尔什科夫的

"国家海上威力"论拓宽了马汉海权论的内涵。戈尔什科夫指出,国家的海上威力就是:合理地结合起来的,保障对世界大洋进行科学、经济开发和保卫国家利益的各种物质手段。与马汉相比,戈尔什科夫强调对海洋的经济和科技开发,利用海洋本身的财富,培育与海洋相关的各领域的能力,使之向综合化、一体化的方向发展,形成与海洋环境相适应的协调发展模式,建立现代国家海上威力体系,从而满足国家发展的需要。在他看来,国家海上威力绝不仅仅取决于海军现实的战斗能力,而应首先将其看作是国家利用一切海洋资源为人民服务和充分发展经济的能力。经济威力决定军事威力,海上威力只能是国家经济威力的一个组成部分。

戈尔什科夫指责帝国主义国家首先把海上威力用作征服和奴役其他国家和民族的侵略政策的工具,西方战略家们常把"国家海上威力"同海军威力或海军实力混为一谈,甚至将海上威力等同于军事威力。尽管如此,戈尔什科夫自己却借口迫于国际形势的恶劣,即掠夺成性的帝国主义的存在,强调海上威力的军事部分是非常重要的,即使是在和平时期,海军也是常常被用来在国外显示国家的经济和军事威力的重要要素,在各军种中,只有海军最能有效地保障国家在海外的利益。他认为,只有建设一支强大的海军,才能维护其海洋利益,才能在与霸权主义国家的斗争中取得主动权。只有获取不断增长的海上实力,苏联才能保证其对外政策的顺利推行,保障不断扩大同其他国家的贸易、运输、科学与文化联系,加强与不同社会制度国家的建设性合作,同时不断扩大给予一切走上独立发展道路的国家的经济援助。在海军建设上,戈尔什科夫提出了"海军平衡"理论,即建设一支全面发展、保持平衡的海军。而且海军建设只有通过平时的建设来实现平衡发展,才能在战时形成最佳的战斗力组合。

在戈尔什科夫"国家海上威力"理论的指导下,苏联海军与美国海军展开了全面竞争,争夺全球海上霸权。到20世纪70年代末,苏联已经建立起一支可与美国匹敌的全球性远洋海军,其航母战斗群一度在世界各大洋游弋。作为一个社会主义国家,苏联的海权观念已大大超出了维护自身权益的范围,其全球争霸的目标严重背离了社会主义原则。戈尔什科夫提出"海军平衡"理论,要求海军建设与经济建设平衡发展,但最终还是偏离了这个原则。不顾国家实力的无限扩张最终拖垮了苏联,不得不走向解体的道路。这对于我们国家发展海上力量也是一个深刻的借鉴。

(三)莱曼的"海上优势"理论

莱曼继承了马汉的海权思想,并在此基础上根据美国海洋霸权的需要,将马汉的"海军战略"发展为"海洋战略",以此作为美国海军取得"海上优势"的基本依据。莱曼在其1986年出版的著作《制海权:建设600艘舰艇的海军》中以及其他一些演讲和报告中系统地阐述了"海洋战略"思想,确定了实施"海洋战略"的基本原则。

莱曼提出了将前沿部署、海上威慑以及与盟国海军联合作为三大支柱的"海洋战略"八项原则:①海洋战略来源于而且从属于国家安全的总战略;②国家战略规定海军的基本任务;③海军基本任务的完成需要确立海上优势;④确立海上优势要重新确立一个严谨的海洋战略;⑤制定海洋战略必须以对威胁的现实估计作为基础;⑥海洋战略必须是一种全球性理论;⑦海洋战略必须把美国海军及其军事盟国的海军兵力结合成一个整体;⑧海洋战略必须是前沿部署战略,而非防御战略。

莱曼提出的实施"海洋战略"的主要内容如下：一是建造舰艇，1982年年底莱曼提出美国要建设拥有600艘舰艇的海军，以重建新型世界霸权的海洋帝国；二是用高科技来改造和装备海军；三是控制咽喉航道。在莱曼主持下，1986年美国海军制定了要控制世界上16个最具有战略价值的海上咽喉航道计划，设计了实施"海洋战略"的具体步骤：一是准备向战争过渡；二是掌握战争初期的主动权；三是把战场推向敌国本土。莱曼的"海上优势"理论，是继马汉"海权论"之后又一个全面论述海洋战略的理论，其实质是对马汉关于海权就是对海洋的利用和控制基本原理在当时国际形势下的具体运用，为美国制定海军发展计划和确定全球海洋战略提供了理论依据。最终使得美国在与苏联的海洋霸权争夺中取得优势地位，巩固了其全球海洋霸权。

第二节 联合国海洋法公约

一、海洋法公约的通过

国际海洋法是国际法的一部分，为各国所遵行，受国际法基本原则的支配。在人类历史上，曾出现"海洋自由论""闭海论""三海里界限"等一系列有关海洋的主张。20世纪以前，领海和公海制度已经形成。1930年海牙国际法编纂会议确定领海为国家领土一部分的法律地位。第二次世界大战后，随着海洋科学技术和海洋开发利用的空前发展，出现了大陆架、专属经济区、国际海底区域等新的海洋法律制度，已有的领海和公海制度等也得到进一步的发展。1958年2月24日—4月27日在日内瓦召开了第1次联合国海洋法会议，达成以下4项公约：《领海及毗连区公约》《公海公约》《捕鱼与养护公海生物资源公约》和《大陆架公约》。1960年3月17日—4月26日在日内瓦召开了第2次联合国海洋法会议，该次会议什么协议都没有达成。

1973年12月3日开始召开的第3次海洋法会议在海洋法历史上是划时代的。此次会议历时9年，先后召开11期16次会议，1982年4月30日以130票、4票反对、17票弃权的表决结果通过了《联合国海洋法公约》（United Nations Convention on the Law of the Sea，UNCLOS）（简称《公约》）。1982年12月10日，在牙买加的蒙特哥湾召开的第三次联合国海洋法会议最终会议上包括中国在内的119个国家和组织的代表签署通过了这项公约。从太平洋岛国斐济第一个批准该"公约"，到1993年11月16日圭亚那交付批准书止，已有60个国家批准《联合国海洋法公约》，按照《公约》规定，1994年11月16日《公约》正式生效。我国于1996年5月15日批准该《公约》，是世界上第93个批准该《公约》的国家。值得注意的是，我国批准该条约是有附加条件的。

《联合国海洋法公约》是人类历史上第一部涵盖最广泛、内容最丰富的海洋法典，是一部囊括所有海洋事务的"海洋宪章"，为建立合理、公正的国际海洋新秩序起到了重要的推动作用。但是，《公约》在赋予沿海国关于海洋的各方面权利的同时，也规定了沿海国应承担的义务。

《公约》对有关"群岛"定义、专属经济区、大陆架、海床资源归属、海洋科研以及争端仲裁等都作了规定。《公约》规定，沿海国家有权确定至多达12n mile的领海宽度，有权确定至多达200n mile的专属经济区；在专属经济区内，沿海国拥有勘探、开发资源的主权。公约还规定，沿海国的大陆架延伸到 200n mile，在特殊情况下可延伸到 350n mile；沿海国对其大陆架有进行勘探和开发资源的主权；国际海底区域及其资源则是人类的共同财产。这项公约在建立新的海洋秩序的道路上迈出了第一步。

二、海洋法公约的内容

《联合国海洋法公约》共分 17 部分，连同 9 个附件共有 446 条。各部分的内容涉及领海和毗连区、国际航行的海峡、群岛国、专属经济区、大陆架、公海、岛屿制度、闭海或半闭海、内陆国出入海洋的权利和过境自由、国际海底区域、海洋环境保护和保全、海洋科学研究、海洋技术的发展和转让以及争端的解决等。附件涉及大陆架界限委员会，探矿、勘探和开发的基本条件，企业部章程，调解，国际海洋法法庭规约，仲裁，特别仲裁等。简单介绍如下。

1. 领海基线

领海基线（baseline of territorial sea）为沿海国家测算领海宽度的起算线，即该国领海与其内水（内海）之间的分界线。领海基线的划定方法通常有三种：正常基线法（图 8-1）、直线基线法（图 8-2）和混合基线法。正常基线是指沿海国官方承认的大比例尺海图所标明的沿岸低潮线。直线基线是指在海岸线极为曲折，或者近岸海域中有一系列岛屿的情况下，可在海岸或近岸岛屿上选择一些适当点，采用连接各适当点的办法，形成直线基线。混合基线则是交替采用正常基线和直线基线来确定本国的领海基线。

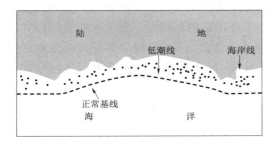

图 8-1 正常基线示意图

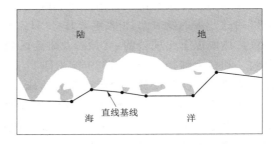

图 8-2 直线基线示意图

2. 内水

内水（internal waters）又称内海水，指涵盖领海基线向陆地一侧的所有水域及水道，包括河流及其河口、湖泊、港口、内海和历史性海湾等（图 8-3）。内水是沿岸国家领土的组成部分，沿岸国家对内水享有与对领陆同样的主权，非经许可，他国的船只不得驶入。分隔两个国家的界河，其分界线两侧的水域是分属界河沿岸国家的内水。位于两个国家或两个以上国家之间的界湖也属于沿岸国家的内水。

3. 领海

领海（territorial sea）是指处于沿海国主权之下，位于其陆地领土及其内水以外邻接的一带海域，即在主权之下划定的领海基线向外延伸一定范围的海域。领海是国家的海洋领土，是国家领土的组成部分。《联合国海洋法公约》规定："每一国家有权确定其领海的宽度，直至从按照本公约确定的基线量起不超过 12n mile 的界限为止"。我国政府 1958 年关于领海的声明中，宣布中国的领海宽度为 12n mile。《中华人民共和国领海及毗连区法》中规定：中国领海基线采用直线基线法划定，由各相邻基点之间的直线连线组成。中国领海的外部界限为一条其每一点与领海基线的最近点距离等于 12n mile 的线。

国家对领海行使主权，包括领海的上空、海床和底土。外国船舶在领海有"无害通过"（innocent passage）之权。而军事船舶在领海国许可下，也可以进行"过境通过"（transit passage）。

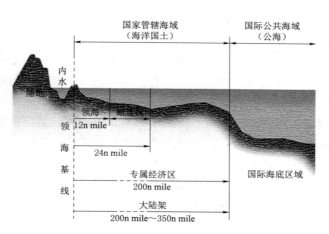

图 8-3 《联合国海洋法公约》的基本约定

（1）无害通过。在《联合国海洋法公约》的限制下，所有国家，不论为沿海国或内陆国，其船舶均享有无害通过领海的权利。通过领海的航行目的如下：一是穿过领海但不进入内水或停靠内水以外的泊船处或港口设施；二是驶往或驶出内水或停靠这种泊船处或港口设施。通过时应继续不停和迅速进行。通过包括停船和下锚在内，但以通常航行所附带发生或由于不可抗力或遇难所必要或为救助遇险或遭难人员、船舶或飞机的目的为限。无害通过权的条件是指外国船舶通过领海必须是无害的，"无害"是指不损害沿岸国的和平、良好秩序或安全。

（2）过境通过。外国船舶或飞机自由地和继续不停地迅速通过国际航行的海峡（即使该海峡完全处在沿岸国的领海范围以内），由公海的一个海域或一个专属经济区到公海的另一个海域或另一个专属经济区的航行。但如果海峡是由海峡沿岸国的大陆和该国的一个岛屿所形成，而在该岛屿向海峡方面有一条在公海或专属经济区的同样便利的航路可用，则不得在该海峡作此种航行。

（3）司法管辖。根据国家的属地优越权，各国对在本国领海内发生的一切犯罪行为，包括发生在外国船舶上的犯罪行为，有权行使司法管辖。但在实践过程中，对领海内外国商船上的犯罪行为是否行使刑事管辖权，各国大都从罪行是否涉及本国的安全和利益考虑。对驶离内水后通过领海的外国船舶，沿海国可行使较为充分的刑事管辖权。

4. 毗连区

毗连区也称邻接海域。在领海之外的 12n mile，也就是在领海基线以外 24n mile 到领海之间，称为邻接海域（contiguous zone）。毗连区是由沿海国加以特殊管制的区域，并不享有主权，只有某些特殊的管制权，比如进行反走私、反偷渡等，防止或惩治涉及海关、财政、移民等的违法行为。

5. 专属经济区

专属经济区（exclusive economic zone）是指领海基线起算，不应超过 200n mile（370.4km）的海域，除去离另一个国家更近的点。这一概念原先发源于渔权争端，1945年之后随着海底石油开采逐渐盛行，引入专属经济区观念更显迫切。技术上，早在 20 世纪 70 年代，人类已可钻探 4000m 深的海床。专属经济区的权利如下：

（1）沿海国对自己专属经济区内的生物及非生物资源享有所有权，享有勘探开发、养护和管理的权利。

（2）沿海国对专属经济区的人工岛屿、设施和结构的建造和使用享有管辖权，可在专属经济区内对违反规章、负有债务责任等事宜行使民事管辖，使用司法程序。沿海国在平时对通过自己的专属经济区的外国船舶上的刑事犯罪没有刑事管辖权，但当这种罪行后果侵害了沿海国在专属经济区内的主权或者罪行发生在领海且后果及于该国时，沿海国则可以行使刑事管辖权，并可采取法律授权的任何步骤。当船舶在专属经济区内发生碰撞并涉及刑事责任和纪律责任时，沿海国也有刑事管辖权。

（3）对海洋科学研究的专属管辖权。

（4）对海洋环境的保护和保全。

6. 大陆架

大陆架简称陆架，又称大陆棚、陆棚或大陆浅滩。大陆架的概念包含两层有关联而不同的含义：自然的大陆架与法律上的大陆架。依自然科学的观点，大陆架是大陆周围被海水淹没的浅水地带，是大陆向海洋底的自然延伸。其范围是从低潮线起以极其平缓的坡度延伸到坡度突然变大的地方为止。坡度陡然增加的地方称为陆架坡折或陆架外缘，因此陆架外缘线不是某一特定深度。全球大陆架总面积为 $2710 \times 10^4 \mathrm{km}^2$，约占海洋总面积的 7.5%。大陆架的坡度极为平缓，平均坡度只有 $0°07'$。

现代国际海洋法中的大陆架概念起源于地质地理学概念，两者有着密切的联系，但又有着概念上的不同。《联合国海洋法公约》第七十六条规定："沿海国的大陆架包括其领海以外依其陆地领土的全部自然延伸，扩展到大陆边外缘的海底区域的海床和底土，如果从测算领海宽度的基线量起到大陆边的外缘的距离不到200n mile，则扩展到200n mile 的距离。"按照这一规定，海洋法上的大陆架概念包含了以下主要内容。

（1）海洋法上的大陆架概念包括沿海国陆地领土在领海之外的海底的全部自然延伸。大陆架由领海的外部界限开始算起，终止于大陆边外缘的海底区域的海床和底土。也就是说，海洋法上的大陆架包括了领海以外的整个大陆边。

（2）海洋法上的大陆架的外部界限可扩展到离领海基线 200n mile 的距离。与地质地理学上的大陆架概念不同，海洋法上的大陆架概念不仅考虑到大陆架的自然地理条件，而且也照顾到窄大陆架国家的利益。如果从测算领海宽度的基线（领海基线）起，自然的大陆架宽度不足 200n mile，通常可扩展到 200n mile，或扩展至 2500m 水深处（二者取小）；如果自然的大陆架宽度超过 200n mile 而不足 350n mile，则自然的大陆架与法律上的大陆架重合；自然的大陆架超过 350n mile，则法律的大陆架最多扩展到 350n mile。大陆架上的自然资源主权，归属沿海国所有，但在相邻和相对沿海国间，存有具体划界问题。

7. 群岛国

由于群岛国与大陆型国家的地理形势差异甚大，《联合国海洋法公约》在其第四章对群岛（如日本、印度尼西亚、菲律宾等）的领海画法和海上权利作了单独规定。群岛国的领海基线应从其领土各处最远程岛屿之远点相连。但此等端点不宜距离过远。在此等端点联机区域内之水域，称为群岛水域，可视为该群岛国之领海。从此基线起算 200n mile 即为该国之专属经济区。

8. 公海

公海在国际法上指各国内水、领海、群岛水域和专属经济区以外不受任何国家主权管辖和支配的海洋部分。依据 1958 年《公海公约》，公海是不包括国家领海或内水的全部海域。但随着海洋技术的进步和人类对海洋资源开发的进展，沿海国管辖权扩大，产生了专属经济区和群岛水域等新概念和制度，缩小了公海的面积。1982 年《联合国海洋法公约》规定公海是不包括在国家的专属经济区、领海或内水或群岛国的群岛水域以内的全部海域。公海供所有国家平等地共同使用。它不是任何国家领土的组成部分，因而不处于任何国家的主权之下；任何国家不得将公海的任何部分据为己有，不得对公海本身行使管辖权。《公约》根据对所有国家开放的原则，规定了公海上所有国家包括内陆国家享有六种自由，即航行自由、飞越自由、铺设海底电缆和管道自由、建造国际法允许的人工岛等设施的自由（但应受大陆架规定限制）、捕鱼自由（应受海洋生物资源的管理和养护规定的限制）以及科学研究的自由（需遵守《公约》中有关大陆架和科学研究的规定）。

9. 国际海底区域

国际海底区域是指国家管辖范围以外的海床洋底及其底土，通常是深度为 2000～6000m 或更深的深海海底。国际海底区域占海洋总面积的 65％，其上覆水域为公海，但它的法律地位与公海不同。国际海底蕴藏着锰结核等极为丰富的矿物资源，具有巨大的经济价值和军事价值。《公约》从维护"人类共同继承财产"的宗旨出发，从和平利用、资源共有、经济收益公平分享等方面规定了国际海底管理的基本原则。

10. 国际航行的海峡

全世界有上千个大小海峡，可用于航行的有 130 个。从海峡水域同沿岸国的关系来划分有三种：一是领海基线以内的内海海峡（如琼州海峡），可以拒绝外国船舶通过；二是宽度在两岸领海宽度以内的领海海峡（如马六甲海峡），在规定领海宽度为 12n mile 的情况下，世界有 30 多个经常用于国际航行的领海海峡，对于这些海峡《公约》规定了外国船舶和飞机可以行使不影响沿岸国对海峡水域、上空及海底、底土行使主权和管辖权前提下的"过境通行权"；三是宽度大于两岸领海宽度的非领海海峡（如台湾海峡），其领海以外的水域一切船舶和飞机均可自由通过。

11. 岛屿制度

《公约》第一百二十一条规定："岛屿是四面环水并在高潮时高于水面的自然形成的陆地区域"；"除第三款另有规定外，岛屿的领海、毗连区、专属经济区和大陆架应按照本公约适用于其他陆地领土的规定加以确定"。不能维持人类居住或其本身的经济生活的岩礁，不应有专属经济区或大陆架。可见，岛屿在划定海域时与大陆具有同样的法律地位，可以拥有内水、领海、专属经济区与大陆架。

第三节　中国的海洋地带及权益

一、中国海及临近海域的地理概况

中国是一个海陆兼备的国家，既有广阔的陆地，又濒临渤海（内海）、黄海、东海、南海及台湾以东的太平洋等辽阔的海域。渤海、黄海、东海、南海连成一片，呈弧形环绕在我国大陆的东面和东南面。根据《中华人民共和国领海及毗连区法》《中华人民共和国专属经济区和大陆架法》，我国领海基线采用直线基线法划定，由各相邻基点之间的直线连线组成。我国领海的宽度从领海基线量起为 12n mile。我国在海上与 8 个国家相邻或相向，从北到南依次为朝鲜、韩国、日本、越南、菲律宾、马来西亚、文莱和印度尼西亚。我国大陆海岸线北起辽宁的鸭绿江口，南至广西的北仑河口，总长度约 1.8 万 km，仅次于澳大利亚、俄罗斯、美国和加拿大，居世界第五位。岛屿岸线总长度约 1.4 万 km。根据《联合国海洋法公约》的规定，我国主张管辖的海域面积约为 300 万 km^2，其中包括了内海、领海、毗连区、专属经济区和大陆架。邻近海域陆架宽阔，地形复杂，纵跨温带、副热带和热带三个气候带，四季交替明显，沿岸径流多变，因而具有独特的区域海洋学特征。

（一）各海区的基本特征

根据地形和水文特征，通常将中国海划分为五大海区，即渤海、黄海、东海、南海以及台湾以东太平洋海区，其中前四个海区的总面积约为 473 万 km^2。渤海与黄海的分界线是从辽东半岛南端老铁山角经庙岛群岛至山东半岛北端蓬莱角的连线；黄海与东海之间以长江口北角至济州岛西南角的连线来分界；而东海与南海之间分界线经福建东山岛南端沿台湾浅滩南侧至台湾南端的鹅銮鼻。台湾以东海区则是指琉球群岛以南，巴士海峡以东太平洋水域。

1. 渤海

渤海是深入中国大陆的近封闭型的一个浅海，为我国的内海，仅通过东面的渤海海峡与黄海相通，其北、西、南三面均被陆地所包围，即分别邻接辽宁、河北、山东三省和天津市。渤海海峡北起辽东半岛南端的老铁山角（老铁山头），南至山东半岛北端的蓬莱角（登州头），宽度约 106km。

渤海的形状大致呈三角形，凸出的三个角分别对应于辽东湾渤海湾和莱州湾。北面的辽东湾位于长兴岛与秦皇岛连线以北。西边的渤海湾和南边的莱州湾，则由黄河三角洲分隔开来。

渤海的总面积为 $7.7 \times 10^4 km^2$，东北至西南的纵长约 555km，东西向的宽度为 346km，海区平均水深仅 18m，最深处也只有 83m，位于老铁山水道西侧。

渤海沿岸以粉砂淤泥质海岸占优势，尤以渤海湾与莱州湾为最明显。黄河口附近的三角洲海岸则是比较典型的扇状三角洲海岸。辽东半岛西岸盖平以南，小凌河至北戴河，鲁北沿岸虎头崖至蓬莱角等几段，属于基岩沙砾质海岸。

2. 黄海

黄海是全部位于大陆架上的一个半封闭的浅海。因古黄河在江苏北部入海时，携运大量泥沙而来，使水色呈黄褐色，从而得名。

黄海北界辽宁，西傍山东、江苏，东邻朝鲜、韩国，西北边经渤海海峡与渤海沟通，南面以长江口北岸的启东嘴至济州岛西南角的连线与东海相接，东南面至济州海峡。

习惯上又常将黄海分为南、北两部分，其间以山东半岛的成山角（成山头）至朝鲜半岛的长山（串）一线为界。北黄海的形状近似为一椭圆形，南黄海则可大致视为六边形。北黄海东北部有西朝鲜湾，南黄海西侧有胶州湾和海州湾，东岸较重要的海湾有江华湾等。

黄海的面积比渤海大得多，仅北黄海就有 $7.13×10^4 km^2$，已可与渤海相比拟，南黄海的面积更大，为 $30.9×10^4 km^2$，比渤海大 3 倍多。北黄海平均水深 38m，南黄海平均水深 46m，整个黄海总平均水深 44m，最深处 140m，位于济州岛北侧。

黄海海岸类型复杂。沿山东半岛、辽东半岛和朝鲜半岛，多为基岩沙砾质海岸或港湾式沙质海岸，苏北沿岸至长江口以北以及鸭绿江口附近，则为粉砂淤泥质海岸。

3. 东海

东海位于中国岸线中部的东方，是西太平洋的一个边缘海。东海西有广阔的大陆架，东有深海槽，故兼有浅海和深海的特征。

东海西邻上海市和浙江、福建两省，北界是启东嘴至济州岛西南角的连线。东北部经朝鲜海峡、对马海峡与日本海相通，分界线一般取为济州岛东端—五岛列岛—长崎半岛野母崎角的连线。东面以九州岛、琉球群岛和台湾岛连线为界，与太平洋相邻接。南界至台湾海峡的南端。台湾海峡的北界是福建省海坛岛（平潭岛）至台湾省富贵角的连线，宽约 172km。南界宽约 370km，其东端止于台湾省南端的猫鼻头，西端起于福建、广东两省交界线，亦有谓起自南澳岛或东山岛。海峡南北长约 333km，面积约 $7.7×10^4 km^2$。

东海的总面积为 $77×10^4 km^2$，相当于黄海的 2 倍多，渤海的 10 倍。平均水深为 370m，最深可达 2719m，位于台湾省东北方的冲绳海槽中。

东海的西岸，即中国的福建、浙江和台湾沿岸，岸线曲折，港口和海湾众多，其中最大的海湾是杭州湾。海岸类型北部多为侵蚀海岸，但在杭州湾以南至闽江口以北，也间有港湾淤泥质海岸，这是沿岸水流搬移的细颗粒泥沙堆积于隐蔽的海湾而形成的。南部在 27°N 以南，则有红树林海岸，属于生物海岸的一种；台湾东岸则属于典型的断层海岸，陡崖逼临深海，峭壁高达数百米。东海东岸九州至琉球、中国台湾一线，有众多的海峡、水道，与太平洋沟通，其中最重要的是苏澳—与那国水道、宫古岛—冲绳岛水道以及吐噶喇海峡和大隅海峡。

4. 南海

南海北面是我国大陆，东面和南面分别隔以菲律宾群岛和大巽他群岛与太平洋、印度洋为邻，西临中南半岛和马来半岛，为一较完整的深海盆。东北有台湾海峡与东海相接，亦有巴士海峡、巴林塘海峡、巴拉巴克海峡与太平洋及苏禄海相通，南有卡里马塔海峡连接爪哇海，西南有马六甲海峡沟通印度洋。南海的面积约为 $350×10^4 km^2$，平均深度为 1212m。南海海底地势周围高中间低，自海盆边缘向中心呈阶梯状下降。海底地貌类型复杂，周围的大陆架以西北、西南部最宽，而东、西两侧甚窄，大陆架以下为阶梯状大陆坡。在东部、东南部大陆坡麓附近分布有水深为 3000m 和 5000m 左右的海槽和海沟。在西北部，除大陆坡上有一些海底峡谷外，在坡麓附近还发育一深达 5559m 的狭窄洼地，此为南海最深处；大陆坡下则为水深大于 3500m 的中央盆地，其西南部多山；而东北部较平坦。南海西部有北部湾和泰国湾（曾名暹罗湾）两个大型海湾。

5. 台湾以东太平洋海区

台湾以东海域是指琉球群岛以南、巴士海峡以东的太平洋海域，为我国海域的组成部分。该海域的北界大致在日本琉球群岛的先岛列岛，南界则以巴士海峡与菲律宾的巴坦群岛相隔。其北段大陆架稍宽，为 9~17km；中段岛缘大陆架很窄，大陆坡很陡，水深超过 3000m；南段海底为东、西两条南北向的水下岛链，二者分布于中国台湾与吕宋岛之间。东西列水下岛链之间为一水深超过 5000m 的海槽。总之，本海区大陆架很窄，紧接着就是大陆坡和深水海盆与海槽。

（二）海岸、海岛、海峡的基本轮廓特征

1. 海岸

中国海岸线曲折漫长，北起中朝交界的鸭绿江口，南至广西壮族自治区的北仑河口，呈一个向东南凸出的弧形，全长 18400km，包括岛屿的岸线长度在内则为 32000km。按成因与形态原则可将我国海岸分为基岩港湾海岸、平原海岸、河口海岸和生物海岸四大类型。

基岩港湾海岸发育于基岩山地与海洋交接处，具有突出的岬角和凹入的海湾，海岸曲折。水下岸坡很陡，波能很高，海岸沉积物为粗砂和砾石，海岸地貌的发育取决于波浪作用、水下岸坡坡度、岩性及物源等因素。此类海岸主要分布于杭州湾以南的浙江、福建和广东沿岸以及杭州湾以北的辽东半岛与山东半岛。

我国平原海岸长约 2000km，沉积物由细粒泥沙组成，坡度小，一般为 1/4000，海岸冲淤变化快，岸线不稳定。浅海与平原之间有一条几千米至几十千米宽的潮间带浅滩。平原海岸主要分布于杭州湾以北的渤海湾西部、松辽平原外缘和华北平原沿海，在杭州湾以南有少量分布于河口处。平原海岸的进退取决于物源泥沙供给与海洋动力之间的相互消长关系。

河口海岸主要分布于大河入海处，河流与海洋相互作用，使得泥沙淤积形成较宽广的平原海岸，包括三角洲海岸与河口湾海岸，如黄河三角洲海岸、长江三角洲海岸及杭州湾等河口湾。

生物海岸主要分布于我国华南沿海及南海海域，可分为珊瑚礁海岸和红树林海岸。珊瑚礁海岸是我国热带海域的一种特殊的生物海岸，在台湾、海南岛及其邻近的小岛屿有断续分布。在南海诸岛中除西沙群岛的高尖石由凝灰熔岩构成外，其余基本上由珊瑚礁组成。珊瑚礁基底包括第三系的坡褶隆起脊，由于基底构造下沉，可形成厚约 1000m 的珊瑚礁。红树林海岸是热带亚热带的一种生物海岸。在我国红树林主要生长于 27°N 以南，在河口、港湾及潟湖地区有断续分布。但大陆海岸红树林生长均比较矮小，为低矮灌木，海南岛的东北部海岸红树林则生长发育较好，人工引种可达浙江省乐清，但长势不好，仅有个别低矮灌木植株生长。

整个中国海岸的形势，大体以杭州湾为界，向北的海岸线由于构造上的差异，海岸表现出上升的基岩港湾海岸与下降的平原海岸交错分布。在杭州湾以南的海岸，基本上为隆起的基岩港湾海岸，岸线由北北东、北东到东西向展布，呈圆弧状。构造因素对我国海岸轮廓的控制作用很明显，北北东和北北西断裂交切组成的 X 形深大断裂构造，对我国海岸分布格局影响颇大。沿海分布一些由基岩组成的岛屿如舟山群岛，总体排列呈北北东方向展布，而单个岛屿的长轴方向则为北西西方向。

2. 海岛

海岛是指四周被海水包围，高潮时露出海面的陆地。我国是海岛众多的国家，在 300

万 km² 的管辖海域中，分布着成千上万个岛屿，各个海岛的面积大小不一，大的有几万平方千米，小的仅数平方米，面积大于 500m² 的海岛就有 6500 多个。我国岛屿总面积约 8 万 km²，约占我国陆地面积的 0.8%，岛屿岸线长约 14000km。我国最南的岛群是海南省的南沙群岛，最北的岛屿是辽宁省的小笔架山，最东端的岛屿是钓鱼岛附属的赤尾屿。我国最大的海岛是台湾岛，其次是海南岛。台湾岛和海南岛是我国的两个省级岛，那里资源丰富，环境优美，经济发达，是所有海岛中两颗最光彩夺目的明星。

我国海域广阔，南北跨越数千千米，受地区和地方习惯的影响，各地对海岛的叫法也不一样。在长江口以北一般称岛，如辽宁省的石城岛、小王家岛、小长山岛、葫芦岛，天津市的三河岛，山东省的北隍城岛、北长山岛、杜家岛、小管岛，江苏省的竹、东西连岛、羊山岛等；浙江省多将海岛称为山，如东矶山、大盘山、金鸡山、泗蕉山、大洋山等；福建省和台湾省多将海岛称为屿，如上屿、下屿、牛屿、青屿、棉花屿、花瓶屿、猫屿、鸡笼屿、彭佳屿等；广东省将一些海岛称为礁、沙、洲，如东礁、雷州尾礁、海公沙、羊尾沙、对面沙、鸡公洲、青洲、沙鱼洲等；广西壮族自治区则多称为墩，如高墩、青墩、红沙墩、土地墩等；而海南省将一些海岛称为石、角，如仕尾石、安彦石、担石、双帆石、高尖石、沙井角、英豪角、土羊角等。

中国岛屿分为大陆岛和海洋岛，分别占总数的 95% 和 5%。大陆岛依其成因又可分为基岩岛与冲积岛，海洋岛可分为珊瑚岛和火山岛。

基岩岛原为大陆的一部分，由于滨海地区下沉，海水入侵，原先地面上较高的丘陵和山顶就突露其中成为岛屿。基岩岛基本上沿大陆基岩海岸分布，主要集中在东南沿海基岩港湾海岸的海域中以及辽东半岛和山东半岛附近海域中，以台湾岛最大，面积 35780km²；海南岛次之，面积 33920km²。杭州湾外的舟山群岛是我国最大的群岛，大小岛屿 670 多个。

冲积岛由大陆河流带来的泥沙冲积而成，主要分布于淤积剧烈的大河口近岸海域。我国的许多河口都有冲积岛。其中以长江河口段和苏北沿岸的沙岛最多，如崇明岛。冲积岛的地势比较低，平坦宽广，地形起伏不大。

珊瑚岛由珊瑚虫的骨骼所构成，主要分布于南海。我国的南海诸岛包括东沙群岛、西沙群岛、中沙群岛、南沙群岛基本上均为珊瑚礁岛。这些岛屿的特点是地势低，一般海拔 4~5m，面积小，常以平方米计算。一般来说，南海诸岛的岛礁是在构造隆起的基础上发育的。

火山岛在我国分布不多，主要分布在台湾岛周围。澎湖列岛由 97 个岛屿组成，全部属于火山岛。位于台湾东北，东海大陆架前缘的钓鱼列岛也属火山岛。另外，北部湾的涠洲岛、斜阳岛等亦为火山岛。

中国大多数海岛（多指基岩岛与火山岛）的轮廓均受构造控制，海岛的排列方向及其单个海岛的长轴方向均与构造线方向有很好的相关性。火山岛与珊瑚岛在平面形态上大都以圆锥形、环形为主；冲积岛在平面上展布大都以扇形、指状、长条状或椭圆形见多。

3. 海峡

海峡是指位于两块陆地之间，两端连接海洋的狭窄水道。海峡最主要的特征是水流急，特别是潮流速度大。我国海峡主要有台湾海峡、渤海海峡和琼州海峡以及其他一些边际海峡（指我国海域边界的海峡，如巴士海峡、巴林塘海峡）。

台湾海峡位于东海大陆架南部，与南海陆架相连，西临闽粤，东为台湾。海峡北窄南宽似喇叭形，最窄处自平潭岛至台湾岛约 130km，最宽处自南澳至台湾岛南端约 420km。南北长约 380km，东西平均宽约 190km，大部分海区水深小于 60m，平均水深 80m。海峡东南部水深在 140～150m，以陡坡进入南海盆地。海峡西侧福建、广东沿海多岛屿、港湾，东侧的台湾西岸海岸较平直。

渤海海峡位于渤海东部，辽东半岛老铁山与山东半岛蓬莱角之间，长约 113km。南部水深较浅，一般小于 30m，北部则大于 30m，最大水深为 86m。平面形态似哑铃形，中间窄，两边宽，庙岛群岛罗列其中，将海峡分割为若干水道，以北部的老铁山水道为主，其垂直剖面呈 U 形，局部呈 V 形，呈北西—南东向延伸，是沟通渤、黄海的主要通道，平均宽约 9km。

琼州海峡呈近东西向，横亘于雷州半岛与海南之间，构成连通南海北部与北部湾的狭窄通道，长约 80km，最宽处 40km，最窄处仅约 20km，海域面积 2400km^2。海峡平均水深 44m，最深处可达 120m。海峡底部地形复杂，但大体上保持着南北两岸向海峡中部变陡、加深之势。琼州海峡属于强潮区，最大流速可达 5～6kn❶，强大的潮流作用在海峡底部塑造了冲刷槽、水下沙脊等地貌形态。

（三）沿海河流水文泥沙条件

在我国漫长的海岸线上，入海河流众多，在我国境内入海的河流流域面积占总流域面积的 44.9%，入海径流量占全国河川径流量的 69.8%。其中尤以黄河、长江、滦河、辽河、珠江、鸭绿江、钱塘江等为主。这些大河每年向沿海海域输送了巨量的淡水与泥沙，它们的水文泥沙条件直接影响着海域的动力条件、海岸及陆架地质地貌、海洋生物等各方面，尤以对海岸塑造、陆架沉积作用影响最为重要。

在渤海入海的河流主要有黄河、辽河、滦河和海河，在黄海注入的有鸭绿江、淮河，在东海入海的有长江、闽江和钱塘江，而在南海入海的有珠江、韩江。我国主要河流入海年径流量为 14907.82 亿 m^3，年输沙量为 17.19 亿 t，分别占我国境内入海全部河流年均入海径流量和输沙量的 82.2% 和 85.4%。而其中长江、黄河、珠江起主导作用。径流量以长江最多，占 62.2%，其次为珠江、闽江，黄河的入海径流仅占 2.9%，而入海泥沙却为各河之首，占 64.8%。

主要河流入海径流量和输沙量的季节分配基本一致，夏季大，春秋次之，冬季最小。但各季节水量和沙量分配的比例不均匀。入东海和黄海的河流季节变化大，径流量和输沙量主要集中于夏季，夏季汛期（6—9 月）所占比例大。如黄河汛期径流量、输沙量分别占全年的 62% 和 85% 左右；而枯水期时则相对较小，有时甚至出现断流。近年来，人类活动的积极干预和有利的气候条件，在很大程度上影响着河流的入海径流量和输沙量。据统计，与 20 世纪 70 年代相比，80 年代的黄河入海径流量、输沙量分别减少了 7% 和 27%。

入海河流每年向各海域输送了大量淡水，对近岸海水体的温度、盐度、密度、透明度

---

❶　1kn＝1.852km/h。

以及营养盐等海洋水要素的分布产生重要影响。

在以沉积作用为主的陆架区，大河作用的影响是不可忽视的重要因素之一。入海泥沙的影响主要表现为对海岸的加积与侵蚀、陆架沉积等方面。据海底底质资料，沿海陆架区底质沉积物主要来源为河流悬浮物。每年约有 11 亿 t 泥沙在渤海沉积，0.15 亿 t 泥沙在黄海沉积，5 亿 t 泥沙在东海沉积，1.4 亿 t 泥沙在南海沉积。据钻孔测年资料估计，渤海沉积速率为 8mm/a，黄海为 0.158mm/a，东海为 0.108mm/a，长江三角洲沉积速率为 3.1mm/a，大洋盆地为 1mm/ka，离岸越近，沉积速率越大。据卫星照片分析，长江入海悬浮泥沙，除直接沉积塑造拦门沙和水下三角洲外，洪水期悬浮泥沙可向北扩散至离岸 80～90km，枯水期可向南扩散 55～60km。而现代黄河输沙可被山东半岛北部沿岸流携带，绕过成山头角向西南方向输送，可影响啼山湾以东的近海。不同类型的河口动力形式各异，入海泥沙的输移与沉积模式亦相差较大。波浪作用强大的滦河口，泥沙沉积沿岸呈平行展布。潮流作用区一侧易形成水下潮流沙脊，如鸭绿江口即存在与潮流方向平行的指状沙脊。以径流和沿岸流为主的河口，则易形成浅滩和沙洲，如长江口及其邻近陆架沉积。

因此，陆架平原的沉积历史就是大河与海洋相互作用的过程，无论是过去、现在还是未来，沿岸大河都对我国海岸及大陆架产生重大影响。

二、中国海洋权益及依据

中国关于海洋权益的主张、立场和政策是一贯的、明确的，在中国的立法、关于钓鱼岛问题及中菲海上争端的政府白皮书中得到明确阐述，并体现在南海岛礁建设、钓鱼岛海域执法、应对南海仲裁案，以及相关外交交涉、外交声明中。中国关于海洋权益的原则立场和海洋权益内容主要体现在以下几个方面。

（一）钓鱼岛及其附属岛屿、南海诸岛是我国完整不可分割的领土主权

陆地领土主权是海洋权益的基础，各沿海国可享有内水、领海及毗连区、专属经济区和大陆架等管辖海域。陆地领土主权和海洋权益密不可分，是众多领土与海洋争端的两个主要方面。

钓鱼岛及其附属岛屿和南海诸岛是中国的固有领土。在第二次世界大战结束前，虽然曾遭到相关国家的窃取或侵占，但在第二次世界大战结束后中国正式收回并行使对其主权。中国对钓鱼岛及其附属岛屿和南海诸岛的领土主权也得到其他当事国或世界上主要国家的认可。

中国一直将钓鱼岛及其附属岛屿、南海诸岛（东沙群岛、西沙群岛、中沙群岛、南沙群岛）分别作为完整不可分割的群岛主张并行使领土主权及相应的海洋权利。这一主张是一贯的、明确的，中国的多项立法和实践中也一直将这些群岛分别作为完整的"地理、经济和政治的实体"实施管辖，或在历史上一直视其为这种实体。《联合国海洋法公约》关于"群岛"的定义反映了习惯国际法，该项规定："群岛是指一群岛屿，包括若干岛屿的若干部分、相连的水域和其他自然地形，彼此密切相关，以致这种岛屿、水域和其他自然地形在本质上构成一个地理、经济和政治的实体，或在历史上已被视为这种实体。"钓鱼岛及其附属岛屿、南沙群岛等群岛均完全符合群岛定义。

中日之间存在争议的钓鱼岛是"钓鱼岛及其附属岛屿"的简称，其位于中国台湾岛的

东北部，分布在北纬 25°40′~26°00′，东经 123°20′~124°40′之间的海域。钓鱼岛位于该海域的最西端，面积约 3.91km²，是该海域面积最大的岛屿，黄尾屿位于钓鱼岛东北约 27km，赤尾屿位于钓鱼岛东北约 110km，是该海域最东端的岛屿。这些岛屿、其他地形与相连的水域一同构成完整的群岛，是台湾岛的附属岛屿。1895 年 4 月 17 日，清朝在甲午战争中战败，被迫与日本签署不平等的《马关条约》，割让"台湾全岛及所有附属各岛屿"。钓鱼岛等作为台湾"附属岛屿"一并被割让给日本。1900 年，日本将钓鱼岛改名为"尖阁列岛"。中日之间关于钓鱼岛的主权争议包括作为主岛的钓鱼岛及其附属岛屿。

1958 年中国政府发布《关于领海的声明》，宣布中国的领海宽度为 12n mile，同时宣布："中华人民共和国的一切领土，包括中国大陆及其沿海岛屿，和同大陆及其沿海岛屿隔有公海的台湾及其周围各岛、澎湖列岛、东沙群岛、西沙群岛、中沙群岛、南沙群岛以及其他属于中国的岛屿。"1992 年《中华人民共和国领海及毗连区法》（以下简称《领海及毗连区法》）规定：中国的陆地领土包括中国大陆及其沿海岛屿、台湾及其包括钓鱼岛在内的附属各岛、澎湖列岛、东沙群岛、西沙群岛、中沙群岛、南沙群岛以及其他一切属于中国的岛屿。1996 年 5 月 15 日，中国政府根据《领海及毗连区法》，宣布中国大陆领海的部分基线和西沙群岛的领海基线。2012 年 9 月 10 日，中国发布《中华人民共和国政府关于钓鱼岛及其附属岛屿领海基线的声明》，宣布中国钓鱼岛及其附属岛屿的领海基线。依据中国公布的领海基线，钓鱼岛及其附属岛屿、西沙群岛均采用直线基线，基线之内的岛屿、相连的水域和其他自然地形一同构成了完整的群岛，中国对其享有不可分割的领土主权。

中国尚未宣布南沙群岛等其他群岛的基线，这并不影响中国将南沙群岛等分别作为一个完整实体的群岛并拥有领土主权。中国的南沙群岛符合国际法中的群岛构成标准，在历史上也一直被视为整体。在菲律宾所提南海仲裁案中，仲裁庭擅自篡改中国关于南沙群岛作为整体的立场，曲解中国对南沙群岛及其附近海域的海洋权利主张，刻意制造中菲之间在海洋权利方面的所谓争端；仲裁庭还无视中国南沙群岛和中沙群岛的整体性以及中菲领土和海洋划界争端的存在，将两群岛肢解为孤立的海洋地形，错误地分割处置有关岛屿和低潮高地的法律地位。任何故意曲解、否定或分割中国所属各群岛的企图和行为都是中国坚决反对的，也是直接违背国际法和历史事实的。

（二）各管辖海域的主权、主权权利和管辖权

1992 年《领海及毗连区法》第一次在法律中使用了"海洋权益"这一概念："为行使中华人民共和国对领海的主权和对毗连区的管制权，维护国家安全和海洋权益，制定本法。"1998 年《中华人民共和国专属经济区和大陆架法》也使用了这个概念："为保障中华人民共和国对专属经济区和大陆架行使主权权利和管辖权，维护国家海洋权益，制定本法。"根据《公约》和中国有关法律，中国关于"海洋权益"的概念主要包括中国有权享有内水（内海）、领海及毗连区、专属经济区和大陆架等海域，并依法行使相应海域的主权、主权权利和管辖权。

1. 内水和领海的主权

内水和领海是中国领土不可分割的组成部分，中国的内水是领海基线向陆一侧的海域。中国大陆领海基线以内的海域、台湾及其包括钓鱼岛在内的附属岛屿和澎湖列岛的领

海基线以内的海域、南海诸岛以及其他属于中国的岛屿的领海基线以内的海域、渤海和琼州海峡都是中国的内水。在内水，中国享有完全的主权，包括对内水及其海床、底土以及其中所有的自然资源、内水上空的主权。凡是适用于中国陆地领土的所有法律和规章均适用于中国的内水。中国宣布了大陆领海的部分基线、西沙群岛和钓鱼岛的领海基线，中国在这两组群岛的内水范围已经得以明确，任何国家任何船舶不得以任何理由擅自进入中国领海基线以内水域（内水）。

领海基线向海一侧 12n mile 宽的一带海域是中国的领海。中国在领海享有同领土同等的权利，对领海及其海床、底土以及其中所有的自然资源、领海上空享有主权，适用于中国陆地领土的所有法律和规章均适用于中国的内水和领海。中国有权就关于防止违反海关、财政、移民或者卫生的法律和规章以及关于保障国家安全、维持经济社会秩序和维护海洋权益等事项，制定适用于领海的法律和规章，并采取相应的执行措施。

中国于 1992 年颁布的《领海及毗连区法》第六条规定外国船舶享有无害通过中国领海的权利，但"外国军用船舶进入中华人民共和国领海，须经中华人民共和国政府批准"。1996 年 5 月 15 日，第八届全国人民代表大会常务委员会第十九次会议在决定批准《联合国海洋法公约》时重申："《联合国海洋法公约》有关领海内无害通过的规定，不妨碍沿海国按其法律规章要求外国军舰通过领海必须事先得到该国许可或通知该国的权利。"

2. 毗连区管制权及文物管理权

根据《领海及毗连区法》规定，毗连区的外部界限为一条其每一点与领海基线的最近点距离等于 24n mile 的线。在中国的毗连区，其他国家依据《联合国海洋法公约》和其他国际法规则，在专属经济区所享有的航行自由、飞越自由、铺设海底电缆和管道的自由以及与这些自由有关的海洋其他国际合法用途不受影响。

中国还享有毗连区内文物保护及管理相关权利。《联合国海洋法公约》第 303 条规定："1. 各国有义务保护在海洋发现的考古和历史性文物，并应为此目的进行合作。2. 为了控制这种文物的贩运，沿海国可在适用第 33 条时推定，未经沿海国许可将这些文物移出该条所指海域的海床，将造成在其领土或领海内对该条所指法律和规章的违犯。"

3. 专属经济区和大陆架的主权权利及管辖权

依据《中华人民共和国专属经济区和大陆架法》，中国的专属经济区为领海以外并邻接领海的区域，从测算领海宽度的基线量起延至 200n mile。中国在专属经济区的权利可概括为两项主权权利和三项管辖权。

两项主权权利包括：①以勘探和开发、养护和管理海床上覆水域、海床及其底土的自然资源为目的的主权权利；②在专属经济区内从事经济性开发和勘探，如利用海水、海流和风力生产能等其他活动的主权权利。中国有权采取各种必要的养护和管理措施，确保专属经济区的生物资源不受过度开发的危害。国际组织、外国组织或个人进入中国专属经济区从事渔业活动，须经中国主管机关批准，遵守中国法律、法规，及中国与有关国家签订的条约、协定。专属经济区的非生物资源，包括该区内的大陆架和水域中的全部非生物资源。由于专属经济区的海床和底土构成沿海国的大陆架，关于专属经济区的海床和底土的权利，应按《联合国海洋法公约》关于大陆架的第六部分规定行使。

三项管辖权包括：第一，中国在专属经济区和大陆架有专属权利建造并授权和管理建造、操作和使用人工岛屿、设施和结构；中国对在专属经济区的人工岛屿、设施和结构行使管辖权，包括有关海关、财政、卫生、安全和出境入境的法律和法规方面的管辖权。中国有权在这种人工岛屿、设施和结构的周围设置安全地带，并可在该地带采取适当措施以确保航行及人工岛屿、设施和结构安全。第二，对海洋科学研究行使管辖权。中国在行使对海洋科学研究的管辖权时，有权按照《公约》的有关条款，规定、准许和进行在专属经济区内的海洋科学研究。国际组织、外国的组织或者个人在中国专属经济区和大陆架进行海洋科学研究，须经中国主管机关批准。第三，对海洋环境保护和保全的管辖权。中国有权采取必要的措施，防止、减少和控制海洋环境的污染，保护和保全专属经济区和大陆架的海洋环境。保护和保全海洋环境既是沿海国的权利，也是沿海国的义务。

中国的大陆架是领海以外依中国陆地领土的全部自然延伸，扩展到大陆边外缘的海底区域的海床和底土，如果从测算领海宽度的基线量起，到大陆边外缘的距离不到 200n mile，则扩展到 200n mile 的距离。中国为勘查大陆架和开发大陆架的自然资源，对大陆架行使主权权利。大陆架的自然资源包括定居种的生物，即在可捕捞阶段在海床上或海床下不能移动或其躯体须与海床或底土保持接触才能移动的生物。沿海国对大陆架的权利并不取决于有效或象征的占领或任何明文公告。中国对大陆架的人工岛屿、设施和结构的建造、使用和海洋科学研究、海洋环境的保护和保全，行使管辖权。他国需要在中国大陆架上铺设海底电缆、管道，以及为铺设所进行的路由调查、勘测等活动，应当事先通知中国的主管机关，海底电缆、管道路由须经主管机关同意。

根据《联合国海洋法公约》的规定，沿海国开发从测算领海宽度的基线量起 200n mile 以外的大陆架非生物资源，须向国际海底管理局缴纳一定费用。中国和其他沿海国一样，若需确定 200n mile 以外大陆架外部界限应将相关数据资料提交大陆架界限委员会，委员会就划定外部界限的事项提出建议，在这些基础上划定的大陆架界限才是最终的、有效的。中国于 2012 年 12 月 14 日向大陆架界限委员会递交了《中国东海部分海域 200 海里以外大陆架划界案》，在东海冲绳海槽内选择了 10 个最大水深点，并以其直线连线作为中国东海部分海域 200n mile 以外大陆架的外部界限。

（三）历史性权利

1998 年起施行的《中华人民共和国专属经济区和大陆架法》第十四条规定："本法的规定不影响中华人民共和国享有的历史性权利。"这一规定应适用于中国所有管辖海域。2016 年 7 月 12 日发布的《中华人民共和国政府关于在南海的领土主权和海洋权益的声明》重申："基于中国人民和中国政府的长期历史实践及历届中国政府的一贯立场，根据中国国内法以及包括《联合国海洋法公约》在内的国际法，中国在南海的领土主权和海洋权益包括：（一）中国对南海诸岛，包括东沙群岛、西沙群岛、中沙群岛和南沙群岛拥有主权；（二）中国南海诸岛拥有内水、领海和毗连区；（三）中国南海诸岛拥有专属经济区和大陆架；（四）中国在南海拥有历史性权利。"该声明没有进一步说明中国在南海拥有的历史性权利的具体内容和地理范围。在东海，"钓鱼岛海域是中国的传统渔场，中国渔民世世代代在该海域从事渔业生产活动。钓鱼岛作为航海标志，在历史上被中国东南沿海民众广泛利用"。

《联合国海洋法公约》和一般国际法明确规定和尊重包括历史性所有权在内的历史性

权利。历史性权利并未被《联合国海洋法公约》规定的各海域的权利所完全覆盖或取代。历史性权利包括主权和尚未达到主权程度的其他权利，可以存在于海峡、河口、海湾、群岛以及群岛和相邻大陆之间的海域等不同区域。各国各特定区域的历史性权利各具特色，需个案考察。中国在南海拥有历史性权利是有充分历史证据和法理依据的。对于中国周边海域（包括中国大陆沿海海域、钓鱼岛及其附属岛屿以及南海诸岛附近海域），除特定地区（如渤海湾、琼州海峡、西沙群岛的内水等）外，在这些海域的历史性权利均和其他相邻或相向国家的领土与海洋划界问题密切相关，是领土与划界争端的组成部分，是需要通过相关谈判解决的问题。

（四）海洋安全等其他合法利益

《联合国海洋法公约》没有穷尽各国享有的或应当享有的海洋权益。海洋安全等其他合法利益也是得到《联合国海洋法公约》和一般国际法尊重和保护的。但是最可能危及他国海洋安全的军事活动问题，包括在专属经济区内的军事活动，在《联合国海洋法公约》缔结过程中都被有意忽略了。《联合国海洋法公约》虽然在多处规定应和平利用海洋，但"军事活动"本身就是一个没有法律定义的术语，"为军事目的的海洋利用"也没有确定的含义。

安全利益理应包括在《联合国海洋法公约》设定的领海及毗连区制度、专属经济区和大陆架制度之内。如果沿海国的安全都不能保障，在专属经济区的资源权利也无从谈起。采取立法、执法和司法措施对危及中国海洋安全的各类活动进行预防和反制，是主权国家应有的权利。中国《领海及毗连区法》第六条要求"外国军用船舶进入中华人民共和国领海，须经中华人民共和国政府批准"。根据《联合国海洋法公约》和《领海及毗连区法》，中国在毗连区内，为防止和惩处在其陆地领土、内水或者领海内违反有关安全、海关、财政、卫生或者入境出境管理的法律、法规的行为行使管制权。中国没有明确"安全"事项的含义，在管理实践中尚未明确依据该条规定对"违反有关安全……的行为行使管制权"。中国 2015 年颁布的《中华人民共和国国家安全法》第十七条规定："国家加强边防、海防和空防建设，采取一切必要的防卫和管控措施，保卫领陆、内水、领海和领空安全，维护国家领土主权和海洋权益。"此外，中国坚持和平探索和利用外层空间、国际海底区域和极地，增强安全进出、科学考察、开发利用的能力，加强国际合作、维护中国在外层空间、国际海底区域和极地的活动、资产和其他利益的安全。中国的海洋安全利益已不仅限于中国管辖海域之内。

（五）自主选择和平解决海洋争端方式的权利

中国坚持通过谈判解决相关争端，这是中国依据《联合国海洋法公约》第 298 条享有的自主选择处理海洋争端方式的权利，任何国家无权要求中国将领土与海洋划界争端提交国际性法院、法庭或仲裁庭。2006 年 8 月 25 日，中国根据《联合国海洋法公约》第 298 条的规定向联合国秘书长提交声明，"关于《公约》第 298 条第 1 款（a）、（b）、（c）项所述的任何争端，中华人民共和国政府不接受《公约》第十五部分第二节规定的任何程序"，明确地将涉及海洋划界、历史性海湾或所有权、军事和执法活动以及联合国安全理事会执行《联合国宪章》所赋予的职务等争端排除在《联合国海洋法公约》强制争端解决程序之外。

参 考 文 献

［1］ 侯国祥，王志鹏. 海洋资源与环境［M］. 武汉：华中科技大学出版社，2013.

［2］ 鹿守本. 海洋管理通论［M］. 北京：海洋出版社，1997.

［3］ 全永波，陈莉莉. 海洋管理通论［M］. 北京：海洋出版社，2018.

［4］ 高建平，唐洪森. 国民海洋观［M］. 北京：海洋出版社，2012.

［5］ 薛桂芳. 海洋法学［M］. 北京：海洋出版社，2018.

［6］ 郭琨，艾万铸. 海洋工作者手册：第1卷 海洋科技［M］. 北京：海洋出版社，2016.

［7］ 王颖. 中国海洋地理［M］. 北京：科学出版社，2013.

［8］ 冯士筰，李凤岐，李少菁. 海洋科学导论［M］. 北京：高等教育出版社，1999.

［9］ 谢永利. 形势与政策［M］. 哈尔滨：哈尔滨工业大学出版社，2016.

［10］ 自然资源部海洋发展战略研究所课题组. 中国海洋发展报告（2019）［M］. 北京：海洋出版社，2019.